宽禁带半导体电机驱动控制技术

Advanced Motor Drive Based on Wide-Bandgap Semiconductor Devices

丁晓峰　著

科学出版社

北　京

内 容 简 介

本书主要介绍基于宽禁带功率器件的电机驱动控制技术的最新研究成果。首先，介绍两种典型宽禁带功率器件，即碳化硅和氮化镓功率器件的内部结构及其外部特性；接着，分析宽禁带功率器件门极驱动电路的特点和要求，介绍了串扰抑制、过流保护及高温门极驱动电路；然后，从器件特性出发分析电机驱动器输出电压非线性，进而分析基于宽禁带功率器件的驱动器对电机损耗、动态性能及轴电流的影响；最后，介绍一种基于线性功率放大器和宽禁带功率器件结合的电机驱动新拓扑，以及一种基于宽禁带功率器件的增强型无传感器控制技术。

本书可供普通高等学校电气工程、自动化和能源等专业的研究生作为相关课程的教材或参考书，也可为相关专业的学者和工程技术人员对电机驱动控制系统的研究设计提供参考。

图书在版编目（CIP）数据

宽禁带半导体电机驱动控制技术=Advanced Motor Drive Based on Wide-Bandgap Semiconductor Devices/丁晓峰著. —北京：科学出版社，2021.1

ISBN 978-7-03-067744-0

Ⅰ. ①宽…　Ⅱ. ①丁…　Ⅲ. ①禁带-半导体-电机-控制系统　Ⅳ. ①TN303

中国版本图书馆 CIP 数据核字（2020）第 271807 号

责任编辑：范运年/责任校对：杨聪敏
责任印制：吴兆东/封面设计：蓝正设计

科学出版社 出版
北京东黄城根北街 16 号
邮政编码：100717
http://www.sciencep.com
北京中石油彩色印刷有限责任公司 印刷
科学出版社发行　各地新华书店经销
*
2021 年 1 月第　一　版　开本：720×1000　B5
2022 年 3 月第二次印刷　印张：13
字数：265 000

定价：138.00 元

（如有印装质量问题，我社负责调换）

前　言

根据功能，电机可以分为发电机和电动机两种，电动机又分为伺服电动机和驱动电动机两种。传统的电能均是由发电机产生，世界上一半以上的电能又是被电动机消耗。可见，电机在社会发展中发挥着不可替代的作用，是国民生产、日常生活及军事装备等领域中关键的机电元件。特别是交通电气化时代的到来更是离不开高性能电机的发展，电动汽车、高铁、电推进舰船、电动飞机都是以电机作为其推力系统，电机指标的好坏直接影响着各运载设备的性能。

随着需求牵引和技术发展，对电机性能提出了越来越高的要求，而电机的性能主要取决于电机本体和驱动控制技术。电机驱动控制技术的发展根源在于功率半导体技术的发展，一代电力电子系统总是伴随着一代功率半导体器件。目前，基于传统半导体硅材料的功率器件，由于材料本身的限制，性能已接近极限，很难得到大幅度地改善，这直接影响了基于硅功率器件的电机驱动系统性能的提升。与硅器件相比，以碳化硅和氮化镓为代表的新一代宽禁带半导体功率器件(简称宽禁带功率器件)具有更高的开关速度、更低的导通电阻、更大的导热率及更高的结温下运行能力等优势。宽禁带功率器件在高效率、高温、高频等方面具有巨大的应用潜力。因此，欲实现新一代高效、高温、高功率密度等高性能电机驱动器，使用宽禁带功率半导体是必然之路。

宽禁带功率器件已经成为了发达国家科技和产业进步的一个重要推动力，宽禁带功率器件及其电机驱动系统也成为各科技强国争相研究的热点。为了振兴高科技和制造业，推动美国经济发展，美国政府于 2013 年开启了“国家制造业创新网络”项目，其建立的 10 个先进制造研究中，宽禁带电力半导体研究中心就是其中之一。其他发达国家同样投入大量的人力物力，在器件领域，目前美国的 CREE 公司、日本的 ROHM 公司及德国的英飞凌公司等一些公司走在了前列，已经生产出比较成熟的碳化硅功率器件，能够满足于几十千瓦到上百千瓦电机驱动的需求。日本丰田公司已经开发出基于碳化硅控制器的电驱动总成样车，将现有混合动力汽车油耗降低 5%，而且生产厂房已经建成，包括碳化硅芯片、封装、模块集成和系统集成等。美国特斯拉电动汽车也已经采用基于碳化硅功率器件的电机驱动控制器。

在我国加快开展新一代宽禁带功率器件的研究和应用意义更加重大。我国对国外进口芯片和功率器件等电子元器件具有极大的依赖性，每年进口电子芯片和功率模块的费用已经远远超过进口石油花费，高达2000多亿美元。因此，宽禁带功率器件还处于初步发展阶段，我们正面临着巨大的机遇和挑战。2016年，仅国家重点研发计划针对第三代功率半导体立项投入就高达3亿元以上。国产宽禁带功率器件及电机驱动器目前还多处于样机阶段，成熟应用产品少，电压、电流、温度等指标等级较国外产品有差距。

鉴于宽禁带功率器件的制作、工艺、生产尚不够成熟，目前国内外关于宽禁带功率器件的研究多集中在完善器件本身，对电机驱动器的应用研究还处于起步阶段。近10年来，作者在国家重大专项等项目的资助下，率先开展了基于宽禁带功率器件的电机驱动控制技术研究工作，先后研制了系列电机驱动控制器样机，部分产品已经得到了成功应用，积累了一定经验。因此，一方面抛砖引玉，作者希望本书能够为学者进一步深入研究该技术打下基础，另一方面，希望本书能为工程技术人员在使用宽禁带功率器件进行电机驱动控制时提供一些有效方法。

本书第1章简要介绍电机驱动控制技术的发展背景与意义，电机驱动控制系统的构成，宽禁带功率器件及其对电机驱动控制技术的提升作用。第2章介绍碳化硅和氮化镓功率器件的结构和特性。第3章分析宽禁带功率器件门极驱动电路的特点和要求，介绍了串扰抑制、过流保护及高温门极驱动电路。第4章从器件特性出发分析电机驱动器输出电压非线性。第5章分析宽禁带功率器件对电机损耗、动态性能以及轴电流的影响。第6章介绍一种基于线性功率放大器和宽禁带功率器件的电机驱动新拓扑。第7章介绍基于宽禁带功率器件的增强型无传感器控制技术。

书中大部分资料来源于作者及其科研团队多年来的工作成果，作者对曾对本书做过巨大贡献和参与本书材料整理的研究生杜敏、任素萍、周洋、鲁鹏、宋心荣、赵志慧、邢瑞鹏、柴雅梦、李孟霖、姜铸轩等表示感谢。作者还要感谢妻子和孩子在本书写作的过程中做出的牺牲和给予的巨大支持。

由于作者学识有限和时间的紧迫，在基于宽禁带功率器件的电机驱动控制技术领域还有很多内容没有深入探究并在本书中反映，恳请读者谅解。书中内容也难免有不当之处，敬请有关专家和各位读者给予批评和指正。

丁晓峰

2020年10月于北航

目录

第1章　引　　言

电机是现代工业自动化系统、现代科学技术和现代军事装备中重要的机电元件，对电机进行驱动控制的系统被称为电机驱动控制系统。电机的驱动控制在社会发展中扮演着重要角色，从日常生活到工业生产，电机驱动控制技术的应用无处不在，成为人类社会中不可分割的一部分。随着科技的不断进步，新能源汽车、航空航天及轨道交通等诸多领域对高性能电机驱动控制技术的需求越来越强烈，更高性能的电机驱动控制技术应运而生。

1.1　电机驱动控制技术的发展背景

随着现代电力电子技术、先进控制理论和电机设计制造水平的发展，电机驱动控制系统的性能越来越优异，在更加广阔的领域内发挥着更加重要的作用。

家用电器、电动汽车、地铁、高铁和航空航天等领域对高性能电机驱动控制技术提出了更高的要求。家电产品希望电机驱动控制器具有更低能耗、更低噪声、更紧凑空间和更环保的特点，这些需求都对其效率、功率密度和动态性能提出了更高要求[1]；电动汽车中利用蓄电池来储存整车所需的能量，需要更高效率的电机驱动控制器将其有限的能量充分利用，来提高电动汽车的续航能力，而且电动汽车要求车身空间紧凑，这些需求对电机驱动控制器的效率和功率密度提出了越来越高的要求[2]；在航空航天领域，用电设备和用电环境对电机驱动控制器的指标要求更高，高可靠性、高功率密度、高效率及适应于极限环境成为电机驱动控制器的发展方向[3]。

21 世纪以来，能源短缺危机和全球环境问题已成为世界范围内的议题。随着我国经济的发展，石油消耗和需求量也在逐年提高，2019 年内，我国石油消耗量达到 6.9 亿 t；此外，我国的汽车销售量依旧巨大，2019 年我国汽车销售总量达到 2572.1 万辆，国内汽车保有量已达到 2.6 亿辆，并且在未来几年内，汽车保有量仍会快速增长。传统汽车数量的持续增长继续加大能源短缺的压力，同时造成严重的大气污染。面对汽车发展需求和能源环境问题的矛盾，为了促进汽车工业的可持续发展，电动汽车成为一个有效途径，它可缓解汽车工业对化石燃料的高度依赖，并且减少碳排放[4]。同时，电动汽车以电动机代替内燃机，调速机构以电机驱动控制代替了自动变速箱，可以在较宽的调速范围内高效地产生转矩，结构简单、操作简便且噪声低。电动汽车高效、节能及简单的优点受到广泛的青睐，越来越多的汽车生产厂商已开发出自己的电动车型。目前，主流电动汽车厂商生产的电动汽车如图 1-1 所示。

(a) 特斯拉Model S型电动汽车

(b) 丰田C-HREV型电动汽车

图 1-1　电动汽车

电机驱动控制系统不仅是电动汽车核心部件之一，而且是新能源汽车行驶中的主要执行结构，其驱动特性决定了汽车行驶的主要性能指标。针对电动汽车的工况，对电动汽车用电机驱动控制系统提出更高的性能要求：电动汽车的电机驱动控制系统应具有更高的可靠性，以保证乘车者的安全；功率密度更高，重量轻以减轻整车的重量，节省空间，提高乘坐的舒适性；效率更高，降低功率损耗，提高一次充电的续航里程；环境适应性好，要适应汽车行驶的不同区域环境，即使在较恶劣的环境也能正常工作，具有良好的耐高温和耐潮湿性能。

随着国民经济水平的不断提高，航空航天产业在国民生产中所占的比重越来越大，我国的航空航天事业也不断取得新的突破。当然，航空航天事业的发展离不开电机驱动控制系统，例如多电/全电飞机、高空飞艇及月球车等航空航天领域都依赖于电机驱动控制系统，如图 1-2 所示。

(a) 多电/全电飞机

(b) 高空飞艇

(c) 月球车

图 1-2　航空航天对高性能电机驱动器的需求

多电/全电飞机是 21 世纪飞机行业的重要发展方向之一，吸引了越来越多学者的关注[5]，多电/全电飞机如图 1-2(a)所示。最初的飞机上没有电气系统的概念，只有用于活塞发动机点火的磁力发电机等辅助电气设备。最先出现的机载用电设备是无线电传输装置，最初采用化学蓄电池供电，后来采用风力驱动发电机供电，但是机载电功率非常低，只有 200W 左右。继无线电之后，电能开始应用于飞机上的照明和一些开关设备的控制，二战期间开始用于雷达供电，此期间飞机机载电功率已达到十几至几十千瓦的级别[6]。从 20 世纪 50 年代开始，以固态功率器件为核心的航空电子设备飞速发展，飞机的性能大幅提高，同时机载电功率持续增长。80 年代，欧洲空客公司首次将电传飞行控制系统用于商业航班，其客机机载电功率达到 200～300kW 级别[7]。21 世纪以来，多种多电飞机升空，包括欧洲空客公司的 A380、美国波音公司的 B787 和洛马公司的 F-35[8]；其中，美国波音公司 B787 飞机的电功率达 1.4MW[9]。

飞机上的多种二次能源使飞机和发动机的结构复杂化，降低了飞机的能源使用效率降低、可靠性和生命力[10]。多电/全电飞机用电能代替集中式的液压能源和气压能源，使飞机上的二次能源统一为电能。因此，原来由液压和气压驱动的机械装置转为电驱动装置。调速电动机和伺服电动机的应用不断扩大，电能的用途得到了极大的拓展，二次能源的统一是飞机电气化的一个重要发展方向。

多电/全电飞机将二次能源逐步统一为电能，是飞机非推进能源的电气化，而电推进动力系统则是飞机推进能源和动力系统电气化的重要革新，是飞机电气化的另一个重要发展方向。航空电动机系统能够在电推进飞机上提供大功率的推进能量，有望突破传统航空发动机能量转换效率极限，改善飞机飞行性能的同时降低燃油消耗水平和污染排放。因此，航空电机驱动控制系统是支撑飞机电气化发展的重要基础[10]。

高空飞艇和月球车等航空航天行业中的电机系统也受到了严峻的挑战，高空飞艇和月球车如图 1-2(b)和(c)所示。高空飞艇具有可机动或定点、载荷能力强等优势，但是其对大载荷的要求使得传统的发动机推进系统难以应用[11]，且高空工作环境极其恶劣(低温环境和强紫外线照射)，需要更高性能的电机推动系统。在太空探索领域，太空车的移动离不开轮毂电机系统，同时也需要应对极端的太空环境，如月球车用电机系统的工作环境温度变化范围为–180～+150℃[12]，金星车上电机系统的工作环境温度最高可达+460℃，工作环境压强为 9MPa。这两种任务场合都需要能够适应极端环境的电机系统。航空航天事业的发展对电机驱动控制系统的功率密度、效率、动态性能和对极限环境的适应能力等方面提出了更高的要求。

航空航天电推进电机系统简图如图 1-3 所示，电机驱动控制系统是飞机电推进系统的核心。总体而言，目前的电机系统功率密度仍无法满足大型电推进系统的需要，电机系统的功率密度问题严重影响了电推进系统的推广使用[7]。同时，能源紧缺与环境污染问题日益严峻，电力能源的充分利用是解决该问题的关键，迫切需求高效率的电机驱动器。航空航天用电机驱动器工作在高温强辐射的恶劣环境下，所以要求电机驱动器能够适应极限的工作环境。

图 1-3　电推进电机系统

此外，飞机运行的工况十分复杂，所以对飞机飞控作动器的高频响应性能提出了更高要求。目前，在多电飞机的飞控系统中，电功率作动器正在代替传统的电控液压动力作动器。电静液作动器(electro-hydraulic-actuator，EHA)是电功率作动器中的一种。EHA 利用电机驱动柱塞泵，为活塞提供液压功率，产生作动器输出。为了提升 EHA 的动态性能，必须提升其电机驱动控制系统的响应速度和稳定性，以便应对各种复杂的飞行状况。图 1-4(a)给出了 EHA 飞控系统作动的简图。某无人机要求在 8000m 以上高空实现对地面 0.38m 精度的有效观测，这要求其机载平台等结构的电机系统能够对移动的目标进行高精度的追踪定位，同时需要其适应低温和振动的工作条件，图 1-4(b)展示了无人机机载光电平台对高精度的要求[13]。

因此当下热门的电动汽车行业与极具战略意义的航空航天事业都迫切需求具有高功率密度、高效率、高动态性能及适应于极限工作环境的高性能电机驱动控制器[14]。

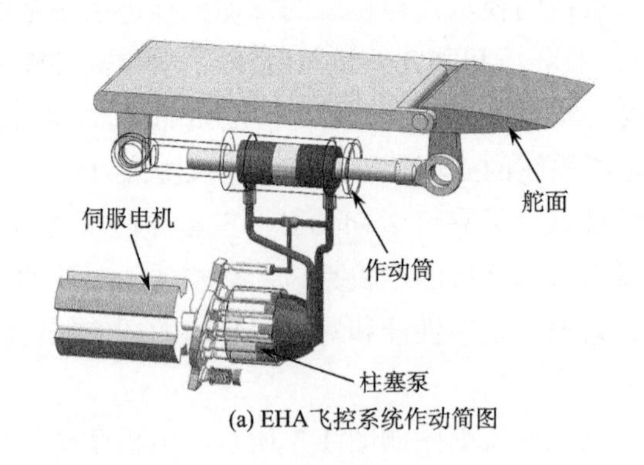

(a) EHA飞控系统作动简图

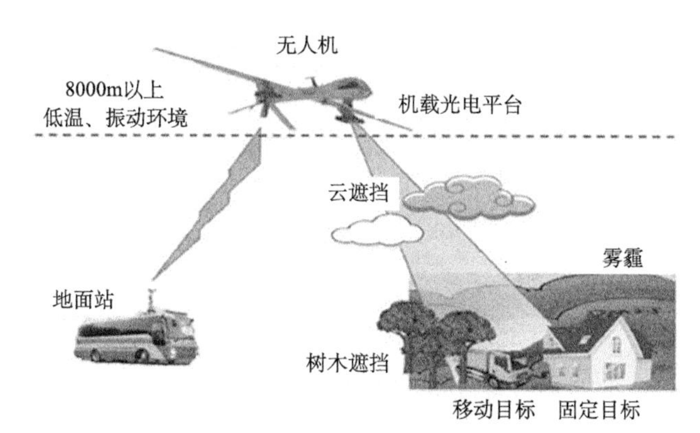

(b) 无人机机载光电平台

图 1-4　飞机对高动态性能及高精度的需求

1.2　电机驱动控制系统的组成、分类及特点

1.2.1　电机驱动控制系统组成

电机驱动控制系统包括电机、驱动器、控制器、电源设备及上位机，结构如图 1-5 所示[15]，其中，驱动器和控制器常合称为电机驱动控制器。

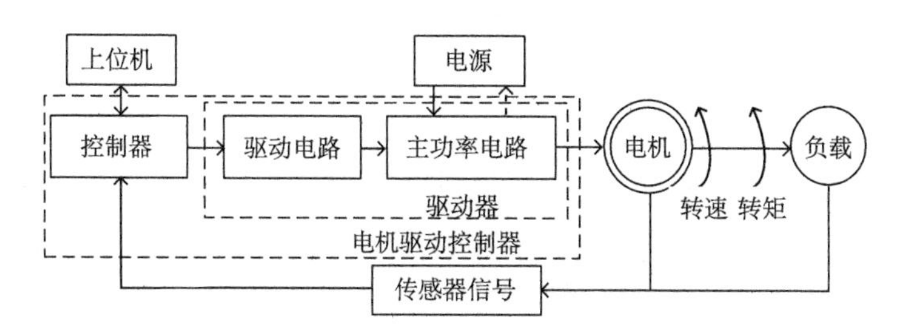

图 1-5　电机驱动控制系统基本构成

控制器根据上位机指令和反馈信号向驱动器发出脉冲宽度调制(pulse width modulation，PWM)信号。驱动器包括驱动电路和主功率电路，驱动电路接受控制器传递来的 PWM 信号对主功率电路管进行驱动，控制其开通和关断，实质上起到隔离放大的作用。在功率路径上，驱动器连接了直流电源和电机，将直流电源的能量按照控制器要求的形式传输给电机。

电机驱动控制系统的工作过程如下：首先，上位机与控制器进行通信，控制器根据上位机指令采样电机状态，向驱动器的驱动电路发出 PWM 信号；随后，经驱动电路的隔离放大后，驱动器根据 PWM 信号控制电机带动负载工作，通过传感器采集电机工作信号反馈到控制器，进行闭环控制；最后，控制器处理电机工作信号后再经过串口通信在上位机上显示工作情况。

1.2.2 典型电机及其驱动器拓扑

1. 直流电机及其驱动器拓扑

直流电机总体可以分为两部分：静止部分(称为定子)和旋转部分(称为转子)。定子和转子之间存在间隙(称为空气隙)。定子由定子铁心、励磁绕组、机壳、端盖和电刷装置等组成。转子由电枢铁心、电枢绕组、换向器和转轴等组成。

直流电机驱动多选用单相全桥驱动，如图 1-6 所示。

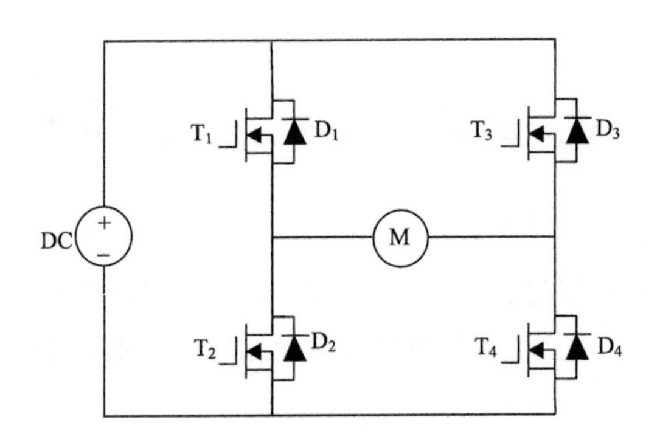

图 1-6　单相全桥电路

单相全桥电路又称 H 桥电路。电路中全控型开关器件 T_1、T_4 同时通、断，T_2、T_3 同时通、断。当 T_1、T_4 导通，T_2、T_3 关断时，输出到电机上的电压为$+V_{DC}$；当 T_1、T_4 关断，T_2、T_3 导通时，输出到电机上的电压为$-V_{DC}$。单相全桥电路通过控制功率管开关状态来控制施加在电机上的电压，进而控制电机的电流和转矩。

2. 交流异步电机及其驱动器拓扑

交流异步电动机又称感应电机，主要包括定子和转子。在定子铁心中，常用的结构为三相绕组，也有两相绕组或多相绕组。一对极下的电角度为 360°，三相对称绕组每相占 120°电角度。转子由转子铁心、转轴和转子绕组组成。转子铁心是主磁路的一部分，固定在转轴或转子支架上，铁心的外表呈圆柱形。转子所产生的机械功率通过转轴输出。转子绕组是转子的电路部分，它分为鼠笼型和绕线型两类。鼠笼形转子铁心的每一槽中含有一根导条，所有导条两端采用两个短路环连接。鼠笼型感应电机结构简单、制造方便，是一种经济、耐用的电机，应用极广。绕线型转子的槽内嵌有用绝缘导线组成的三相绕组，绕组的三个出线端接到安装在轴上的三个集电环上，再通过电刷引出。绕线转子的优点是可以在转子绕组中接入外加电阻，以改善电动机的起动和调速性能。与鼠笼型转子相比，绕线型转子结构稍复杂，价格稍贵。

异步电机的驱动器主功率电路多为三相全桥电路，如图 1-7 所示。三相全桥电路包含 6 个功率管，每相由上下两个功率管组成半桥电路。当半桥电路上桥臂功率管导通时，电机相线上电位为高电平；当半桥电路下桥臂功率管导通时，电机相线上电位为低电平，高低电平之差为直流母线电压。三相全桥电路通过控制三个半桥电路开关状态的组合来控制施加在电机上的电压，进而控制电机的电流和转矩。目前，功率管的开、关信号常由 PWM 得到，适用于三相全桥电路的 PWM 方法主要包括空间矢量脉冲宽度调制(space vector pulse width modulation，SVPWM)和正弦波脉冲宽度调制(sinusoidal pulse width modulation，SPWM)。

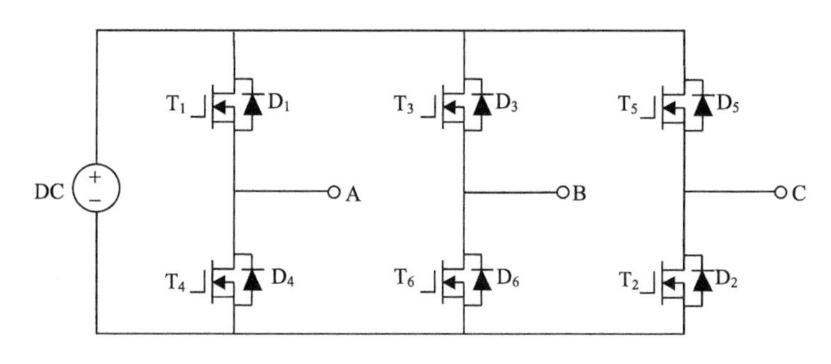

图 1-7 三相全桥电路

3. 永磁同步电机及其驱动器拓扑

永磁同步电机(permanent magnet synchronous machine，PMSM)是通过内置永磁体在电机内部产生一个稳定磁场，因而无须励磁绕组产生磁场，极大简化了电机结构，使永磁同步电机结构更加简单可靠、效率更高。PMSM 根据永磁体的安装位置可分为表贴式、嵌入式和内埋式三种结构，如图 1-8 所示。

因为常用永磁材料的磁导率接近于真空，所以表贴式 PMSM 转子各方向磁阻近似相同，属于隐极型电机；嵌入式和内埋式 PMSM 在转子永磁体方向磁阻大，永磁体之间方向磁阻小，均属于凸极型电机。隐极型电机和凸极型电机的对比如表 1-1 所示。PMSM 的驱动器主功率电路主要为三相全桥电路。

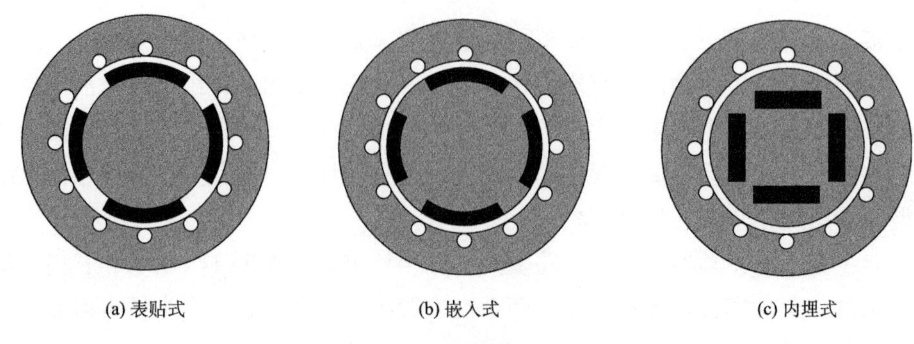

图 1-8　PMSM 转子结构

表 1-1　隐极型和凸极型 PMSM 比较表

参数	隐极型 PMSM	凸极型 PMSM
永磁安装位置	表面	嵌入
永磁产生磁场谐波	大	小
永磁利用率	大	相对较小
凸极率	1	>1
是否利用磁阻转矩	否	是
功率密度	低	高
调速范围(弱磁)	小	大

4. 无刷直流电机及其驱动器拓扑

无刷直流电机主要由定子和转子两部分构成。定子称为电枢，主要由导磁的定子铁心和导电的电枢绕组组成。除导磁铁心外，转子上安装永磁体，形成一定极对数的转子磁极。图 1-9 为无刷直流电机转子的 3 种主要结构，图中 1、2 和 3 分别表示永磁体、转子铁心和转轴。图 1-9(a)所示结构是在转子铁心外表面黏贴径向磁化的瓦片形永磁体，称为表贴式；图 1-9(b)所示结构是将切向磁化的永磁体插入转子铁心的沟槽中，称为内嵌式；图 1-9(c)所示结构是在转子铁心外套上一个整体黏结的径向磁化永磁体环，称为整体黏结式。采用径向磁化的永磁体结构易于在无刷直流电机中得到矩形波磁场分布，从而感应出方波或梯形波反电动势。无刷直流电机的驱动器主功率电路多采用三相全桥电路。

电机的种类繁多，本小节只针对上述 4 种典型的电机进行性能对比，如表 1-2 所示。PMSM 具有效率高、体积小、质量轻、转子无发热、力矩脉动小和动态响应快等诸多优点，已广泛应用于电动汽车、航空航天和机器人等众多具有高性能要求的领域，具有广阔的发展前景。本书内容均以 PMSM 为例进行介绍。

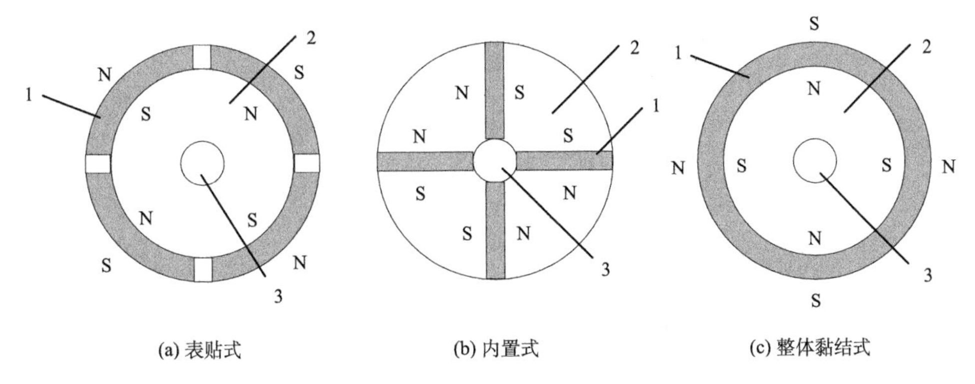

(a) 表贴式　(b) 内置式　(c) 整体黏结式

图 1-9　无刷直流电动机内转子结构

表 1-2　4 种典型电机性能对比

类别	效率	质量	有无电刷	温升	启动性能	力矩脉动	动态响应
直流电机	低	重	有	高	好	较低	较好
交流异步电机	较低	轻	笼式无、绕线式有	较高	差	较低	差
无刷直流电机	高	轻	无	低	好	较高	较差
PMSM	高	轻	无	低	好	低	好

1.2.3　永磁同步电机控制技术发展概况

PMSM 的高性能控制技术主要有矢量控制和直接转矩控制，其控制方法主要在这两种控制技术上拓展和延伸。

1. 矢量控制技术

矢量控制全称为磁场定向矢量控制(field oriented vector control)，最早由 Darmstdter 工科大学的 Hasse 博士[16]针对异步电机提出，而西门子公司的 Blaschke 等[17]随后以专利的方式发表了该理论。矢量控制的基本原理是通过旋转坐标变换将强耦合的交流电机等效为直流电机进行解耦控制，从而得到与直流电机相媲美的控制性能。后来，矢量控制方法被拓展应用到 PMSM 的控制中，可以实现对 PMSM 的高动态性能控制。

在 PMSM 的矢量控制中，可选择不同的磁链矢量作为定向的坐标轴，通常存在转子磁链定向、气隙磁链定向和定子磁链定向 3 种方式，目前，PMSM 常采用转子磁链定向的矢量控制方法。当采用转子磁链定向时，转子磁链方向即永磁体磁极方向称为直轴(d 轴)，与 d 轴垂直的方向称为交轴(q 轴)。其基本原理是，在 dq 轴旋转坐标系下，通过 Clarke-Parke 变换将电机定子电流变换分解为励磁电流和转矩电流两个分量，且两个分量间彼此独立且互相垂直，从而实现电机电流矢量的解耦，然后对各电流分量进行调节控制，间接地控制了电机的电磁转矩和磁链，进而控制电机工作状态。PMSM 矢量控制系统原理图如图 1-10 所示。

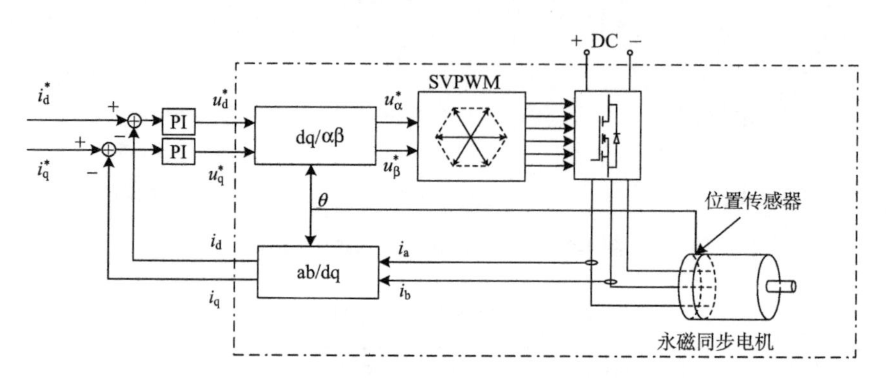

图 1-10　PMSM 矢量控制的系统原理图

PMSM 矢量系统常用的电流控制方法主要有：① $i_d = 0$ 控制；②最大转矩电流比(maximum torque of per ampere, MTPA)控制；③单位功率因数控制；④弱磁控制。不同的电流控制方法特点迥异，对系统逆变器的输出性能、功率因数、效率、电机端电压的幅值和转矩的输出性能的影响很大。$i_d = 0$ 控制是最常用的控制方法，尤其适用于表贴式 PMSM 矢量控制系统，但是由于其无法弱磁，导致电机转速范围和过载能力均受限。对于内置式 PMSM，转子结构的不对称使其 d 轴和 q 轴的电感不相等，此时电机电磁转矩中不仅含有永磁转矩的分量，而且含有磁阻转矩的分量，通常使用 MTPA 控制方法来提高电机的工作效率和过载能力。单位功率因数控制方法能够使电机输入无功功率为 0，减小控制器容量。弱磁控制能够弥补 $i_d = 0$ 高速段控制的不足，当电机的端电压达到极限电压时，通过降低励磁磁通来维持电机高速运行时端电压的平衡，从而实现 PMSM 的高速运行[18, 19]。

PMSM 矢量控制系统能实现高精度、大范围的调速或定位控制。随着电动汽车和航空航天等工业领域对高性能驱动系统需求的不断增加，PMSM 矢量控制系统已广泛应用于上述领域，已成为中小容量交流调速和伺服系统研究的重点之一。

2. 直接转矩控制

直接转矩控制(direct torque control)是继矢量控制方法之后发展起来的另一种高动态性能的 PMSM 控制方法[20]，是由日本的 Takahashi 在 1986 年提出的[21]。直接转矩控制最先应用于异步电机，但在向同步电机扩展应用的过程中遭遇了挫折：异步电机直接转矩控制主要基于转差频率控制，但同步电机不存在转差，电机原理的差异使直接转矩控制难以应用于同步电机。直到 20 世纪末国内外学者才初步实现了 PMSM 的直接转矩控制方案，展开了 PMSM 直接转矩控制研究的新篇章[22, 23]，其基本的思想是通过控制定子磁链来直接控制电机的电磁转矩，而不像矢量控制那样通过控制电流来控制转矩。

直接转矩控制在定子坐标系下观测定子磁链和电磁转矩，将磁链和转矩观测值与给定值作差，经两个滞环比较器后得到磁链和转矩控制信号，综合考虑定子磁链位置，利用开关表策略，选择适当的电压空间矢量，控制定子磁链的走向，从而控制转矩。这种控制方式不需要转子位置信息和电机的转子参数，无需将交流电机与直流电机作等效，省去了复杂的旋转坐标变换和电机模型，具有良好的鲁棒性，对电机参量变化具有较好的抗干扰能力。PMSM 直接转矩控制框图如图 1-11 所示。图中，$\left|\psi_s^*\right|$ 为定子磁链幅值给定，T_e^* 为转矩给定，V_s 代表空间电压矢量，$\left|\psi_s\right|$ 和 $\angle\psi_s$ 代表电机定子磁链的幅值与相角，T_e 代表电机转矩，i_a、i_b 为定子两相电流，i_α、i_β 为坐标变换后 αβ 坐标系下的电流值。

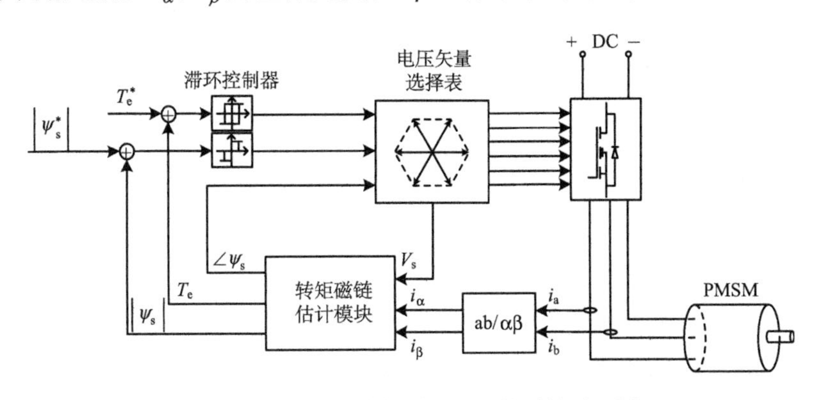

图 1-11　PMSM 直接转矩控制的系统原理图

直接转矩控制策略虽然具有模型简单，依赖的电机参数少、计算简单和动态响应快的优点，但是也存在着转矩和磁链脉动大，开关频率不固定，磁链估算不准确、相电流谐波含量大等问题。

1.3　宽禁带功率器件与高性能电机驱动控制系统

1.3.1　传统功率半导体器件

1. 传统功率半导体器件的发展历程

功率半导体器件又称为电力电子器件(power electronic device)，常简称为功率器件，是指可直接用于处理电能的主电路中，实现电能变换或控制的电子器件[24]，它的不断发展引导着各种电力电子拓扑电路的不断完善。PMSM 控制技术的发展和实际应用很大程度上取决于电力电子器件的发展。虽然矢量控制技术早在 20 世纪 60 年代就被提出并得到了详尽的分析，但由于当时的电力电子器件水平所限，没有得到进一步应用。随着可关断器件的出现，矢量控制得以实现并进一步完善[21]。回顾功率器件的发展历程，其概况如图 1-12 所示。

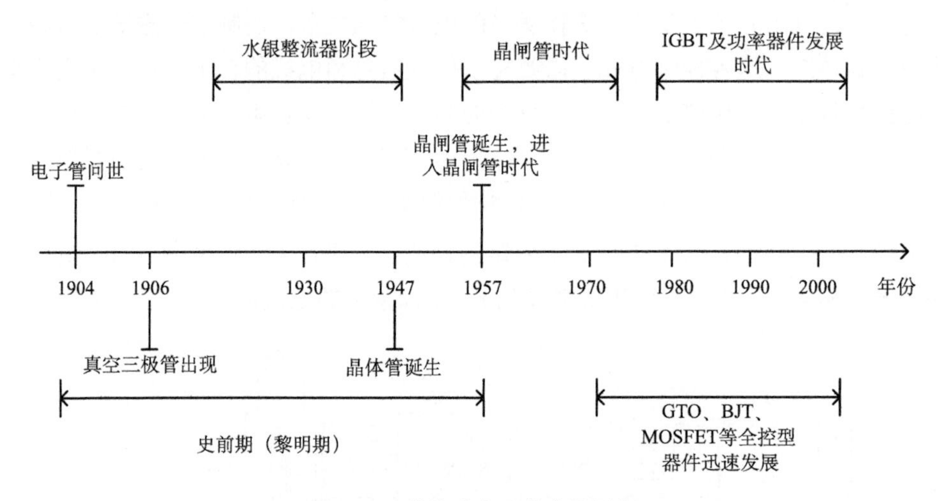

图 1-12　传统功率器件发展历程

功率器件的发展可以追溯到爱迪生对于灯泡的研究。1883 年，爱迪生在改进碳丝白炽灯泡时，偶然发现灯泡管内金属基板与灯丝之间于某种条件下会产生电流，这一现象被称为“爱迪生效应”。但是爱迪生当时无法解释这股电流产生的原因，也没有对其进行更为深入的研究[25]。直到 1904 年，在跨越大西洋无线电通信工程中，英国伦敦大学弗莱明教授为了制作更加灵敏的检波器，才首次利用“爱迪生效应”研制出一种能够充当交流电整流和无线电检波的特殊灯泡——“热离子阀”，从而催生了世界上第一只电子管，称为佛莱明管(二极检波管)，也就是人们所说的真空二极管，如图 1-13(a)所示，世界由此进入电子时代[26]。

1906 年，为了提高真空二极管检波灵敏度，美国无线电工程师德·福雷斯特在真空二极管的基础上，在发射电子的灯丝和金属阳极之间加入了一个栅栏式的金属网，形成第三个极——栅极，控制栅极上的电位变化，即可控制灯丝阴极电子发射，这样就制成了世界上第一只具有放大功能的真空三极管[27]，如图 1-13(b)所示。因此，人们通常认定 1906 年是真空管元年。

20 世纪 30～50 年代，水银整流器迅速发展，并广泛应用于电化学工业、电气铁道直流变电所及轧钢用直流电动机的传动，甚至应用到了直流输电领域。在这一时期，各种整流、逆变及周波变流电路的理论已经发展成熟并广为应用[24]。

1947 年，美国贝尔实验室(Bell Laboratories)的肖克利小组经过一个月的反复试验，终于发明了第一个点接触式晶体管，如图 1-13(c)所示，并成功放大所有频率的电流[28]。该晶体管是用多晶锗制作而成的，随后硅(Silicon，Si)材料器件同样实现，一场电子技术的革命从此拉开了序幕。

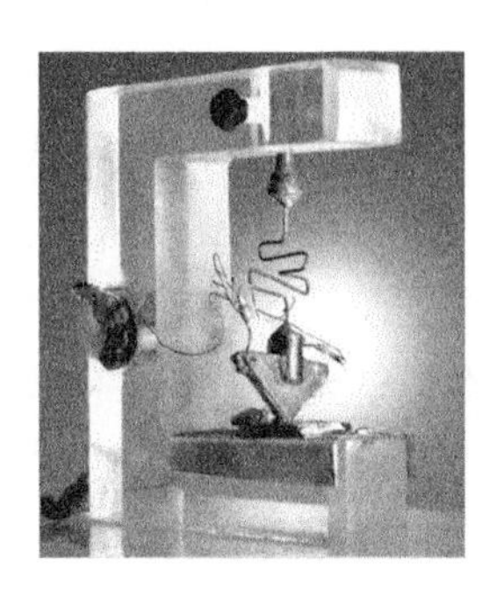

(a) 第一只真空二极管　　(b) 德·福雷斯特与真空三极管　　(c) 第一个晶体管

图 1-13　功率器件的发展历史

1956 年，美国贝尔实验室发明了世界上第一只晶体闸流管，简称晶闸管(Thyristor)。1957 年，美国通用电气公司开发出世界上第一只晶闸管产品，并于 1958 年达到商业化，这标志着第一代电力电子器件稳步发展的开始和电力电子技术的诞生。晶闸管的开通时刻不仅可控，而且电流增益和导通电阻等各方面性能更加优越，广泛应用于各种相控电路。与传统的汞弧整流装置相比，相控电路不仅体积小、工作可靠，而且取得了十分明显的节能效果，因此，电力电子技术的发展也越来越受到人们的重视。以晶闸管为代表的第一代电力电子器件的广泛应用，开辟了电力电子技术迅速发展和广泛应用的崭新时代，有人甚至称其为继晶体管发明和应用之后的又一次电子技术革命，但是第一代电力电子器件只能通过门极控制其导通，而不能控制其关断，属于半控型器件[24]。在使用半控型器件时，需要增加电感、电容等辅助开关器件来实现其关断，导致使用半控型器件的装置体积增大、重量增加、效率降低。

随着理论研究和工艺水平的不断提升，到了 20 世纪 70 年代后期，以门极可关断晶闸管(gate-turn-off thyristor，GTO)、电力晶体管(giant transistor，GTR)和功率金属氧化物半导体场效应晶体管(metal-oxide-semiconductor field-effect transistor，MOSFET)为代表的全控型器件获得了迅速发展，电力电子器件日趋成熟。一般将这类具有自关断能力的器件称为第二代电力电子器件[29]，其开关速度普遍高于晶闸管，可用于开关频率较高的电路，促进了电机驱动拓扑的发展。

GTR 是一种双极型的电流控制型全控器件，具有电流大、耐压高、开关特性好、通流能力强和饱和压降低等优点。但由于 GTR 为电流控制型器件，所需驱动功率大，驱动电路复杂，同时存在二次击穿问题。

功率 MOSFET 属于电压控制型的单极型器件，主要是通过栅极电压来控制漏极电流，具有驱动电路简单、驱动功率小、开关速度快、高频特性好的显著特点，其最高工作频率可达 1MHz 以上，且安全工作区广，无二次击穿问题，可靠性较高。但功率 MOSFET 存在电流容量小，耐压低等的缺点，不适合大功率场合的应用。

在 20 世纪 80 年代后期，结合了 MOSFET 和 GTR 优点的绝缘栅双极型晶体管(insulated-gate bipolar transistor，IGBT)异军突起，其输入控制部分为 MOSFET，输出级为 GTR，因此兼顾了两者的优点：既有输入阻抗高，开关速度快，驱动电路简单等优点，又有输出电流密度大，通态压降小，电压耐压高的优势，其工作电压一般为 0.6～6.5kV。IGBT 是性能理想的中大容量的中高速压控型器件，是目前电动汽车、高铁等电力电子装置中主流的器件。90 年代，功率集成电路(power intergrated circuit，PIC)产生，使功率器件的研究和开发朝着大功率、高效率、高频化、集成化和智能化的方向迈出一大步。

表 1-3 展示了传统功率器件中英文名对照及主要应用背景，主流功率器件产品的进化史如表 1-4 所示。

表 1-3　传统功率器件中英文名称及其主要应用

器件中文名	对应英文名	主要应用
电力二极管	diode	整流、续流
晶闸管	SCR	整流、逆变
门极可关断晶闸管	GTO	大容量逆变
功率晶体管	GTR	已被 IGBT 替代
功率金属氧化物半导体场效应晶体管	MOSFET	DC-DC、逆变
绝缘栅双极型晶体管	IGBT	逆变、DC-DC、整流
集成门极换向晶体管	IGC	大容量逆变

表 1-4　主流传统功率器件产品进化历史

时间	1957	1960s	1970s	1980s
器件	SCR	GTR	MOSFET	IGBT

2. 传统功率器件对电机驱动控制系统性能的限制

功率器件是电机驱动器的核心，决定了电机驱动器的整体性能(效率、功率密度、动态性能、可靠性和工作温度等)。传统的半导体材料 Si 制成的功率器件性能已很难得到大幅度的改善，这直接影响了基于 Si 功率器件的电机驱动系统性能的提高。Si 基电力电子器件经过 60 多年的发展，器件性能已接近 Si 材料的极限，由于开关频率和导通电阻的限制，通过器件原理创新、结构改善及制造工艺的进步已经很难显著提升其总体性能，逐渐不能满足电力变换器高温、高压、高频和高功率密度的要求，尽管仍有改进的空间，但幅度和收益比都不尽如人意[30]。

目前，飞机上的功率器件大多是 Si 基功率器件。首先，由于 Si 功率器件允许结温只有 150℃左右，必须依赖环境控制系统提供冷却空气或冷却液体才能长期可靠工作，这不仅增大了系统的体积和重量，而且还会降低系统的可靠性，一旦环境控制系统发生故障将导致电机驱动器失去工作能力[14]；其次，Si 基功率器件的开关损耗和通态损耗难以大幅度降低，使其在应用于高功率电机驱动系统时，需要较复杂的散热设计，从而增大系统的体积和重量，难以提升驱动系统效率和功率密度；再次，Si 基功率器件的结电容较大，限制了大功率场合下的频率提升，导致滤波电感和母线电容体积较大，限制了功率密度的进一步提高，也不适应航空电机系统高速高频化的发展趋势。可见，Si 基电力电子器件在飞机电气化发展中的潜力已十分有限[8]。

1.3.2 宽禁带功率器件的特点及分类

上文介绍的电力电子器件均以 Si 材料为基础，但是 Si 材料电力电子器件已逐渐接近其理论极限值，利用宽禁带半导体材料制造的电力电子器件显现出比 Si 更优异的特性，给电力电子产业的发展带来了新的生机。

价电子所在能带与自由电子所在能带之间的间隙称为禁带，它实际上反映了被束缚的价电子要成为自由电子所必须额外获得的能量，禁带宽度的物理单位是电子伏(eV)。宽禁带半导体材料是指禁带宽度在 2.2eV 以上的半导体材料，典型的材料包括碳化硅(silicon carbide，SiC)、氮化镓(gallium nitride，GaN)、金刚石等。

图 1-14 给出了宽禁带半导体材料 SiC、GaN 和传统 Si 材料的优势对比。与 Si 材料相比，宽禁带半导体材料具有能隙大、击穿场强大、饱和电子漂移速度高及熔点较高等优势。SiC 的优异性能使基于 SiC 的功率器件(简称 SiC 功率器件)与硅基器件相比具有突出的优点，如更低的开关损耗、更低的通态电阻、更高的击穿电压、更高的工作结温、更强的抗辐射能力、更高的稳定性，可以在大功率

等级下实现更高的开关频率等，这些突出的优势推动着 SiC 电力电子器件的不断发展与进步[30]；宽禁带半导体材料 GaN 与 SiC 一样，与 Si 材料相比具有许多优良特性。宽禁带半导体功率器件(简称宽禁带功率器件)的具体特点将在本书第 2 章详细介绍。

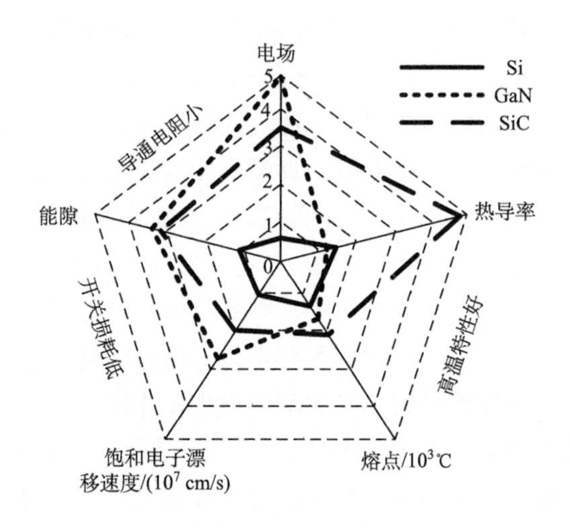

图 1-14　SiC、GaN 和与传统 Si 材料的优势对比

与 Si 材料相比，采用宽禁带半导体材料制造新一代的电力电子器件，可以使其变得更小、更快、更可靠和更高效。这将减少电力电子器件的质量、体积及生命周期成本，允许设备在更高的温度、电压和频率下工作，使电力电子器件使用更少的能量实现更高的性能。

1.3.3　宽禁带功率器件产品的发展

图 1-15 给出了 SiC 半导体材料及器件商业化发展历程。2001 年，Infineon 公司推出首个商业化的 SiC 肖特基二极管(schottky barrier diode，SBD)，拉开了 SiC 功率器件商业化的序幕。随后，国际上各大半导体器件制造厂商，包括美国的 CREE、SemiSouth 和日本的 Rohm 等公司都相继推出自己的 SiC 功率器件[31]。

图 1-16 给出了 GaN 半导体材料及器件商业化发展历程。从图中可以看出，与 Si 材料相比，GaN 与 SiC 一样具有许多优良特性，但是最初它必须用蓝宝石或 SiC 晶片作衬底材料制备，这限制了其发展。后来，LED 产业的飞速发展不仅极大地推动了 GaN 器件的研制，而且使 GaN 异质结外延工艺技术有了质的飞跃。2012 年，GaN-on-SiC 外延片问世，它能够大幅度降低 GaN 材料及器件成本，极大地促进了 GaN 电力电子器件的发展[31,32]。

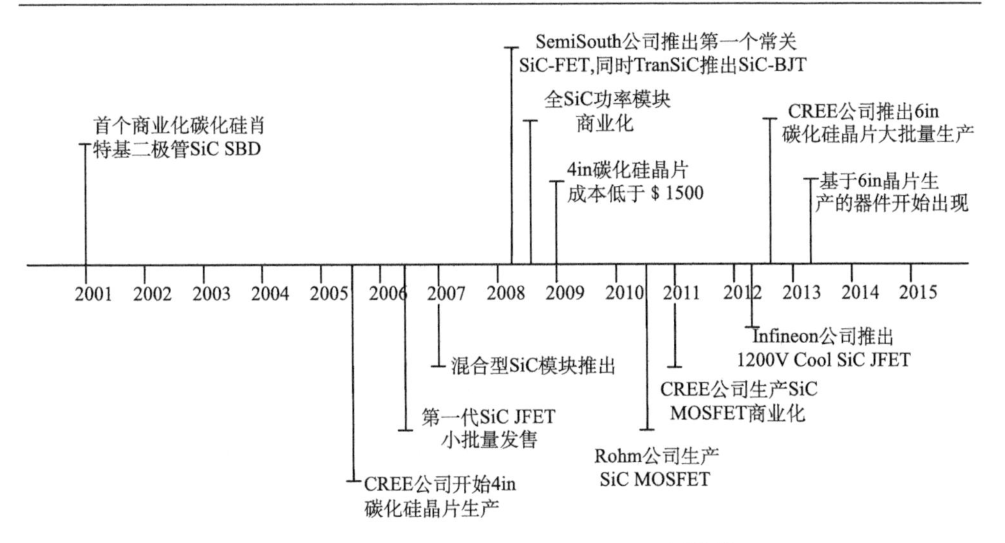

图 1-15　SiC 半导体材料及器件发展过程[31, 32]

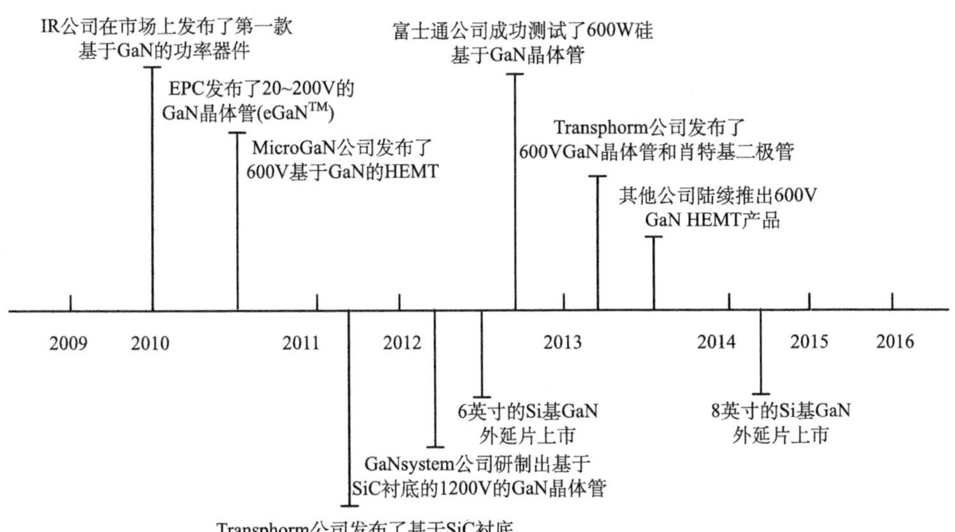

图 1-16　GaN 半导体材料及器件发展历程[31,32]

商用上，IR 公司于 2010 年推出了首款 GaN 商用集成功率级产品，从此 GaN 功率器件进入商业化时代。紧接着，美国的 EPC 和 Transphorm 公司以及欧洲的 MicroGaN 和 Infineon 公司也都陆续推出了自己的 GaN 功率器件产品。2012 年，加拿大的 GaNSystems 公司研制出了基于 SiC 衬底的 1200VGaN 晶体管[31,32]。

2014 年 9 月，在蒙特利尔召开的 IEEE 能量转换大会上，GaN Systems 公司展示了650V/100A大电流GaN功率晶体管(型号为GS66540C)，该产品基于“岛技术专利(Island Technology)”和650V高能量密度系列产品研制，具有100V/ns的快速开关速度和超低的热损耗，效率最大为98%，额定值为97.6%，开关频率为50kHz，同时体积比同级别Si器件减少40%左右，电能损耗可降低一半[33]。2016年，安森美半导体公司和Transphorm公司合作，共同开发并推出了600VGaN Cascode结构晶体管NTP8G202NHE和NTP8G206N，瞄准工业、电脑、通信及网络领域的各种高压应用[30]。

1.3.4 宽禁带功率器件对电机驱动控制系统性能的提升

以SiC功率器件为例，从以下5个方面阐述宽禁带功率器件对电机驱动控制系统性能的提升，如表1-5所示。

表1-5 航空、航天及电动汽车对高性能电驱动需求与宽禁带功率器件优势分析

参数	航空、航天及电动汽车电驱动需求分析	宽禁带功率器件电驱动优势分析
效率	高效率，有利于减小散热体积重量及太阳能板/储能电池等系统总体重量，有利于提高巡航时间	开关速度快，开关损耗小；导通电阻小，导通损耗小
功率密度	高功率密度，有利于提高有效载荷，有利于提高巡航时间	器件的开关损耗和导通损耗小，有利于散热体积重量的减小，即提高了驱动器的功率密度；开关频率高，无源器件体积减小
动态性能	适应复杂飞行工况，提升电机驱动器的快速响应能力与稳定性	开关速度快，延迟小，提高控制系统的带宽；死区时间短，控制系统裕度大
高精度	高精度伺服驱动控制	利用宽禁带功率器件高频、损耗低的特点实现高精度的电压实时跟随的功放供电
环境	极限环境、环境温度低，昼夜温差大，空气稀薄	耐高温，结到壳的热导率高，有利于散热

1) 高效率

当下能源紧缺和日益凸显的环境污染问题使人们越发关注效率问题，工业界迫切需求高效率的电机驱动器。SiC材料的电子饱和速率是传统半导体Si的2～3倍，而且SiC功率器件的导通电阻更低，因此，宽禁带功率器件具有开关速度快、开关损耗和通态损耗低的优势，能提高电机驱动器的工作效率[34]。

2) 高功率密度

宽禁带功率器件可以显著地提高电机驱动器的功率密度，具体体现在两个方面：一方面，SiC功率器件具有更高的开关频率，可以使驱动器母线电容的容值显著减小，母线电容的体积也会显著减小，节省系统体积，从而显著地提高电机驱动器的功率密度；另一方面，SiC材料的热导率更高，约为Si的3倍[35]，使工作期间内产生的热量更容易释放到外部，加之本身释放热量的减少，极大地简化了散热系统的体积，显著地提高了电机驱动器的功率密度。

图 1-17 展示了丰田普锐斯汽车于 2014 年研制的一款 60kW 的基于 SiC 器件的驱动器。由图 1-17 可知，与相同功率的 Si 基驱动器相比，其体积减小了 80%，极大提高了电机驱动器的功率密度。

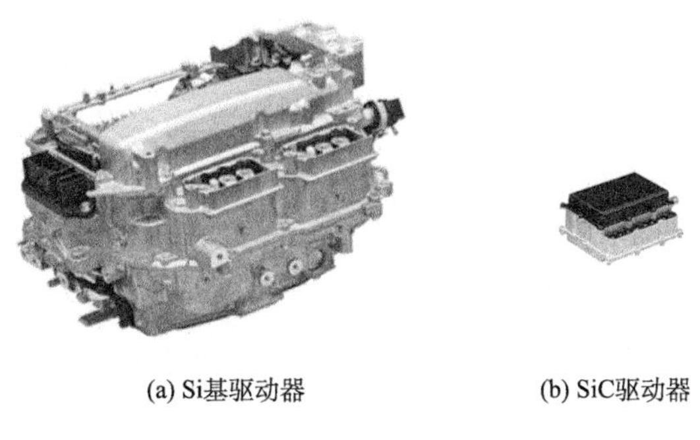

(a) Si基驱动器　　(b) SiC驱动器

图 1-17　丰田普锐斯 SiC 电机驱动器(60kW)

3) 高动态性能

SiC 功率器件开关速度更快，可以工作在更高的开关工作频率和更短死区时间的条件下。因此，基于宽禁带功率器件的逆变器可以减小驱动控制系统的延迟，从而提高控制系统的快速性。此外，SiC 功率器件具有更小的管压降，使驱动系统的相电压畸变更小，从而提高了驱动系统的相对稳定性。SiC 功率器件对驱动系统动态性能影响将在本书第 4 章中详细介绍。

4) 高精度

与 SVPWM 驱动方式相比，采用线性功率放大器的电机驱动电路具有电流谐波小，转矩脉动低等优势，为实现永磁同步电机伺服控制系统的高精度控制提供了可行方案。虽然线性功率放大器的线性度好，纹波小且对外界造成的电磁干扰小，但是其在常规的应用方式下，发热量大、转换效率低，极大地降低了驱动系统的运行效率，严重限制了电机驱动控制系统的功率等级。高开关频率对减小实时跟随供电系统体积和提高动态响应性能的都起着重要作用。新型宽禁带功率器件 SiC 与 GaN 导通电阻小和开关速度快的特性，为实现高跟随性能的实时供电电路提供了有利条件。

5) 适应于高温高速的极限工作环境

从材料角度来看，因为宽禁带半导体材料具有较高的饱和电子漂移速度和较低的介电常数，所以功率器件在高频和高速工作下的性能不会发生巨变；宽禁带特性使功率器件能够在相对较高的温度下正常工作；较高的临界击穿场强电场使功率器件可以适应高压、大功率等应用环境[36]。这些优良的材料特性为宽禁带功率器件在极限环境下工作提供了有力的保障。

多电/全电飞机的发展对耐高温功率器件的需求越来越大，用高温功率器件替代 Si 器件成为多电/全电飞机电气设备发展方向之一。宽禁带功率器件就是新一代高温功率器件的代表[8]。以 SiC 功率器件为例，其工作结温远高于 Si 基功率器件，SiC MOSFET 的热击穿结温可以达到 300℃，而传统的 Si IGBT 和 Si MOSFET 只能承受 150℃的高温[34]，且 SiC 器件的散热性能要远强于 Si 基器件。因此，SiC 功率器件可以在更恶劣的高温环境下工作，从而减小对飞机对环境控制系统的依赖。

高速 PMSM 需要配套的逆变器具有更高的开关频率。SiC 功率器件的开关频率和开关速度均高于传统的 Si 基器件，根据脉冲宽度调制的基本原理，提高功率器件的开关频率可以提高逆变器的输出频率，从而提高 PMSM 的转速[37]。因此，宽禁带功率器件逆变器可以更好地适应高温高速的恶劣工作环境，从而提升电机驱动器的可靠性。

参 考 文 献

[1] 郭清风, 梁博, 张有林. PMSM 驱动控制系统在变频空调中的应用[J]. 电力电子技术, 2011, (02): 44-46.

[2] 白玉新, 刘俊琴, 李雪, 等. 碳化硅(SiC)功率器件及其在航天电子产品中的应用前景展望[J]. 航天标准化, 2011, (03): 14-16.

[3] 曹峻松, 徐儒, 郭伟玲. 第 3 代半导体氮化镓功率器件的发展现状和展望[J]. 新材料产业, 2015, (10): 31-38.

[4] 李洋. 四轮驱动电动汽车永磁同步轮毂电机驱动系统转矩控制研究[D]. 吉林: 吉林大学, 2015.

[5] 郑先成, 张晓斌, 黄铁山. 国外飞机电气技术的现状及对我国多电飞机技术发展的考虑[J]. 航空计算技术, 2007, 37(5): 120-122.

[6] Hyder A K. A century of aerospace electrical power technology[J]. Journal of Propulsion & Power, 2003, 19(6): 1155-1179.

[7] Roboam X, Sareni B, Andrade A. More electricity in the air: Toward optimized electrical networks embedded in more-electrical aircraft[J]. IEEE Industrial Electronics Magazine, 2012, 6(4): 6-17.

[8] 严仰光, 秦海鸿, 龚春英, 等. 多电飞机与电力电子[J]. 南京航空航天大学学报, 2014, 46(1): 11-18.

[9] Naayagi R T, Forsyth A J, Shuttleworth R. High-power bidirectional DC-DC converter for

aerospace applications[J]. IEEE Transactions on Power Electronics, 2012, 27(11): 4366-4379.
[10] 张卓然, 于立, 李进才, 等. 飞机电气化背景下的先进航空电机系统[J]. 南京航空航天大学学报, 2017, 049(005): 622-634.
[11] 罗玲, 刘卫国, 窦满峰, 等. 高空飞艇螺旋桨驱动电机分析[J]. 宇航学报, 2009, 30(006): 2140-2144.
[12] 叶培建, 肖福根. 月球探测工程中的月球环境问题[J]. 航天器环境工程, 2006, 23(001): 1-11.
[13] 钱浩. 机载稳定平台用高精度伺服电动机系统关键技术研究[D]. 北京: 北京航空航天大学, 2013.
[14] 聂新. 碳化硅功率器件在永磁同步电机驱动器中的应用研究[D]. 南京: 南京航空航天大学, 2015.
[15] 朱仁帅. 永磁同步电机控制系统仿真及实验研究[D]. 沈阳: 沈阳工业大学, 2019.
[16] 孟淑平. 基于 FPGA 的电动燃料泵用永磁同步电机无传感器控制研究[D]. 北京: 北京航空航天大学, 2015.
[17] 程启明, 程尹曼, 王映斐, 等. 交流电机控制策略的发展综述[J]. 电气系统保护控制, 2011(9): 145-154.
[18] 王成元, 夏加宽, 孙宜标. 现代电机控制技术[M]. (第一版). 北京: 机械工业出版社, 2009.
[19] 许家群. 电动汽车用永磁同步电动机传动控制系统的研究[D]. 沈阳: 沈阳工业大学, 2003.
[20] 陈伯时. 电力拖动自动控制系统[M]. (第三版). 北京: 机械工业出版社, 2004.
[21] 胡奇锋. 永磁同步电机高性能调速控制系统研究[D]. 杭州: 浙江大学, 2004.
[22] 田淳. 无位置传感器同步电机直接转矩控制理论研究与实践[D]. 南京: 南京航空航天大学, 2002.
[23] 邱鑫. 电动汽车用永磁同步电机驱动系统若干关键技术研究[D]. 南京: 南京航空航天大学, 2014.
[24] 王兆安, 刘进军. 电力电子技术[M](第五版). 北京: 机械工业出版社, 2009.
[25] 张全定. 初识电子管[J]. 实用影音技术, 2010(1): 86-89.
[26] 刘战存, 蔡文婷. 弗莱明对科学技术的贡献[J]. 首都师范大学学报(自然科学版), 2010, 31(5): 12-18.
[27] 徐松森. 电子管机发展的趣味历程[J]. 视听技术, 2006(3): 70-72.
[28] 戴吾三. 晶体管诞生记[J]. 科学, 2015, 67(1): 13-17.
[29] 张超. 电力电子技术的发展及在电力系统中应用[J]. 企业家天地(理论版), 2011(7): 232.
[30] 周洋. 氮化镓功率器件特性及门极驱动研究[D]. 北京: 北京航空航天大学, 2018.
[31] 朱梓悦, 秦海鸿, 董耀文, 等. 宽禁带半导体器件研究现状与展望[J]. 电气工程学报, 2016(1): 1-11.
[32] 钱照明, 张军明, 盛况. 电力电子器件及其应用的现状和发展[J]. 中国电机工程学报, 2014, 34(29): 5149-5161.

[33] Ambacher O, Smart J, Shealy J R, et al. Two-dimensional electron gases induced by spontaneous and piezoelectronic polarization charges in N-and Ga-face AlGaN/GaN heterostructures[J]. Journal of Applied Physics, 1999, 85(6): 3222-3233.

[34] Reed J K, Mcfarland J, Tangudu J, et al. Modeling power semiconductor losses in HEV powertrains using Si and SiC devices[C]//2010 IEEE Vehicle Power & Propulsion Conference. Lille, 2010.

[35] 石宏康. 基于碳化硅功率器件的永磁同步电机驱动系统研究[D]. 哈尔滨: 哈尔滨工业大学, 2018.

[36] 杜敏. 基于 SiCMOSFET 的高性能电驱动研究[D]. 北京: 北京航空航天大学, 2015.

[37] 马策宇. SiC 基逆变器在 PMSM 电机驱动中的高速开关行为研究[D]. 南京: 南京航空航天大学, 2018.

第 2 章　宽禁带功率器件

以碳化硅(SiC)和氮化镓(GaN)为代表的宽禁带半导体材料具有击穿场强高、禁带宽度大和热导率高等优点。用宽禁带半导体材料制成的宽禁带功率器件具有开关频率高、损耗小、耐高温、抗辐照和耐高压等优势，是新一代功率半导体器件的主要发展趋势。本章介绍 SiC、GaN 材料的物理特性与 SiC、GaN 器件的分类，重点介绍 SiC MOSFET 和 GaN HEMT 的内部结构与静动态特性。

2.1　碳化硅功率器件

2.1.1　碳化硅材料的物理特性

1824 年，瑞典科学家 Jöns Jacob Berzelius 发现了 SiC 材料。与 Si 材料相比，SiC 材料具有宽禁带(3～3.3eV)，高临界击穿场强(2.5～5MV/cm)，高饱和电子漂移速度(1.8×10^7～3×10^7cm/s)，低介电常数(9.2～10)和高热导率[3～4.9W/(cm·K)]等优点[1]。常用的 SiC 晶体结构有 6H-SiC 和 4H-SiC 等。其中，6H-SiC 和 4H-SiC 均具有六角形晶格，6H、4H 分别表示不同的堆垛次序。6H 为 6 个双原子层周期性堆垛，4H 为 4 个双原子层周期性堆垛，如图 2-1 所示。4H-SiC 是功率器件的

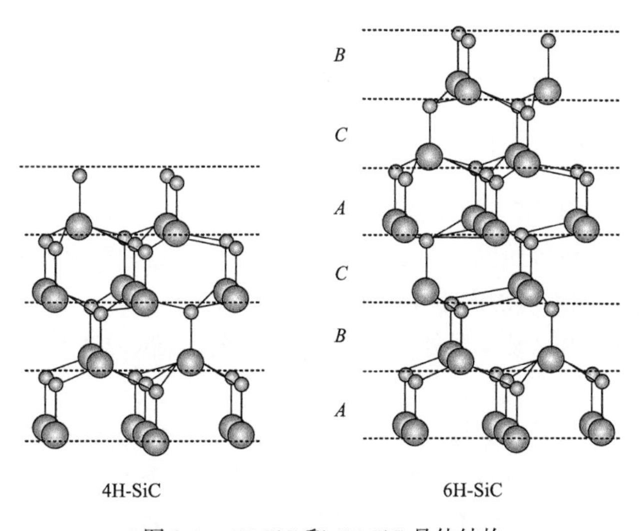

图 2-1　4H-SiC 和 6H-SiC 晶体结构

首选，因为它在垂直方向上具有更高的电子迁移率，更低的本征载流子浓度及更小的掺杂电离能。下面以在功率半导体器件中使用最广泛的材料 4H-SiC 为例，与 Si 材料进行物理特性对比，见表 2-1。

表 2-1 Si 与 SiC 材料物理特性对比

物理特性	Si	4H-SiC
禁带宽度/eV	1.12	3.26
击穿场强/(MV/cm)	0.3	3
饱和电子漂移速度/(10^7cm/s)	1	2.7
相对介电常数	11.8	9.7
热导率/[W/cm·K]	1.5	3.7

从表 2-1 中可以得出以下结论：

(1)因为 SiC 材料相对比较稳定的内部晶体结构，使其禁带宽度约为 Si 的 3 倍，所以 SiC MOSFET 即使在高温下也可以稳定工作，保证了在航空航天、石油钻探、新能源汽车等领域恶劣环境下系统的稳定性。

(2)SiC 材料的击穿场强是 Si 的 10 倍左右，因此，SiC MOSFET 具有较高的耐压等级，有利于提高系统的功率等级。

(3)SiC 材料的饱和电子漂移速度远大于 Si 材料，相对介电常数却小于 Si，因此，SiC MOSFET 的工作频率也得以显著提高，能达到兆赫兹等级，更适用于高速电机系统中。

(4)3 倍于 Si 的热导率使 SiC MOSFET 具有更好的散热能力，可以有效地减小冷却系统的体积和重量，显著地提升系统的功率密度。

2.1.2 SiC 功率器件的分类

新型宽禁带材料 SiC 具有的优越的物理特性，吸引了越来越多的专家学者开始对 SiC 功率器件进行研究。从 SiC 器件出现至今，这种宽禁带半导体器件已经发展了 20 年，开始逐步进入市场并被工程技术人员认可。

目前，常见的 SiC 功率器件主要有 SiC 二极管、SiC JFET、SiC MOSFET、SiC IGBT 和 SiC GTO 等[2]。

根据载流子参与导电的情况，SiC 功率器件可以分为 SiC 单极型器件(如图 2-2(a))，SiC 双极型器件(如图 2-2(b))和 SiC 复合型器件等。其中，SiC 单极型器件主要包含：SiC MOSFET、SiC 结型场效应管(junction field-effect transistor,

JEFT)、SiC 结型势垒肖特基二极管(junction barrier schottky，JBS)和 SiC SBD 等；SiC 双极型器件主要包含：SiC 电力晶体管(bipolar junction transistor，BJT)、SiC 晶闸管(silicon controlled rectifier，SCR)、SiC 门极可关断晶闸管(GTO)和 SiC PiN 二极管等；SiC 复合型器件主要指 SiC 绝缘栅双极晶体管(IGBT)。

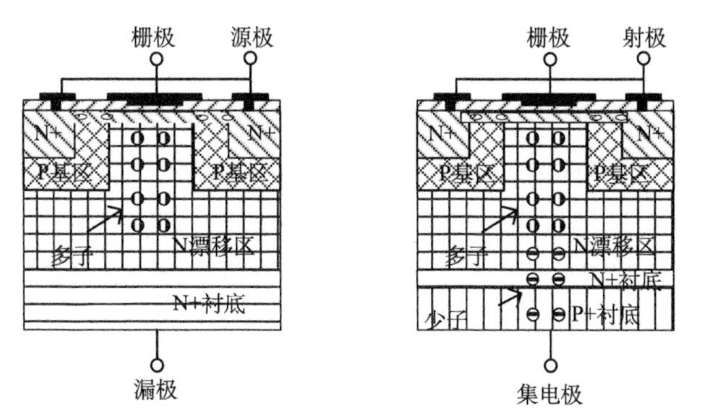

(a) SiC单极型器件(以SiC MOSFET为例)　(b) SiC单极型器件(以SiC IGBT为例)

图 2-2　SiC 器件类型

SiC 功率二极管主要有 3 种类型：SiC SBD、SiC JBS 二极管和 SiC PiN 二极管。SiC SBD 是单极型器件，具有开关速度较快和无反向恢复电流的优点，但其导通损耗较大，且漂移区内的大电场强度导致肖特基势垒显著降低，进而导致反向漏电流增加。SiC JBS 二极管将 PN 结集成在肖特基结构中，既可避免肖特基二极管的肖特基势垒降低效应，又可降低漏电流。在阻断电压小于 5kV、电流小于 100A 的应用场合，SiC SBD 和 SiC JBS 二极管均具有很大应用潜力。在高阻断电压应用场合，与上述 2 种 SiC 功率二极管相比，双极型的 SiC PiN 二极管更具优势。由于电导调制效应的存在，SiC PiN 二极管导通损耗更小，但开关速度较慢，且存在反向恢复电流。此外，在 SiC PiN 二极管加工过程中晶圆缺陷率较高，限制了其大规模应用[3]。

SiC JFET 是单极型压控器件，利用栅极 PN 结实现开关控制，具有出色的高频性能。常开型 SiC JFET 在关断时需要施加较大的负压夹断沟道，而常闭型 SiC JFET 阈值电压较低，容易误导通。因此，SiC JFET 在功率变换器中的应用尚存在一定障碍，主要用于保护电路。

SiC BJT 是双极型流控器件，具有较低的导通损耗。与 Si BJT 相比，SiC BJT 的电流增益更大，具有高温工作能力和较大的安全工作区。但是 SiC BJT 需要电流型驱动电路，且驱动电路较为复杂，和现有的 MOSFET/IGBT 驱动电路无法兼容，这在一定程度上限制了 SiC BJT 的大规模应用[4]。

SiC GTO 是双极型器件，与 Si GTO 相比，SiC GTO 减少了的串联连接部件，可以减小系统体积，且具有较低的反向漏电流。由于电导调制效应的存在，SiC GTO 具有比 SiC MOSFET 更低的导通电阻，比 Si IGBT 和 SiC IGBT 更低导通压降，导通损耗较小，多应用于逆变器和脉冲功率领域。

SiC IGBT 是复合型器件，兼顾了 BJT 和 MOSFET 的优点。SiC IGBT 驱动简单，导通损耗较低，阻断电压较高，在高压应用领域有很好的前景。但是 SiC IGBT 的发展仍受到 SiC 材料中少子寿命问题和晶圆良品率较低的困扰[5]。

SiC MOSFET 是单极型压控器件，具有高开关速度和耐高温等优点。与 Si MOSFET 相比，SiC MOSFET 具有更高的耐压和耐温等级，且导通电阻更小，在中低压领域得到了广泛应用。

目前，SiC 二极管和 SiC MOSFET 已经出现了较多产品，并得到了一定程度的应用。未来，随着 SiC 功率器件加工工艺的进一步成熟，SiC 功率器件将大有可为。

2.1.3　功率 MOSFET 内部结构与工作原理

MOSFET 具有多种结构，按导电沟道不同可分为 P 沟道和 N 沟道。当栅极电压为零时漏源极就存在导电沟道的称为耗尽型；对于 N(P)沟道器件，栅极电压大于(小于)零时才存在导电沟道的称为增强型。在功率 MOSFET 中，N 沟道增强型 MOSFET 应用较为广泛。SiC MOSFET 与 Si MOSFET 结构相似，但材料不同，多采用 4H-SiC 为衬底材料。

功率 MOSFET 根据结构空间分布又可以分为横向 MOSFET 和纵向 MOSFET。横向 MOSFET 便于集成，多用于功率集成电路。但是横向 MOSFET 的漂移区和电极均在晶圆面的一侧，器件电流密度相对较小，特征导通电阻较大，且阻断电压较低，所以高压大功率 MOSFET 多采用纵向结构，这种结构能够使功率 MOSFET 器件承受更高的电压和更大的电流。

纵向 MOSFET 主要有 VMOSFET、VDMOSFET 和 UMOSFET(也称沟槽型 MOSFET)3 种结构[6]，如图 2-3 所示。VMOSFET 结构存在 V 形槽，V 形槽底部的尖锐部分电荷的分布比较密集，附近电场强度高，容易导致器件击穿。VDMOSFET 结构通过两次扩散(P 基区和 N+源区)形成区域差，从而形成沟道，不存在尖锐边缘的高电场问题，耐压较高且加工工艺简单，因此得到了广泛应用，是 SiC 高压功率 MOSFET 的主要结构。与 VDMOSFET 相比，UMOSFET 的沟槽穿过了 N+源区和 P 型基区，进入 N 型漂移区，从而相邻 P 型基区之间的 JFET

区域，降低了导通电阻。但其槽栅拐角处的高电场容易被击穿，存在一定可靠性问题，且加工工艺较复杂。

本章以目前比较常用的 VDMOSFET 器件为例进行讨论，其结构图如图 2-3(b)所示。

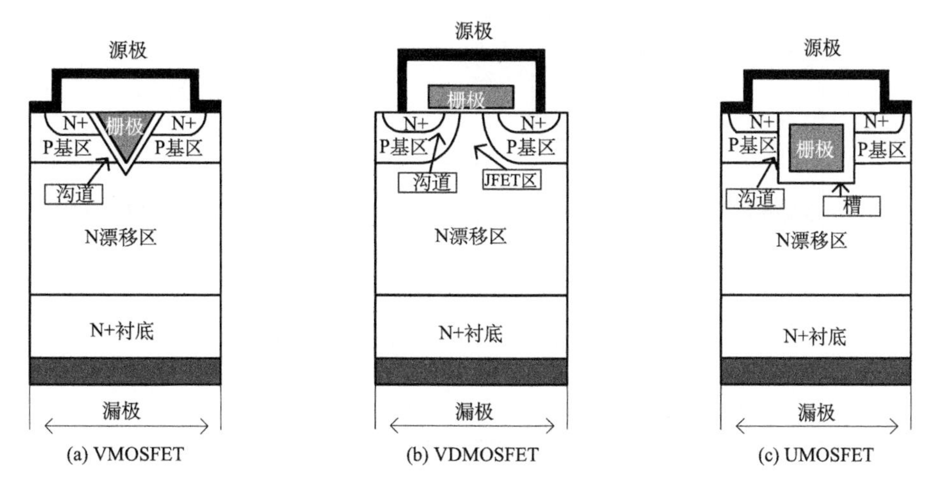

图 2-3　纵向功率 SiC MOSFET 分类

功率 MOSFET 是由两个背靠背的 PN 结构成，通过对中间的半导体区域施加垂直方向的电场来改变导电性质，进而连通两个原来孤立的半导体导电区域。当漏极接电源正端、源极接电源负端、栅极和源极间电压均为零时，P 基区和 N 漂移区之间的 PN 结处于反偏状态，漏源极之间无电流通过。由于二氧化硅绝缘层的存在，栅极和源极之间是绝缘的，即便在栅极和源极之间加一正电压 V_{GS}，也并不会有栅、源极间电流流过。然而，栅极的正电压却会将其下面 P 区的空穴推开，而将 P 区中的少子——电子吸引到 P 区的表面。当 V_{GS} 大于阈值电压 V_{th} 时，栅极下 P 区的电子浓度将超过空穴浓度，从而使 PN 结消失，进而形成导电沟道，漏极和源极导电。V_{GS} 超过 V_{th} 越多，导电能力越强，漏极电流 I_D 越大。当栅极电压超过开启电压不多时，提高漏源极电压 V_{DS} 能迅速增加漏极电流，但达到一定数值时，由于漏极电流在沟道上的压降会抵消一部分栅压，器件会出现沟道夹断的现象。一旦沟道被夹断，漏极电流被限制而不能进一步上升，如图 2-4 所示。

2.1.4　SiC MOSFET 的基本特性

Si MOSFET 和 SiC MOSFET 结构相似，但是由于材料不同，它们的特性具有明显差异。功率等级和封装均相同的 CREE C2M0080120D SiC MOSFET 和

Infineon IPW90R120C3 Si MOSFET 主要电气参数对比如表 2-2 所示。

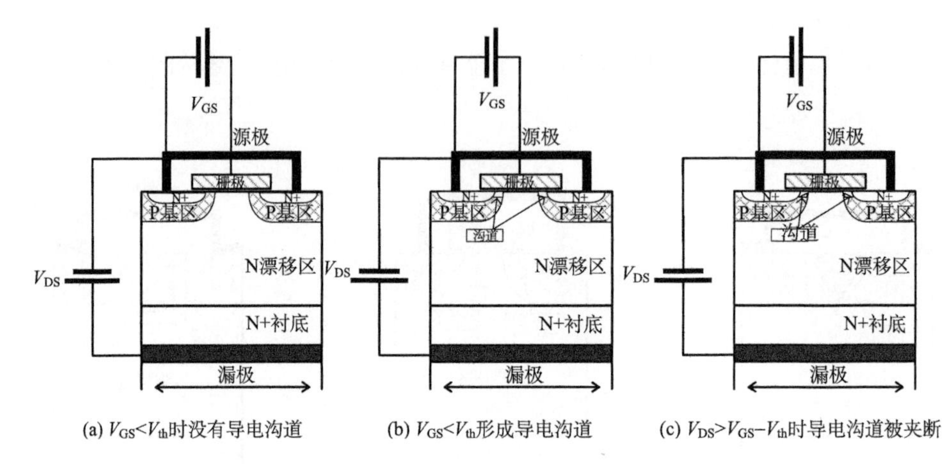

(a) $V_{GS}<V_{th}$时没有导电沟道　(b) $V_{GS}<V_{th}$形成导电沟道　(c) $V_{DS}>V_{GS}-V_{th}$时导电沟道被夹断

图 2-4　MOSFET 导通过程

表 2-2　SiC MOSFET 与 Si MOSFET 的电气参数对比

主要电气参数	SiC MOSFET	Si MOSFET
漏源极电压 V_{DSmax}/V	1200	900
连续漏极电流 I_D/A	36	36
零栅极电压漏极电流 I_{DSS}/μA	1	10
导通电阻 $R_{DS(ON)}$/mΩ	80	100
输入电容 C_{ISS}/pF	950	6800
输出电容 C_{OSS}/pF	80	330
开通时间 t_{on}/ns	31	90
关断时间 t_{off}/ns	42	425

由表 2-2 可知，与 Si MOSFET 相比，SiC MOSFET 具有更小的导通电阻和结间电容。尤其在动态特性方面，其具有更快的开通和关断速度。反映开通和关断速度的开关时间定义如下。

开通时间 t_{on} 被定义为 V_{GS} 上升 10%到 V_{DS} 下降到其幅值 90%的时间；t_r 为上升时间，定义为 V_{DS} 从 90%下降到其幅值 10%的时间。关断时，关断时间 t_{off} 被定义为 V_{GS} 下降 10%到 V_{DS} 上升 10%的时间，下降时间 t_f 被定义为 V_{DS} 上升 10%到上升 90%的时间，如图 2-5 所示。

下面以 N 沟道增强型电力 MOSFET 为例，从静态特性和动态特性两个方面来详细介绍其优越性能。

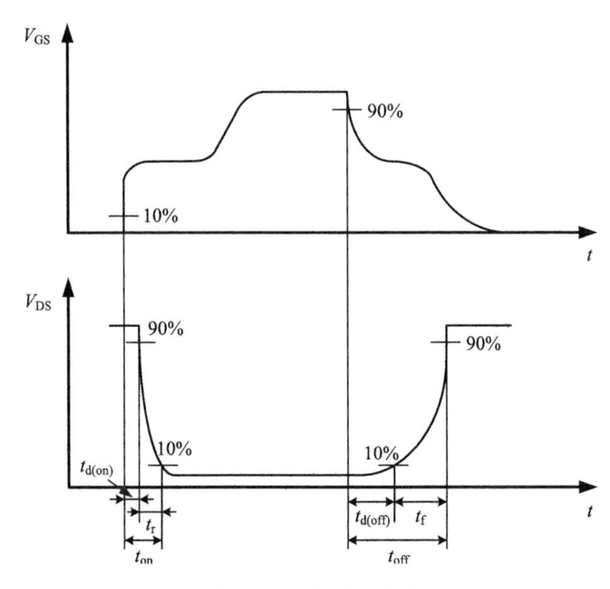

图 2-5　开关时间定义

1. 静态特性

对于功率半导体器件，静态特性是表征其性能的最基本方式，其静态特性主要包括阻断特性、转移特性、输出特性和导通电阻等。

(1) 阻断特性是指在 MOSFET 栅源极电压为零，漏源极电压为最大漏源极电压时，漏源极漏电流 I_{DSS} 的大小。由表 2-2 可知，SiC MOSFET 的漏电流 I_{DSS} 远小于 Si MOSFET，说明其阻断特性更好。在不同温度下，SiC MOSFET 都能保持较高的阻断特性[7]。

(2) 转移特性是指当漏源极电压 V_{DS} 的大小不变时，漏极电流 I_D 与栅源电压 V_{GS} 之间的关系。如图 2-6 (a) 所示，图中特性曲线的斜率 $\Delta I_D/\Delta V_{GS}$ 即表示 MOSFET 的栅极电压对漏极电流的控制能力，该斜率称为跨导 g_{fs}。当栅源电压 (V_{GS}) 达到阈值电压 (V_{th}) 后，改变 V_{GS} 即可控制 I_D。MOSFET 是电压型控制器件，其输入阻抗极高，输入电流非常小。

图 2-6 (b) 显示了不同温度下 MOSFET 的转移特性曲线，随着温度上升，阈值电压降低，跨导 g_{fs} 增大。

(3) 输出特性是指在一定的 V_{GS} 时，其漏极电流 I_D 与漏源极电压 V_{DS} 之间的关系曲线，也叫 MOSFET 的漏极伏安特性。

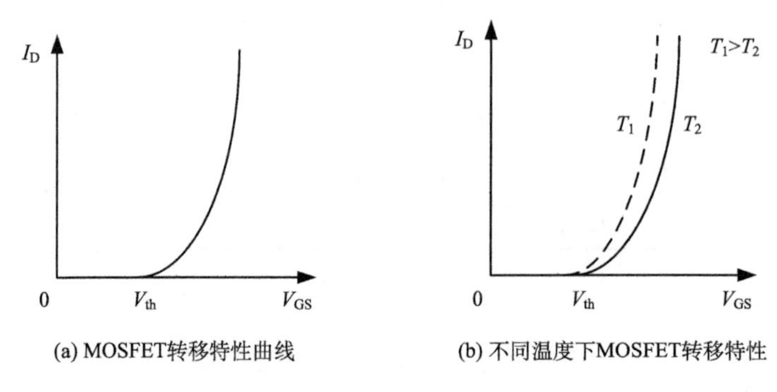

(a) MOSFET转移特性曲线　　(b) 不同温度下MOSFET转移特性

图 2-6　转移特性曲线

图 2-7 为不同温度下 SiC MOSFET 的输出特性曲线[8]，从图中可知，当栅源极电压在+20V 时，转移特性曲线受温度影响不大，这正是驱动电压幅值设置在+20V 的原因所在。

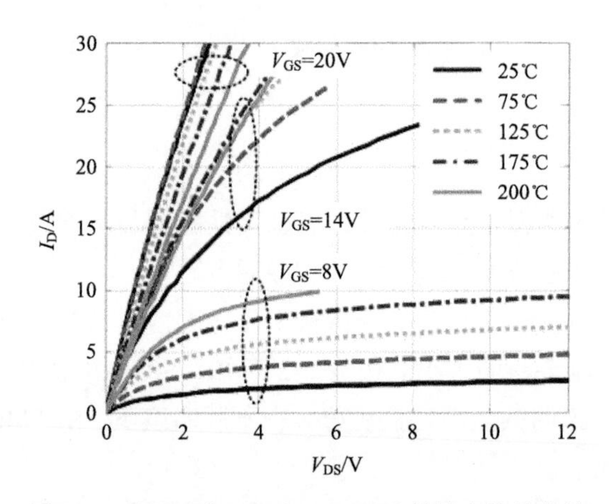

图 2-7　不同温度下 SiC MOSFET 的输出特性曲线

(4) 导通电阻是功率器件的一个重要参量，它直接决定着器件开通过程中的损耗。因此，导通电阻越小，器件发热越小，寿命也就越长，通常用 $R_{DS(ON)}$ 来表示，其定义为

$$R_{DS\,(ON)}=\frac{\partial V_{DS}}{\partial I_{DS}}\Big|V_{GS}=常数 \tag{2-1}$$

也就是说，在 V_{GS} 大于 V_{th} 且其值一定时，漏源极电压与漏极电流的变化率之比，即输出特性曲线在不同点的斜率，如图 2-8 所示。

由表 2-2 可知，SiC MOSFET 的导通电阻 $R_{DS(ON)}$ 小于 Si MOSFET 的导通电阻，说明其引起的导通损耗会更少。

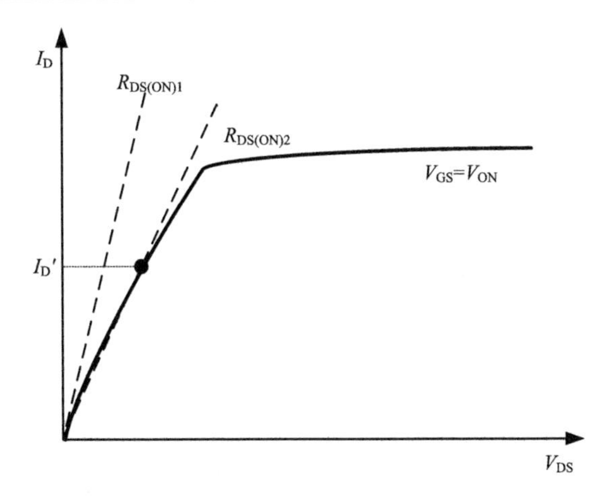

图 2-8　导通电阻的定义

经研究发现，随着温度的升高，Si MOSFET 的导通电阻急剧增大，而 SiC MOSFET 的导通电阻仍然保持在较低的电阻值。这是由于在构成 MOSFET 导通电阻的主要成分中，沟道电阻和积累电阻呈现负温度特性，与栅压 V_{GS} 有关；JFET 区电阻和漂移区电阻呈现正温度特性[9]。MOSFET 总导通电阻的温度特性取决于呈现正温度特性的电阻成分和呈现负温度特性相对占比。对于 SiC MOSFET 而言，其沟道漂移率随温度上升而增加，而漂移区迁移率随温度上升而降低，二者部分抵消，使导通电阻呈现出较低的温度特性[10]。图 2-9 为实测得到的 SiC MOSFET 导通电阻随温度变化曲线，从图中可知，相比于 SiC MOSFET，Si MOSFET 的导通电阻受温度变化更明显。当系统损耗引起温度上升后，Si MOSFET 的导通电阻

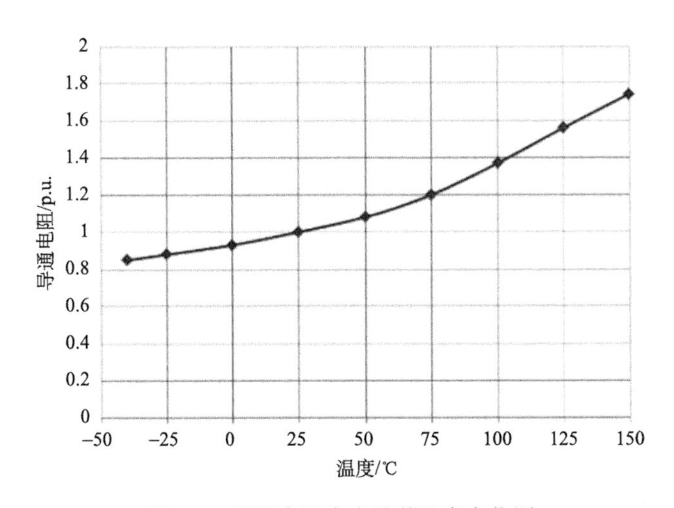

图 2-9　导通电阻大小随着温度变化图

也随之增加，从而导致导通损耗随之增大，在正反馈的作用下，系统的损耗会逐步上升，但是，SiC MOSFET 优良的导通电阻特性很好地抑制了这一现象的发生[11]。

(5) 阈值电压。阈值电压 V_{th} 被定义为当漏极和栅极短路时产生 250μA 漏极电流的栅源电压(例如 $V_{DS}=V_{GS}$)。因此，阈值电压可以从器件的转移特性曲线中得出。SiC MOSFET 阈值电压的公式为[12]：

$$V_{th}=\sqrt{4\varepsilon_0\varepsilon_s qN_A V_{fp}}\Big/C_{ox}+V_{FB}+2V_{fp} \tag{2-2}$$

式中，ε_0 为真空介电常数(8.85×10^{-12})；ε_s 为衬底材料的介电常数；q 为电子电荷(1.602×10^{-19})；N_A 为阿伏伽德罗常数(6.022×10^{23})；V_{FB} 为平带电压；V_{fp} 为费米电势。

式(2-2)中与温度有关的物理量为 V_{fp}，当温度 T 升高时，半导体费米能级将趋向于禁带中央，则半导体 Fermi 电势 V_{fp} 减小，所以阈值电压随之降低，如图 2-10 所示。

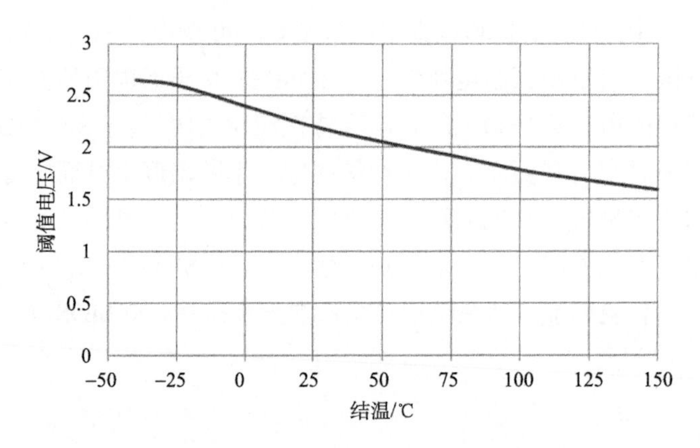

图 2-10　阈值电压随温度变化图

2. 动态特性

在介绍功率 MOSFET 的动态特性之前，先说明其寄生电容参数。功率 MOSFET 的结构简化模型如图 2-11 所示。

SiC MOSFET 的极间寄生电容有 C_{GS}、C_{GD}、C_{DS}，其中，C_{GS}、C_{GD}、C_{DS} 分别是栅源极间电容、栅漏极间电容和漏源极间电容。

功率 MOSFET 器件的栅极、漏极和源极之间的电容分别构成了输入电容 C_{ISS}、反向传输电容(或米勒电容) C_{RSS} 和输出电容 C_{OSS}，器件的极间电容 C_{GS}、C_{GD}、

C_{DS} 与输入、输出电容的关系式为

$$\begin{cases} C_{ISS}=C_{GS}+C_{GD} \\ C_{OSS}=C_{DS}+C_{GD} \\ C_{RSS}=C_{GD} \end{cases} \tag{2-3}$$

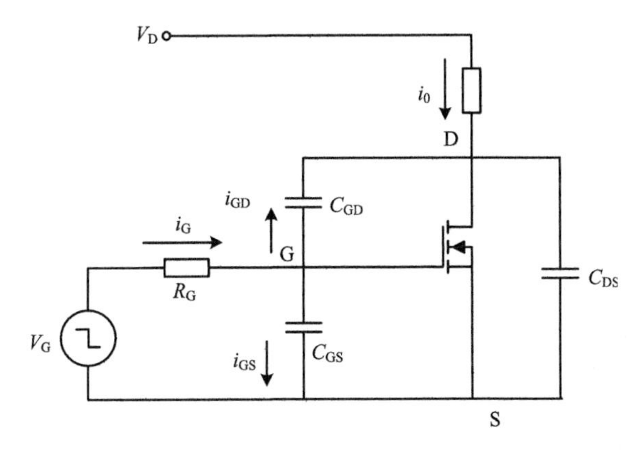

图 2-11　功率 MOSFET 结构简化模型

MOSFET 的动态特性主要是指在其开关瞬态时，开通关断时间的长短和开关损耗的大小。MOSFET 开关过程简化波形如图 2-12 所示。

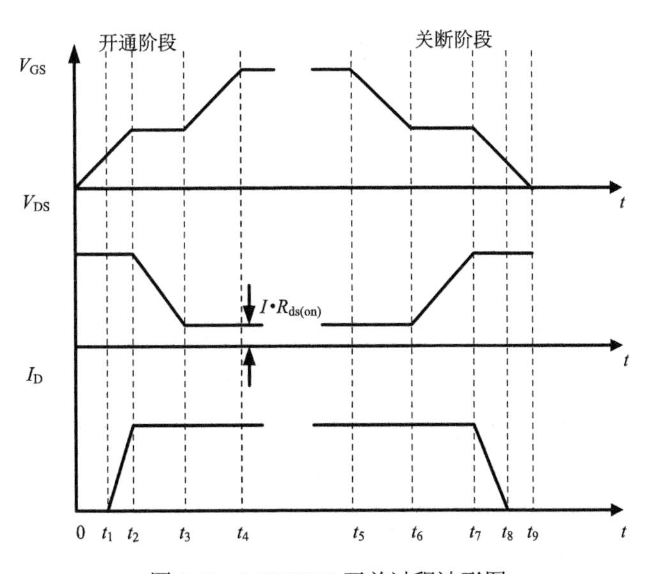

图 2-12　MOSFET 开关过程波形图

1) 开通过程

第一阶段：t_0～t_1，开通延迟阶段，功率 MOSFET 输入电容充电；V_{GS}从 0V 开始增加到 V_{th}。在这个过程中，栅极绝大部分的电流都是在给 C_{GS}充电，也有极小部分电流流入电容 C_{GD}。由于漏源极电压为母线电压，所以在这一初始阶段，V_{DG} 较大，且为正值。在这一过程中器件的漏源极电压和电流都没有出现改变，所以这个过程被称为开通延时阶段。

在这一阶段，SiC MOSFET 的栅源极电压 V_{GS}可以表示为

$$V_{GS}(t)=V_{CC}\cdot(1-e^{-t/\tau}) \tag{2-4}$$

式中，V_{CC}为栅极驱动正电压；$\tau=(R_G+R_{DS(ON)})\cdot C_{ISS}$为时间常数，$V_{GS}$在 t_1 时刻到达阈值电压幅值 V_{th}，因此有

$$V_{GS}(t_0)=V_{CC}\cdot(1-e^{-t_0/\tau})=0 \tag{2-5}$$

$$V_{GS}(t_1)=V_{CC}\cdot(1-e^{-t_1/\tau})=V_{th} \tag{2-6}$$

$$t_1-t_0=(R_G+R_{DS(ON)})C_{ISS}\ln\left[1/(1-V_{th}/V_{GS})\right] \tag{2-7}$$

在这个阶段，开关器件始终保持关断状态，并没有产生开关损耗。一旦栅源极电压增加到开启门槛电压，即阈值电压时，功率 MOSFET 便处于一种微导通状态。

第二阶段：t_1～t_2，上升阶段，t_1时刻 SiC MOSFET 开始导通，栅极电压 V_G 继续上升，但是，其漏源极电压 V_{DS}仍然基本保持为母线电压。在这个过程中，功率器件工作在线性区，其漏源极电流 I_D与栅源极电压 V_{GS}成比例关系，可表示为

$$I_D(t)=g_{fs}[V_{GS}(t)-V_{th}] \tag{2-8}$$

式中，g_{fs}为 SiC MOSFET 的跨导。

在 t_2时刻，$I_D(t)$达到负载电流的最大值 $I_{DS(MAX)}$，$V_{GS}(t)$达到米勒平台(Miller Plateau)电压 V_{GP}:

$$V_{GP}=V_{th}+I_{DS(MAX)}/g_{fs} \tag{2-9}$$

因此，根据式(2-4)和式(2-9)，可以推导出 t_2的表达式：

$$t_2=(R_G+R_{DS(ON)})C_{ISS}\ln(1/\{1-[(V_{th}+I_{DS(MAX)}/g_{fs})/V_{CC}]\}) \tag{2-10}$$

这一阶段的总的开关损耗为

$$P_{12}=f_{sw}(t_2-t_1)V_{DS}(t_1)\int_{t_1}^{t_2}I_D(t)dt \tag{2-11}$$

式中，f_{sw}为开关频率。

第三阶段：t_2～t_3，栅极电压上升至米勒平台电压，已经足以使漏极电流全部流过功率 MOSFET，而且寄生二极管处于关断状态。在这一阶段，漏源极电压

V_{DS} 开始减小，而在漏源极电压 V_{DS} 减小的过程中，栅源电压维持在米勒平台电压不变，漏极电流 I_D 达到饱和或者最大负载电流并维持恒定。此时，功率 MOSFET 工作于饱和区。

下面对米勒效应作具体解释，栅极驱动电流流经栅源极电容 C_{GS} 和栅漏极电容 C_{GD}，计算公式为

$$i_{GS} = C_{GS}\, dV_{GS}/dt \tag{2-12}$$

$$\begin{aligned} i_{GD} &= C_{GD}\, dV_{GD}/dt = C_{GD}\left[d(V_{GS}-V_{DS})/dt\right] \\ &= C_{GD}\, dV_{GS}/dt - C_{GD}\, dV_{DS}/dt \end{aligned} \tag{2-13}$$

根据式(2-13)，在米勒平台这一阶段，V_{DS} 的幅值急剧下降导致充电电流 i_{GD} 快速增大，同时，由于 $dV_{GS}/dt \ll dV_{DS}/dt$ 且驱动电流为定值，充电电流全部对栅漏极电容 C_{GD} 充电，栅源极充电电流 i_{GS} 几乎减小为 0。因此，栅源极电容两端电压在此阶段不发生变化，V_{GS} 保持为一常数值 V_{GP}。

这一阶段的损耗可以表示为

$$P_{34} = f_{sw}(t_3 - t_2) I_D(t_2) \int_{t_2}^{t_3} V_{DS}(t) dt \tag{2-14}$$

第四阶段：t_3～t_4，栅极电流 i_G 继续对电容 C_{GS} 和 C_{GD} 充电，栅源极电压 V_{GS} 又进入上升阶段，持续从米勒平台电压增大到最大值，也就是驱动电路提供的电压，功率 MOSFET 的导通程度也随之增加，但是 I_D 依然保持相同的负载电流。在这一阶段，漏源极电压 V_{DS} 下降至最小值并基本稳定不变，其最小值 $V_{DS}=I_D \times R_{DS(ON)}$，$R_{DS(ON)}$ 为功率 MOSFET 的导通电阻。米勒平台的结束和栅源极电压 V_{GS} 第二次线性上升的开始表明了功率 MOSFET 在此时已经完全开通。在此阶段，并不产生开关损耗。

2) 关断过程

第一阶段：t_5～t_6，关断延时阶段，输入电容 C_{ISS} 从驱动正电压 V_{CC} 放电到米勒平台电压 V_{GS}。在这个过程中，栅极电流由输入电容 C_{ISS} 提供，流经功率 MOSFET 的电容 C_{GS} 和 C_{GD}。在此期间，功率 MOSFET 的漏源极电压略微上升，这是因为器件的驱动有效电压在减小，而这期间漏极电流 I_D 基本不变。这一阶段 SiC MOSEFT 依然处于完全导通状态，电流为负载电流，不产生开关损耗。

第二阶段：t_6～t_7，I_D 保持为最大负载电流，功率 MOSFET 的漏源极电压 V_{DS} 从初始值 $I_D \times R_{DS(ON)}$ 上升到母线电压。在这个过程中，栅源极电压 V_{GS} 处于米勒平台区，基本保持不变，漏极电压迅速上升，两端的 dv/dt 很大，栅极电流主要给电容 C_{GD} 充电在此关断过程中的损耗为

$$P_{67} = f_{\text{sw}}(t_7 - t_6)I_{\text{D}}(t_6)\int_{t_6}^{t_7} V_{\text{DS}}(t)\text{d}t \tag{2-15}$$

式中

$$t_7 - t_6 = \frac{C_{\text{RSS}}(R_{\text{G}} + R_{\text{DS(ON)}}) \cdot (V_{\text{DS}} - I_{\text{D}}(T)R_{\text{DS(ON)}})}{V_{\text{GS}} - V_{\text{th}} - I_{\text{DS(MAX)}}/g_{\text{fs}}} \tag{2-16}$$

第三阶段：t_7～t_8，寄生二极管开始导通，负载电流有了不同导通回路，栅源极电压 V_{GS} 从米勒平台电压下降到阈值电压 V_{th}。因为电容 C_{GD} 在上一阶段已经完成充电，所以栅极电流基本上来自电容 C_{GS}。在这个过程中，功率 MOSFET 处于线性工作区，栅极电压的降低会导致漏极电流 I_{D} 逐渐减小为 0。而漏三极电压因为寄生二极管的正向偏置作用，将仍然保持在母线电压。在此关断过程中的损耗为：

$$P_{78} = f_{\text{sw}}(t_8 - t_7)V_{\text{DS}}(t_7)\int_{t_7}^{t_8} I_{\text{D}}(t)\text{d}t \tag{2-17}$$

式中

$$\begin{aligned} t_8 - t_7 = {} & (R_{\text{G}} + R_{\text{DS(ON)}})C_{\text{ISS}}\ln\{1/[1-(V_{\text{th}} + I_{\text{DS(MAX)}}/g_{\text{fs}})/V_{\text{GS}}]\} \\ & -(R_G + R_{\text{DS(ON)}})C_{\text{ISS}}\ln[1/(1 - V_{\text{th}}/V_{\text{GS}})] \end{aligned} \tag{2-18}$$

第四阶段：t_8～t_9，在这个阶段功率 MOSFET 的输入电容将完全放电，栅源极电压 V_{GS} 进一步减小，直至为 0。绝大部分的栅极电流还是由电容 C_{GS} 提供，而漏源极电压 V_{DS} 和漏极电流 I_{D} 都保持不变。

由上述可知，器件的开关速度很大程度上取决于器件的结间电容，如表 2-2 所示，SiC MOSFET 的结间电容更小，因此，栅源极充放电时间更短，从而具有更快的开关速度特性。相同功率等级的 SiC MOSFET 的开通关断时间远远小于 Si MOSFET 的开通关断时间，开关时间决定了开关损耗的大小，因此，SiC MOSFET 的开通损耗 E_{on} 和关断损耗 E_{off} 都远小于 Si MOSFET，所以 SiC MOSFET 可以进行 50kHz 以上的高频开关动作。通过高频化，可以使滤波器等被动器件小型化，减小系统体积与质量。更重要的是，斩波频率的提升使得电驱动系统输出电流波形正弦度更好，电流谐波相应减少，从而能够减少电机损耗，提高系统的整体效率，后文将对此进行详细介绍。

从上述分析还可以得到考虑温度变化的开关损耗公式为

$$P_{\text{sw}} = f_{\text{sw}}V_{\text{DS(max)}}I_{\text{D(T)}}(P_1 + P_2) \tag{2-19}$$

式中

$$\begin{cases} P_1 = (R_{G(T)} + R_{DS(ON)(T)})C_{ISS}\left(\ln\left\{1/1 - \left[(V_{th} + I_{DS(MAX)}/g_{fs})/V_{GS}\right]\right\}\right) \\ \quad - \ln\left\{1/\left[1 - (V_{th}/V_{GS})\right]\right\} \\ P_2 = \left[C_{RSS}(R_{G(T)} + R_{DS(ON)(T)}) \cdot (V_{DS} - I_D(T)R_{DS(ON)(T)})\right] / \left[V_{GS} - V_{th} - (I_{DS(MAX)}/g_{fs(T)})\right] \end{cases}$$

当温度升高时，SiC MOSFET 的栅极充放电时间常数变大。根据上述分析，随着温度上升，SiC MOSFET 的阈值电压也相应减小，因此，SiC MOSFET 的开关时间和开关损耗在不同温度下基本保持不变。

2.2　氮化镓功率器件

2.2.1　氮化镓材料的物理特性

GaN 材料具有高击穿场强、高热导率、宽带隙、高饱和电子漂移速度和耐高温的特性，使其在航空航天、通信、快速充电等领域具备极大的潜力。从表 2-3[13] 中可以看出，与 Si 和 SiC 材料相比，GaN 材料具备诸多优势。

表 2-3　GaN 与其他半导体性能对比

物理特性	Si	GaAs	SiC	GaN
禁带带宽/eV	1.13	1.43	3.2	3.4
击穿场强/(V/cm)	6×10^5	6.5×10^5	3.5×10^6	5×10^6
饱和电子漂移速度/(10^7cm/s)	1	2	2	2.7
电子迁移率/[cm^2/(V·s)]	1500	6000	800	1600
相对介电常数	11.4	13.1	9.7	9.8
热导率/[W/(cm·K)]	1.5	0.5	4.9	1.3
工作温度/℃	175	175	650	800

与硅材料相比，GaN 作为第 3 代半导体材料的代表，具有更宽的禁带宽度、更高的热导率、更大的临界击穿场强、更强的抗辐射能力和更快的电子饱和速率等特点，可以很好地解决现在硅材料的不足，改善功率器件的散热、降低开关和导通损耗及提升高温高频特性，提高系统效率和功率密度[14]。图 2-13 为 GaN、SiC 和 Si 三种材料的击穿电压与导通电阻对比。

由于具有禁带宽度大和击穿场强高等优点，GaN 在高温、高压和高频领域有显著的优势，到目前为止，还没有任何一款硅基器件可以长期工作在 200℃以上，而 GaN 器件由于本征电子浓度低和激发难度大，理论上工作温度可达 800℃以上。

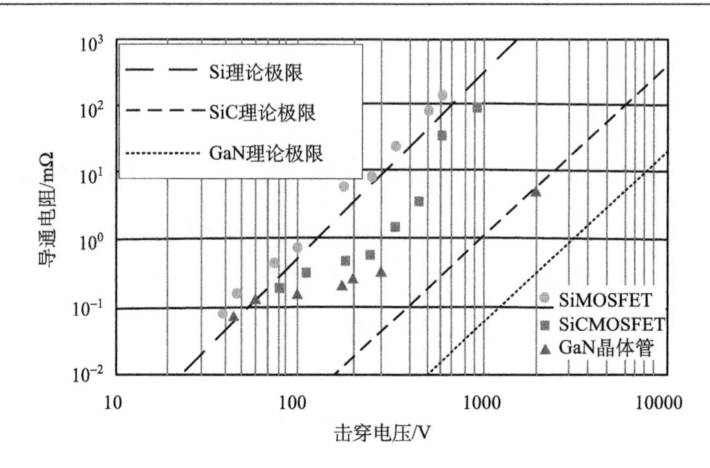

图 2-13　不同材料击穿电压与导通电阻图

从以上的对比可以得出如下结论：

(1) GaN 带隙高于 Si 材料，更宽的禁带宽度能赋予器件更强的抗击穿能力，保证了大电压应用的稳定性，而且禁带宽度大也提升了器件高温工作的能力。

(2) GaN 的击穿场强大于 Si 材料。材料的击穿场强越大，制备出的器件功率等级也相应越高，根据击穿电压的公式：$V_{BV}=1/2W_DE_B$ 可知(W_D 为沟道宽度，E_B 为临界击穿电场强度)，在相同的电压下，GaN 的 W_D 远小于 Si 的，而 W_D 决定导通电阻 R_{ON} 的大小，因此，GaN 器件可以在极高的电压和极小的通态电阻下工作。

(3) 高饱和电子迁移速率是 GaN 最突出的优势，基于这一物理特性可以获得更快的速度。特别是在高频应用领域，高的电子迁移率，可以在降低开关损耗的基础上获得更佳的功率输出密度。

(4) GaN 热导率不如 SiC，但与 Si 不相上下。同时，GaN 材料本身耐热能力强，物理化学性质更加稳定。

2.2.2　GaN 功率器件的分类

2000 年，GaN 功率器件首次出现，GaN 场效应晶体管采用射频标准在碳化硅衬底上制作。随后，随着材料生长技术的发展，氮化镓功率器件实现了质的飞跃。目前，GaN 功率器件主要有 GaN 二极管、GaN 高电子迁移率晶体管(high electron mobility transistor，HEMT)、GaN 结型场效应管(field effect transistor，FET)等。

GaN 功率二极管主要有两种类型：GaN SBD 和 GaN PN 二极管。GaN SBD 主要有三种结构：横向结构、纵向结构和台式结构[16]，结构示意图如图 2-14 所示。横向结构采用了 AlGaN/GaN 结构，在无掺杂情况下导通，但增加了器件的面积和成本，器件的正向电流密度一般较小[17]。纵向结构广泛应用于电力电子器件中，通流能力较强。不过纵向结构反向漏电流也较大，导致器件击穿电压受限，低于 GaN 材料的理论极限。台式结构也被称为准纵向结构，是在蓝宝石或碳化硅基板上外延生长的，具有不同的掺杂 GaN 层。低掺杂的 *n* 层可以提高器件的击穿电压，而高掺杂的 *n* 层则形成良好的欧姆接触，这种结构结合了横向和纵向结构的优点，目前应用较多[18]。

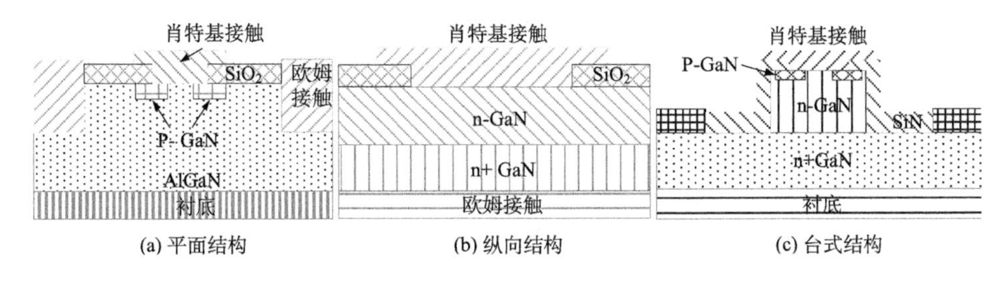

图 2-14　GaN SBD 结构示意图

图 2-14 中 GaN SBD 的横截面结构 GaN SBD 是单极型器件，开关速度较快。在同等耐压条件下，GaN SBD 的导通电阻比 Si SBD 和 SiC SBD 更低，因此导通损耗更小。在高阻断电压应用场合，双极型的 GaN PN 二极管更具优势。GaN PN 二极管具有高电流密度、高雪崩击穿耐受力和低漏电流等优点，且导通电阻比 Si PN 二极管要小。

GaN HEMT 是一种异质结构场效应管。两层以上不同的半导体材料依次沉积在同一基座上，就形成了特殊的 PN 结——异质结。对于 GaN HEMT 而言，一般由 AlGaN 材料和 GaN 材料沉积在衬底上形成异质结。由于 AlGaN 和 GaN 之间存在极化电场，限制了电子在垂直方向上的运动范围，而电子在另外两个方向上可以自由运动，形成了 2D 电子气。2D 电子气具有高的电子迁移率和很低的导通电阻，因此 GaN HEMT 的导通电阻也远远小于硅器件。

GaN MOSFET 按导电沟道类型可分为 P 沟道和 N 沟道。对于 N 沟道 GaN MOSFET 而言，当栅源极之间没有电压时，MOSFET 截止，当栅源极之间所加正电压大于阈值电压时，MOSFET 导通；对于 P 沟道 GaN MOSFET 而言，当栅源极之间没有电压时，MOSFET 导通，当栅源极之间所加负电压小于阈值电压时，MOSFET 截止。根据结构的不同，GaN MOSFET 可以分为两大类，如图 2-15 所示。一类是在硅或 SiC 衬底上制作的横向器件，另一类是在 GaN 支撑衬底上采用同质外延 GaN 活性层制成的纵向器件。因为纵向 GaN 器件加工难度较大，制造成本较高，所以没有得到广泛应用。目前，实用的 GaN 功率器件都是横向器件。

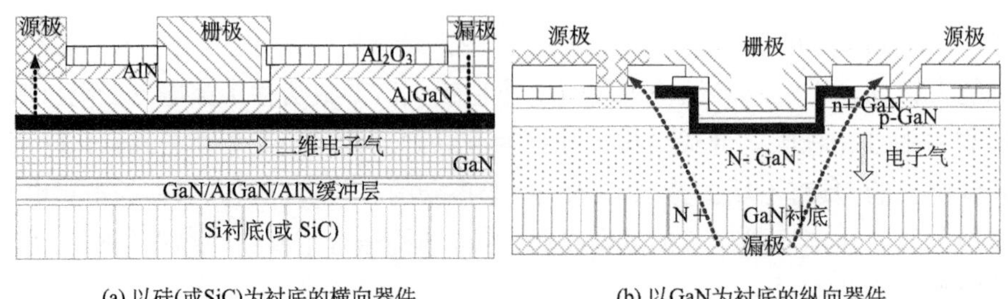

(a) 以硅(或SiC)为衬底的横向器件　　(b) 以GaN为衬底的纵向器件

图 2-15　GaN MOSFET 结构

2.2.3　GaN HEMT 的结构与工作原理

在 GaN 形成的异质结中，极化电场显著地改善了能带和电荷的分布。即使整个异质结结构没有掺杂，也可以在 GaN 界面处形成高密度、高迁移率的 2D 电子气。与体块电子通道相比，2D 电子气通道更有利于获得强电流驱动能力，因此，GaN 晶体管以 GaN 异质结场效应晶体管为主，该器件结构也称为 HEMT[19]。

与硅基电力电子器件不同的是，在制作 GaN 基电力电子器件时，更多的是利用 GaN 材料体系异质结结构处的 2D 电子气来实现。2D 电子气是由 GaN 基异质结中存在着较强的自发极化和压电极化作用在 AlGaN/GaN 界面处形成的，因此，常规的 GaN HEMT 是耗尽型器件，也称常开型器件，其结构如图 2-16 所示。

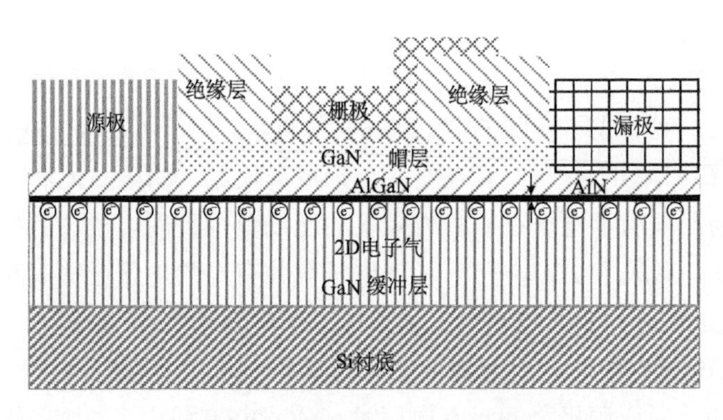

图 2-16　耗尽型 HEMT 结构图

在实际电路应用中，耗尽型器件需要一个负压电源将器件关闭，这不仅增加了电路误开启的危险，也增加了整个电路的功耗。因此，增强型 GaN HEMT 器件更适用于电力电子电路的设计，不仅是当前的研究热点，而且是当前迫切需要解决的一个难题。在增强型 AlGaN/GaN HEMT 器件的实现过程中，主要目的是通过各种技术手段将栅下的 2D 电子气耗尽，使得当栅极不加偏置时，器件处于关闭状态。目前，实现增强型 GaN HEMT 器件主要的方法有氟离子注入技术和 P 型盖帽层技术等；实现增强型 GaN HEMT 器件主要的结构有凹栅结构、Cascode 结构等。

2.2.4　GaN HEMT 的基本特性

GaN HEMT 与 Si MOSFET 的结构不同，材料也不同，因此，它们的特性具有明显差异。表 2-4 列出了两个厂家提供功率等级和封装均相同的 GaN Systems GS66504B 型 GaN HEMT 和 Infineon IPI60R190C6 Si MOSFET 主要电气参数对比。

表 2-4　GaN HEMT 与 Si MOSFET 的电气参数对比

主要电气参数	GaN HEMT	Si MOSFET
漏源电压 V_{DSmax}/V	650	650
连续漏极电流 I_D/A	15	20.2
零栅极电压漏极电流 I_{DSS}/μA	1	10
导通电阻 $R_{DS(ON)}$/mΩ	100	190
输入电容 C_{ISS}/pF	130	1400
输出电容 C_{OSS}/pF	32	85
开通时间 t_{on}/ns	15	15
关断时间 t_{off}/ns	23	110

从表 2-4 中不难发现，与 Si MOSFET 相比，在静态特性方面，GaN HEMT 具有更小的导通电阻和极间电容；在动态特性方面，GaN HEMT 具有更快的开通关断速度。下面从静态特性和动态特性两个方面来重点介绍增强型 GaN HEMT 的优越性能。

1. GaN HEMT 的静态特性

GaN HEMT 的静态特性主要包括阻断特性、输出特性、转移特性、导通电阻和阈值电压等，各特性具体含义在前文 SiC 静态特性介绍部分均有提及。GaN HEMT 的静态特性测试平台如图 2-17 所示。

1) 阻断特性

GaN HEMT 的饱和漏电流 I_{DSS} 的表达式可以由器件结构建模得出。在 GaN HEMT 的异质结结构中，根据半导体物理理论，电流连续方程可表示为

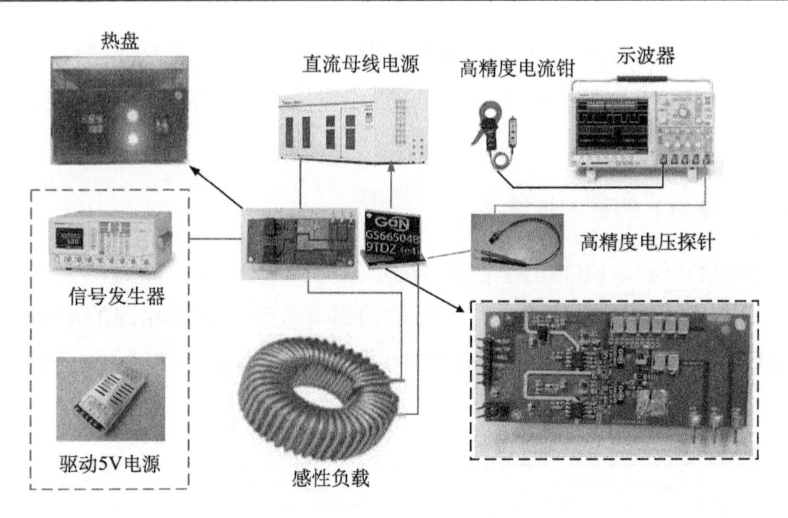

图 2-17　GaN HEMT 静态特性测试实验平台

$$I_{\mathrm{D}}=qW_{\mathrm{D}}\mu_{\mathrm{n}}n_{\mathrm{s}}(x)\frac{\mathrm{d}V_{\mathrm{C}}(x)}{\mathrm{d}x} \tag{2-20}$$

式中，q 为电子电量；W_{D} 为栅极宽度；μ_{n} 为电子迁移率；$n_{\mathrm{s}}(x)$ 为单位面积电荷密度；$V_{\mathrm{C}}(x)$ 指沟道 x 处的电势大小。假设栅极电压为 V_{GS}，单位面积栅极寄生电容为 C_{G}，则有

$$n_{\mathrm{s}}(x)=\frac{C_{\mathrm{G}}}{q}[V_{\mathrm{GS}}-V_{\mathrm{th}}-V_{\mathrm{C}}(x)] \tag{2-21}$$

假定 μ_0 是无外加电场时的电子迁移率，且为定值。将式(2-21)代入式(2-20)中，从 $y=0$ 到 $y=l$ 为沟道长度。积分得到总的漏极电流为

$$\begin{aligned} I_{\mathrm{D}} &= \int_0^l I_{\mathrm{D}}(x)\mathrm{d}(x) = W_{\mathrm{D}}\mu_0\int_0^{V_{\mathrm{DS}}} C_{\mathrm{G}}[V_{\mathrm{GS}}-V_{\mathrm{th}}-V_{\mathrm{C}}(x)]\mathrm{d}[V_{\mathrm{C}}(x)] \\ &= W_{\mathrm{D}}\mu_0\frac{C_{\mathrm{G}}}{l}\left[(V_{\mathrm{GS}}-V_{\mathrm{th}})V_{\mathrm{DS}}-\frac{1}{2}{V_{\mathrm{DS}}}^2\right] \end{aligned} \tag{2-22}$$

式中，V_{DS} 为漏源极电压；V_{th} 为器件阈值电压。当 V_{DS} 值较小时，器件一般工作在线性区，平方项可以被忽略，此时漏极电流为

$$I_{\mathrm{D}}=W_{\mathrm{D}}\mu_0\frac{C_{\mathrm{G}}}{l}(V_{\mathrm{GS}}-V_{\mathrm{th}})V_{\mathrm{DS}} \tag{2-23}$$

而当器件为长沟道时，即 $V_{\mathrm{DS}} \geqslant V_{\mathrm{GS}}-V_{\mathrm{th}}$，则平方项不可被忽略，器件工作在饱和区，此时，漏极电流为

$$I_{\mathrm{D}}=W_{\mathrm{D}}\mu_0\frac{C_{\mathrm{G}}}{2l}(V_{\mathrm{GS}}-V_{\mathrm{th}})^2 \tag{2-24}$$

由于无外加电场时 GaN HEMT 的电子迁移率 μ_0 和阈值电压 V_{th} 均受温度影响，因此，GaN HEMT 的饱和漏电流也受到温度影响。GaN HEMT 的饱和漏电流随温度变化规律如图 2-18 所示，由图可以看出，饱和漏电流 I_{DSS} 具有正温度系数，同时，GaN HEMT 在额定电压和宽温度范围内的饱和漏电流远低于 200μA，这表明器件在额定条件下具有良好的电压阻断能力。

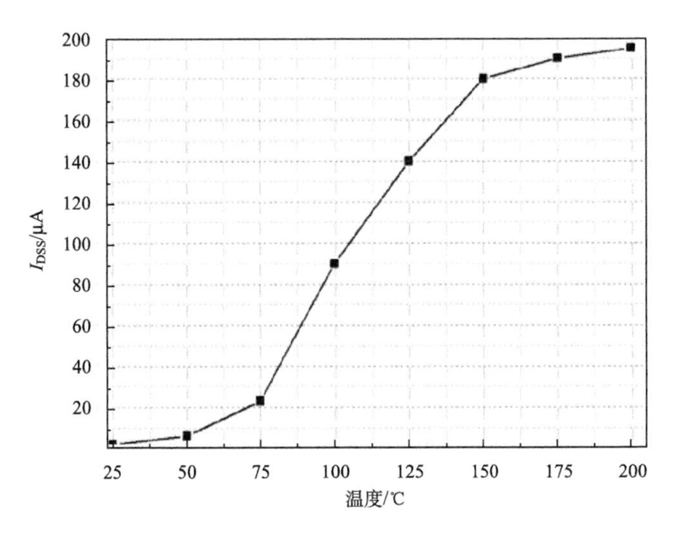

图 2-18 饱和漏电流随温度变化曲线

2) 输出特性

图 2-19(a)为 GaN 的输出特性曲线。当栅源极电压为 5V 时，输出特性受温度影响最小，这也是驱动电压幅值设在 5V 的原因所在。

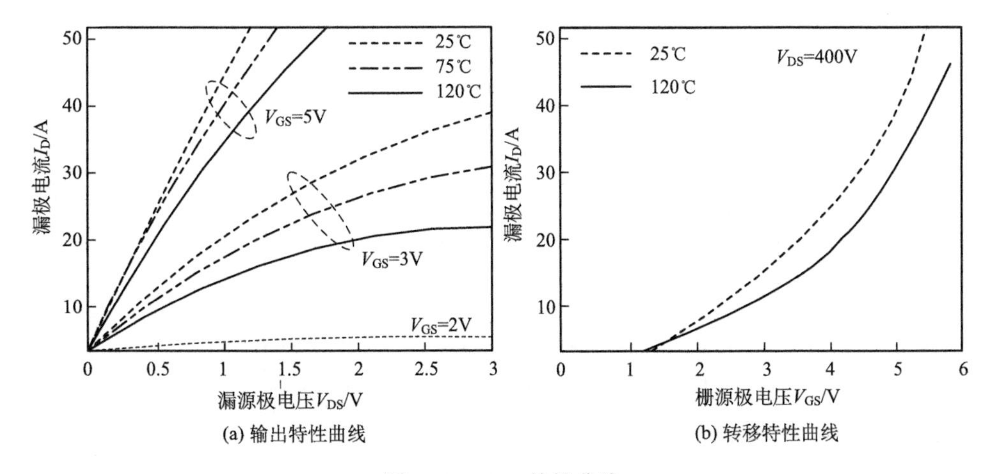

图 2-19 GaN 特性曲线

3）转移特性

转移特性定义为：如图 2-19（b）所示，图中曲线斜率 $\Delta I_D / \Delta V_{GS}$ 即表示栅源极电压对漏极电流的控制能力，与 MOSFET 一样，GaN HEMT 也是压控型器件，当栅源压（V_{GS}）达到阈值电压（V_{th}）后，改变 V_{GS} 即可控制 I_D。

4）导通电阻

由表 2-4 可知，GaN 器件的导通电阻远远小于硅器件，且随温度变化较小。因为 GaN HEMT 的导通电阻通常小于 100mΩ，所以 GaN HEMT 的导通损耗较小。GaN HEMT 随温度变化的规律如图 2-20 所示。

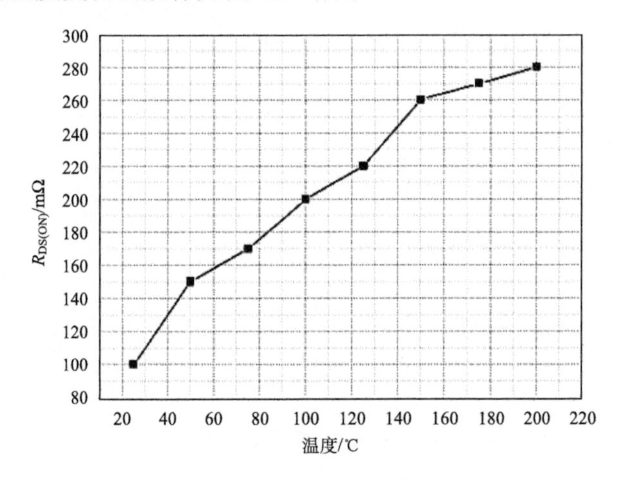

图 2-20　导通电阻随温度变化曲线

不同栅压下导通电阻随漏极电流变化规律如图 2-21 所示，从图中可以看出，在室温（25℃）条件下，导通电阻随着电流增大有增大的趋势。

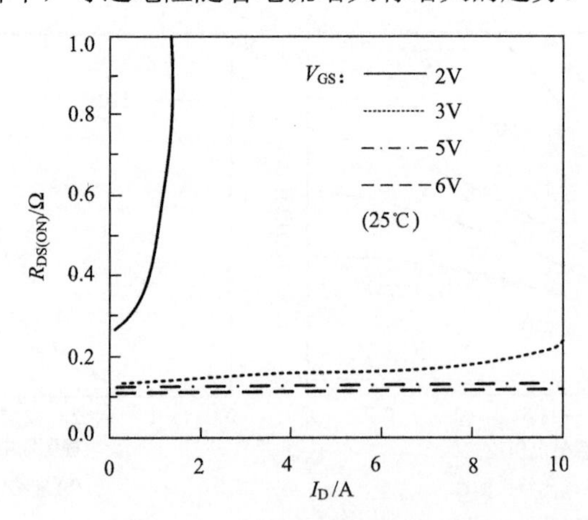

图 2-21　不同栅压下导通电阻随漏电流变化曲线

对上述导通电阻随温度变化曲线进行二阶拟合，得到导通电阻的计算公式为

$$R_{DS（ON）}(T)=0.15\cdot[1+T_{k1}(T-25)+T_{k2}(T-25)^2] \tag{2-26}$$

式中，$R_{DS(ON)}(25℃)$ 为 25℃时 GaN 的导通电阻值；T 为实际温度；T_{k1}、T_{k2} 为拟合系数。

5) 阈值电压

在不同温度下，GaN HEMT 器件的阈值电压点如图 2-22(a)所示，转移特性曲线与横轴交点的横坐标即为阈值电压。从图 2-22(b)可以看出，GaN 与 SiC 的阈值 V_{th} 基本随着温度的升高而下降。如果使用更高的漏极电流标准，则测量的 V_{th} 会偏高。然而在较高温度下，较低的 V_{th} 带来的问题之一就是大功率高频工作时可能出现过冲振荡引起误导通故障。

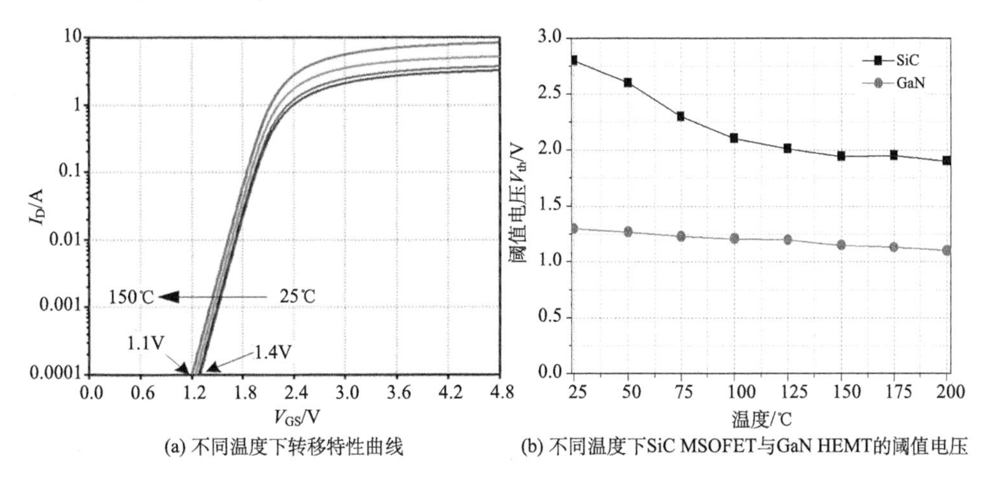

(a) 不同温度下转移特性曲线　　(b) 不同温度下SiC MSOFET与GaN HEMT的阈值电压

图 2-22　阈值电压测试结果

对以上阈值电压曲线进行拟合，拟合后一次曲线方程为

$$V_{th}(T)=1.28\times[1+T_{h1}(T)-25] \tag{2-26}$$

式中，1.28 为 $V_{th}(T)$ 在 25℃时 GaN 的阈值电压值；T 为实际温度；T_{h1} 为拟合系数。

除上述静态特性之外，因为 GaN 的绝缘击穿场强高，所以其能够以低阻抗和薄厚度的势垒层来实现高耐压，在相同的耐压值的情况下，GaN 可以得到标准化导通电阻(单位面积导通电阻)更低的器件。随着温度的升高，Si MOSFET 的导通电阻急剧增大，而 GaN 的导通电阻变化幅度很小，这意味着在高温下 GaN 器件损耗更小。

2. GaN HEMT 的动态特性

GaN 器件的动态特性主要是指在其开关瞬态的特性。相比硅器件，GaN 的结

间电容更小，因此，栅源极充放电时间更短，从而具有更快的开关速度，但其基本过程与 MOSFET 无异，只是米勒效应会使开通关断时间更短。GaN 开关过程波形与 SiC MOSFET 的开关波形类似。

1) GaN HEMT 的极间电容的定义

GaN HEMT 的极间寄生电容包括 C_{GS}、C_{GD}、C_{DS}。

(1) C_{GS} 为栅源极间电容。从 GaN 器件结构来看，它本质上是一个线性电容，因为它主要由线性电介质(栅极氧化层)形成，所以该电容比较稳定，而且不会随着电压和温度的变化而剧烈变化。

(2) C_{GD} 为栅漏极间电容，也称米勒电容，是 GaN 器件模型中最重要的非线性电容，它的大小由漏极和栅极的重合面积大小及栅极氧化层的厚度所共同决定。C_{GD} 受到电压、温度的影响。

(3) C_{DS} 为内部异质结寄生电容，其大小与漏源极重合面积和耗尽区宽度有关。它是 V_{DS} 的非线性函数。该电容对于抑制感性负载和硬开关中的电压过冲很重要，因为处于反向导通电路中，所以会对关断过程中的反向导通性能有所影响。

GaN 器件的栅极、漏极和源极之间的电容分别构成了输入电容 C_{ISS}、反向传输电容(或米勒电容) C_{RSS} 和输出电容 C_{OSS}，器件的极间电容 C_{GS}、C_{GD}、C_{DS} 与输入、输出电容的关系式与 SiC MOSFET 的定义相同，前文已经介绍过。

2) 各极间电容对开关特性的影响

(1) 栅源极电容 C_{GS} 主要影响 V_{GS} 的波形。随着 C_{GS} 的增加，V_{GS} 上升/下降速度减慢，开关延迟增加，如图 2-23 所示。这是由于 V_{GS} 的波形取决于 GaN 驱动电路的时间常数 $\tau=R_GC_{ISS}$，而 C_{GS} 在输入电容中起主要作用。

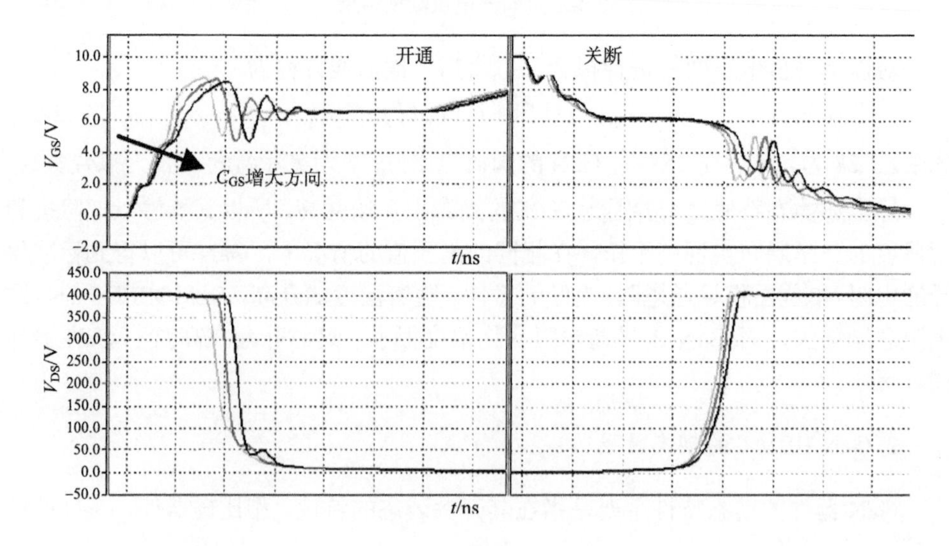

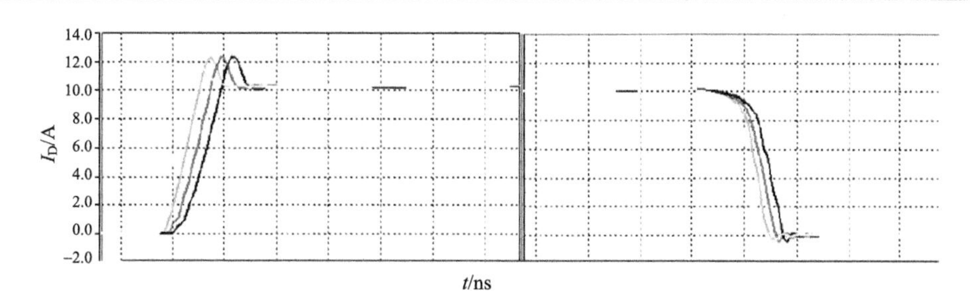

图 2-23　改变 C_{GS} 时 GaN HEMT 的开关仿真波形

(2) 米勒电容 C_{GD} 主要影响 V_{DS} 的变化率。随着 C_{GD} 的增加，开通过程 V_{DS} 变化率增加，关断过程 V_{DS} 的变化率减小，如图 2-24 所示。

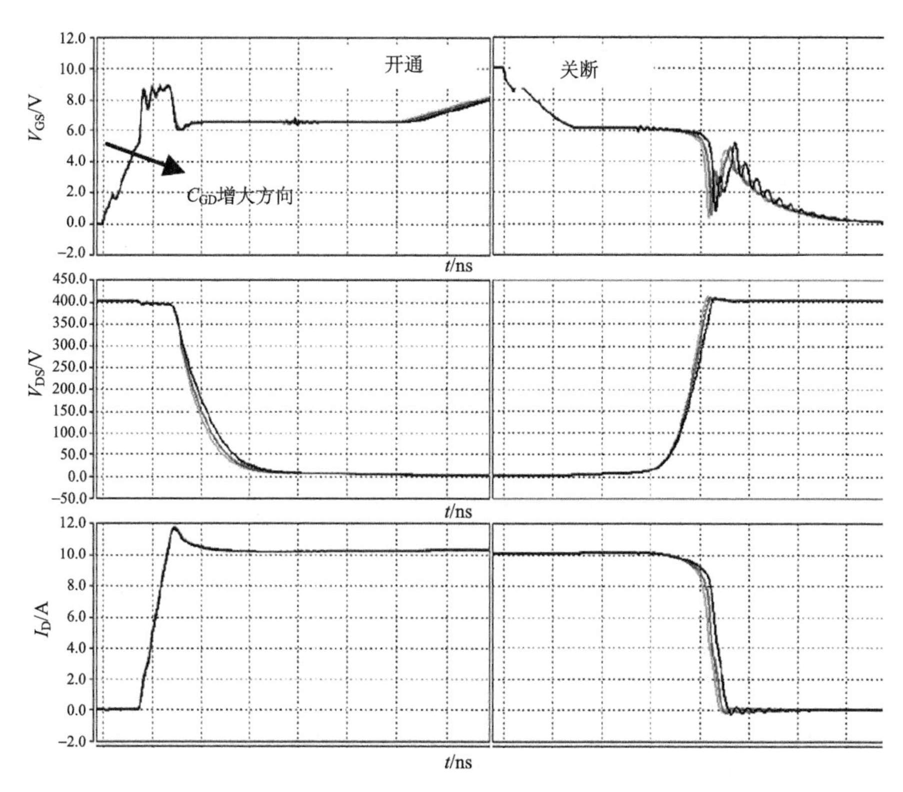

图 2-24　改变 C_{GD} 时 GaN HEMT 的开关仿真波形

(3) 漏源极电容 C_{DS} 是寄生振荡的主要原因。它对 GaN HEMT 的开通和关断瞬态都存在影响，随着 C_{DS} 的增加，开通时间 t_{on} 和关断时间 t_{off} 变长，开关损耗增加，电压和电流过冲也有较明显的变化，如图 2-25 所示。

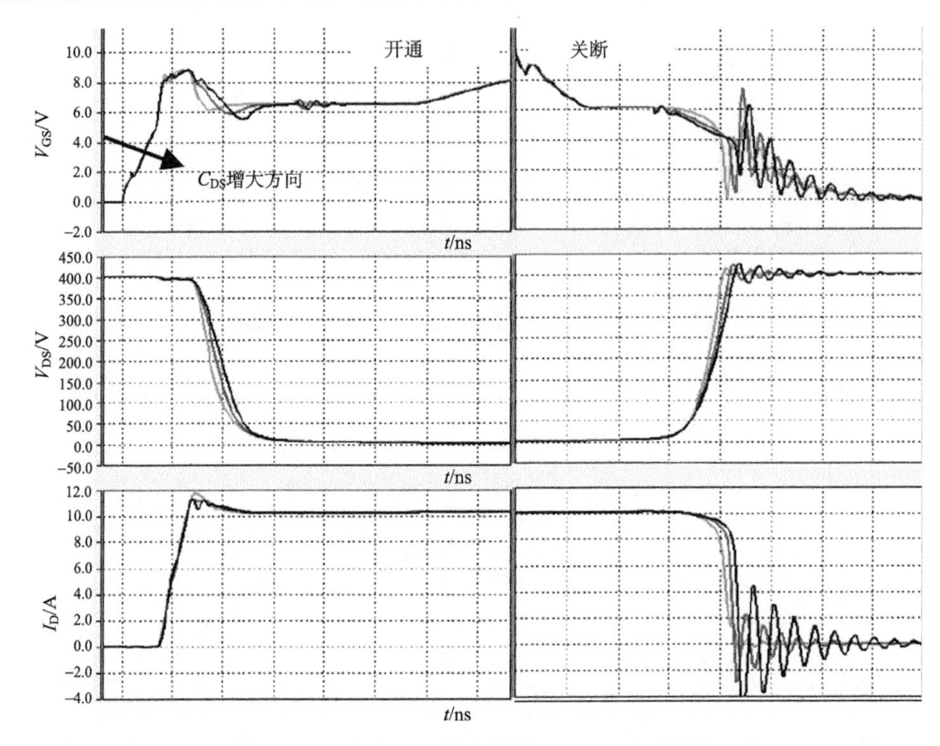

图 2-25　改变 C_{DS} 时 GaN HEMT 的开关仿真波形

2.3　本章小结

本章讨论了 SiC 和 GaN 材料的基本特性、碳化硅和氮化镓功率器件的分类。分析了 SiC MOSFET 的基本结构与静动态特性，并将其与 Si MOSFET 进行了对比。由于 SiC 材料的优异特性，与 Si MOSFET 相比，SiC MOSFET 不仅具有更好的阻断特性、更低的导通电阻，而且导通电阻随温度上升增加幅度小；相同功率等级的 SiC MOSFET 的开通关断时间更快、开关损耗均更小。

本章也对 GaN HEMT 的基本结构及静动态特性进行了分析。与 Si MOSFET 相比，在静态特性方面，GaN HEMT 具有更小的导通电阻和极间电容；在动态特性方面，GaN HEMT 具有更快的开通关断速度、更小的开关损耗。因此，与传统的 Si 器件相比，以 SiC 和 GaN 为代表的宽禁带器件具有更好的静动态性能，具有广阔的应用前景。

参 考 文 献

[1] Huang A Q, Zhang B. The future of bipolar power transistors[J]. IEEE Transactions on Electron Devices, 2001, 48(11): 2535-2543.

[2] 孔德鑫, 刘洋, 何泽宇. 宽禁带电力电子器件及其应用综述(上)——碳化硅器件[J]. 变频器世界, 2018, 000(007): 71-77.

[3] Kub F J. Silicon carbide power device status and issue[C]//IEEE Energytech, Cleveland, 2012.

[4] She X, Huang A Q, Lucia O, et al. Review of silicon carbide power devices and their applications[J]. IEEE Transactions on Industrial Electronics, 2017, 64(10): 8193-8205.

[5] Kimoto T. Progress and future challenges of silicon carbide devices for integrated circuits[C]// IEEE Custom Integrated Circuits Conference, San Jose, 2014.

[6] Baliga B J. 功率半导体器件基础[M]. 韩郑生等译. 北京: 电子工业出版社, 2013.

[7] Chen Z, Yao Y, Boroyevich D, et al. A 1200-V, 60-A SiC MOSFET multichip phase-leg module for high-temperature, high-frequency applications[J]. IEEE Transactions on Power Electronics, 2014, 29(5): 2307-2320.

[8] Chen Z. Characterization and modeling of high-switching-speed behavior of SiC active devices[D]. Virginia: Virginia Polytechnic Institute and State University, 2009.

[9] 卢茨 J. 功率半导体器件: 原理、特性和可靠性[M]. 卞抗译. 第一版. 北京: 机械工业出版社, 2013.

[10] Jahdi S, Alatise O, Ortiz Gonzalez J A, et al. Temperature and switching rate dependence of crosstalk in Si-IGBT and SiC power modules[J]. IEEE Transactions on Industrial Electronics, 2016, 63(2): 849-863.

[11] Zarebski J, Zareski R. ON-resistance of power MOSFETs[C]//IEEE International Conference-Modern Problems of Radio Engineering, Telecommunications, and Computer Science. Lviv-Slavsko, 2006.

[12] Du M, Ding X, Guo H, et al. Transient unbalanced current analysis and suppression for parallel-connected silicon carbide MOSFETs[C]//IEEE Transportation Electrification Conference and Expo, Asia-Pacific. Beijing, 2014.

[13] Marcon D, Saripalli Y N, Decoutere S. 200mm GaN-on-Si epitaxy and e-mode device technology[C]//IEEE International Electron Devices Meeting. Washington, DC, USA, 2015.

[14] Daniel, Moore. GaN and SiC power semiconductor market to grow from $400m to $3bn by 2025[C]//International Conference on Cyber Conflict: Cycon X: Maximising Effects. 0. Tallinn, Estonia, 2015.

[15] Egawa T. Development of next generation devices amidst global competition due to their huge market potential[J]. Ultimate in Vacuum ULVAC, 2012, 63: 18-21.

[16] Yu L. Physics of Semiconductor Hetero-Junction[M]. Beijing: Science Press, 2006.

[17] Chen W, Wong K Y, Huang W, et al. High-performance AlGaN/GaN lateral field-effect

rectifiers compatible with high electron mobility transistors[J]. Applied Physics Letters, 2008, 92(25): 213.

[18] 孔德鑫, 刘洋, 王伟康. 宽禁带电力电子器件综述(下)——氮化镓器件[J]. 变频器世界, 2018, 000(008): 52-57.

[19] 张雅静. 面向光伏逆变系统的氮化镓功率器件应用研究[D]. 北京: 北京交通大学, 2015.

第3章　宽禁带功率器件门极驱动电路

宽禁带功率器件由于其自身特性与传统的Si功率器件不同，所以适用于传统Si功率器件的门极驱动电路并不能很好地适用于宽禁带功率器件。由于宽禁带功率器件开关速度极快，应用于桥式电路时，会产生桥臂串扰现象，影响变换器的稳定性。同时，为了提高电路的可靠性，防止宽禁带功率器件在各类故障下损坏，在设计驱动电路时通常需要考虑保护功能，包括过压、过流等。相比于Si功率器件，SiC功率器件更适合于高温应用场合。本章介绍宽禁带功率器件门极驱动电路驱动特点与要求，分析串扰现象的原理及相应的抑制办法，并介绍适用于宽禁带功率器件的保护电路及适用于高温环境的门极驱动电路。

3.1　宽禁带功率器件门极驱动电路驱动特点与要求

3.1.1　GaN HEMT栅极驱动电路

增强型GaN HEMT的栅极驱动电压仅为−5～+6V，为实现完全导通，所需驱动电压通常要达到5V以上，这就导致驱动电压的安全裕量只有1V，必须对栅压进行严格限制，避免过压击穿栅极氧化层而导致器件损坏，因此，GaN驱动电路不能和目前已成熟的Si门极驱动电路兼容[1-3]。在高频条件下，寄生参数会引起栅压振荡，这又会挤压GaN驱动电压的安全裕量，导致可供选型的驱动芯片和电路模型很少。研究表明，当开关频率达到几万赫兹时，晶体管的电压和电流变化会在极短的时间内完成，电压、电流变化时间仅有几纳秒，电压变化率和电流变化率很高。虽然高电压电流变化率提高了开关速度，但也会导致寄生电感和电容上产生振荡，而且电压电流变化率越大，这种振荡越显著，如图3-1所示。

在桥式电路中，为了防止短路直通，需要设置一段保护延迟时间，在半桥上管(或下管)关断后，延迟一段时间再开通半桥下管(或上管)。这段延迟时间就是死区时间，死区时间过长会影响开关频率的提升。随着死区时间的增加，死区时间和开关周期时间之比也相应增加，这限制了开关频率的提升，并导致死区时间内的二极管导通损耗增加；相反，死区时间过短则会增加直通短路的可能性。

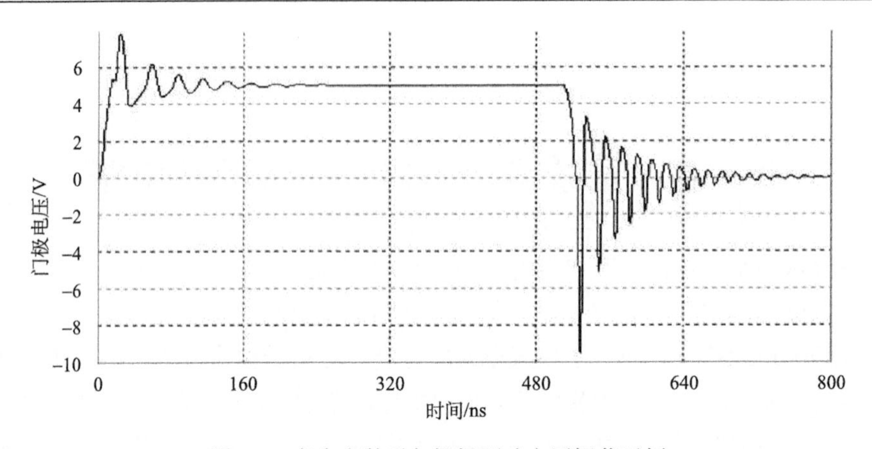

图 3-1　寄生参数引起栅极驱动电压振荡示例

目前，对门极驱动电路的研究主要集中在提高驱动能力、稳定驱动电压上，对运用驱动电路后功率器件的工作特性、驱动过流保护、抑制桥式结构振荡和高频干扰研究还不够深入。对桥式结构的上下管也没有进行区分设计，无法最大限度地发挥高频和抗干扰的统一，也就限制了宽禁带功率器件的应用[4-7]。

根据自身特点，高效 GaN HEMT 驱动电路需要满足以下条件。

(1)合适的驱动电压。首先，根据驱动电压与导通电阻关系，选择开通电压 5V，在保证导通电阻足够小的前提下，为驱动电压正向过冲留下 1V 左右的裕量，防止击穿氧化层，保证了安全性。其次，为了有效关断，选择–3V 负压关断，防止 GaN 的误导通，增强其抗干扰能力。表 3-1 为 GaN 与其他晶体管驱动电压对比。

表 3-1　GaN 与其他晶体管驱动电压对比

	GaN HEMT	Si MOSFET	IGBT	SiC MOSFET
门极电压最大值	–10～+7V	–20～+20V	–20～+20V	–8～+20V
推荐门极电压	0 或–3～+6 V	0～+10 至 12V	0 或–9～+15 V	–4～+15 至 20V

(2)所用的驱动脉冲上升和下降要具有足够快的速度和陡峭的边缘斜率。但是米勒电容的存在也会限制开关速度的提高。

(3)所用的驱动电流需要大到足以快速完成充电和放电，以缩短米勒平台的持续时间和提高开关速度。驱动电流过小会导致 GaN HEMT 栅源极电压变化速度慢，降低了开关速度，增加了开关损耗。驱动电流可以用以下公式估算：

$$I_g = Q_g / T_{on} \tag{3-1}$$

$$T_{on} \approx T_{d(on)} + t_r \tag{3-2}$$

式中，I_g 为栅极驱动电流；$T_{d(on)}$ 为 GaN 器件的导通延迟时间，从 V_{GS} 上升到其幅值 10%开始到 V_{DS} 下降到其幅值 90%的时间；t_r 为上升时间，输出电压 V_{DS} 从其幅值 90%下降到其幅值 10%的时间；Q_g 为门极驱动电荷。

(4) 降低驱动电路中的电磁干扰(electromagnetic interference，EMI)现象出现的概率，还需在电路中实现强、弱电的电气隔离。

(5) 驱动电路既要保证抑制过冲的同时，还要保证对栅极电容快速充放电，因此需要合理确定驱动电阻的阻值。驱动电阻可以吸收栅极有害的过冲振荡。应根据 GaN HEMT 的电流容量、电压额定值及开关频率来选取导通电阻 R_g 的数值。R_g 的选择同时也会对驱动电流的大小造成影响，由式(3-3)可知，R_g 过大会拖慢驱动速度。

$$I_g = (V_b - V_{th}) / R_g \tag{3-3}$$

式中，V_b 为稳态栅极驱动电压；V_{th} 为打开栅极—源极电压的阈值。

(6) 驱动电路布线回路最小化，即设计时通常使驱动电路回路面积最小以降低寄生电感参数。晶体管并联应用时还需要考虑到驱动电路的对称性，来保证两管并联的均流工作状态。

下面根据上述设计原则给出 GaN HEMT 驱动电路的一个设计实例。

以 GaN HEMT(GS66516T，650V/60A)器件为例(驱动频率 100kHz，栅极驱动电压 5V)，其特性见表 3-2。

表 3-2　GaN HEMT(GS66516T，650V/60A)特性表

主要电气参数	GaN HEMT
V_{DS} /V	650
I_{Dmax} /A	60
V_{GS} /V	−10～7
R_{on} /mΩ	25
C_{iss} /pF	520
C_{oss} /pF	130
Q_g /nC	10.3
$t_{d(on)}$ /ns	4.6
t_r /ns	12.4

期望设计的驱动频率为 60kHz，采用两管并联结构。根据上述公式可以估算在 100kHz 下所需峰值驱动电流大小为

$$I_g = Q_g / T_{on} = 10.3\text{nC} / (4.6\text{ns} + 12.4\text{ns}) = 0.59\text{A} \tag{3-4}$$

这是驱动单管所需要驱动电路提供的峰值电流。期望设计的驱动频率为60kHz，单管需要驱动电路提供的峰值电流只会小于0.59A。因此，在两管并联的驱动条件下，估算需要驱动电路提供的峰值电流大于1A即可。

估算得到

$$R_{\mathrm{g}}=(V_{\mathrm{b}}-V_{\mathrm{th}})/I_{\mathrm{g}}=(5\mathrm{V}-1.3\mathrm{V})/0.5\mathrm{A}=7.4\Omega \tag{3-5}$$

这是在驱动电流为0.5A、驱动频率为100kHz下，驱动单管为保证驱动速度不受影响能够接受的栅极驱动电阻大小。在两管并联状态和驱动频率为60kHz状态下，估算栅极驱动电阻在10Ω以内时，驱动速度不会受到太大影响。在具体的设计过程中还需要综合考虑减慢驱动速度和抑制过冲的电阻阻值。

3.1.2 SiC MOSFET门极驱动电路

SiC MOSFET的漏极电流从放大区到饱和区变化较大，同时SiC MOSFET具有短沟道结构和较低的跨导，因此，相对于Si MOSFET而言，SiC MOSFET的输出阻抗有明显的降低。不同厂家的SiC MOSFET最佳驱动电压不同，一般而言，SiC MOSFET门极驱动电压V_{GS}值建议在+16V～+20V。除此之外，与Si MOSFET相比，SiC MOSFET具有相对较低的阈值电压，所以门极驱动电路应能产生负偏压来可靠的关断SiC MOSFET，此负偏压的大小建议在–2～–5V。需要注意的是，首先，即使SiC MOSFET需要的门极电压高于Si MOSFET和Si IGBT，SiC MOSFET的总栅极电荷相对要明显低得多。适用于SiC MOSFET的门极驱动电路还应能提供高dv/dt的驱动信号，以达到高速开关的要求，这意味着门极驱动电路应有较低的阻抗。其次，SiC MOSFET相对较低的阈值电压特性要求驱动电路得具有良好的信号隔离功能，否则一个较小的外部干扰就可能使SiC MOSFET误导通，进而造成电路的不正常工作和不必要的损耗[8-12]。

将SiC MOSFET门极回路简化为一个RLC串联电路，如图3-2所示。

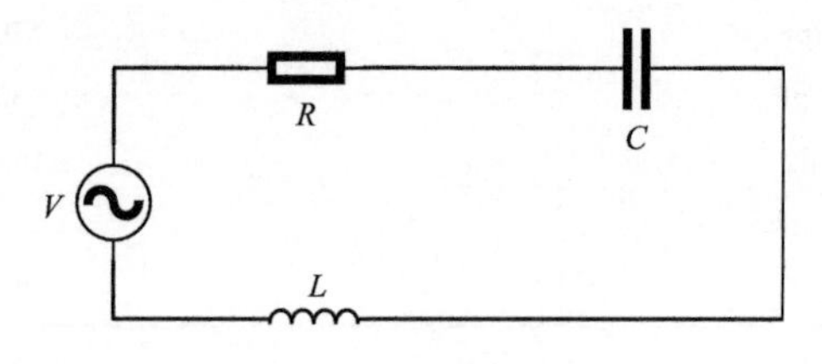

图3-2 门极回路简化图

对此电路进行暂态分析，$t=0$时刻有

$$iR + L\frac{\mathrm{d}i}{\mathrm{d}t} + v = 0 \tag{3-6}$$

$$i = C\frac{\mathrm{d}v}{\mathrm{d}t} \tag{3-7}$$

于是有

$$LC\frac{\mathrm{d}^2 v}{\mathrm{d}t^2} + RC\frac{\mathrm{d}v}{\mathrm{d}t} + v = 0 \tag{3-8}$$

由上式可知，若需要保证 SiC MOSFET 的门极电压不超过器件的门极耐压，应避免门极回路产生串联谐振，即 $\zeta = \frac{R}{2}\sqrt{\frac{C}{L}} \geqslant 1$，系统处于过阻尼或临界阻尼状态。而由 $\zeta = \frac{R}{2}\sqrt{\frac{C}{L}} \geqslant 1$ 得到 $R \geqslant 2\sqrt{\frac{L}{C}}$，可知尽可能减小回路电感不仅可以尽可能减小回路电阻，而且还能减少开关时的上升/下降时间。因此，驱动电路输出应尽可能靠近 SiC MOSFET 以减小回路电感，从而减少开关时间[13]。

3.2　宽禁带功率器件门极驱动电路桥臂串扰问题

桥式电路作为逆变器中最重要的一种拓扑形式在电机 PWM 控制中有着广泛的应用，如图 3-3 所示。GaN 等高频开关器件应用于桥式电路时，由于速度极快，其中一个开关管的开关动作会使桥臂中另一开关管的栅极电压出现振荡，称之为串扰(crosstalk)现象。当栅极电压超过阈值电压 V_{th}，很容易导致误导通或栅极击穿，影响逆变器稳定性。因此，有必要分析 GaN 串扰产生的原因和回路中寄生参数对串扰的影响，这对优化驱动电路布局和器件封装选型具有指导意义。同时，高频桥式应用中，串扰现象只能被减弱而不能从根本上被消除。在实际应用中，抑制串扰现象进而提高变换器工作稳定性的方法主要包括优化电路布局，改进器件结构和改进驱动外围电路等。

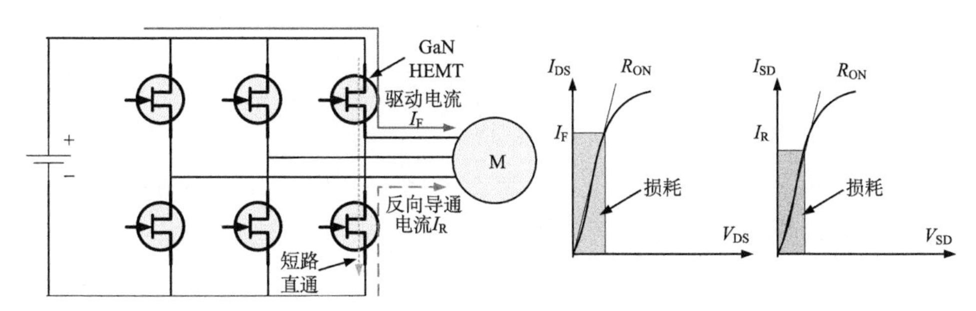

图 3-3　GaN 桥式电路在电机控制应用

3.2.1 宽禁带功率器件桥臂串扰问题原理

以 GaN 器件为例分析桥臂串扰原理。因为 GaN 器件阈值电压低，栅极耐压小，所以较低的串扰都会对器件正常工作产生影响。桥臂串扰示意图如图 3-4 所示。图 3-4(a)为下管开通导致上管栅源两端电压变化而产生干扰电流示意图，I_L 为桥臂工作电流，从干扰电流方向来看，下管开通会使上管栅源两端出现正干扰电压。同样，下管关断会使得上管栅源两端出现负干扰电压，如图 3-4(b)所示。

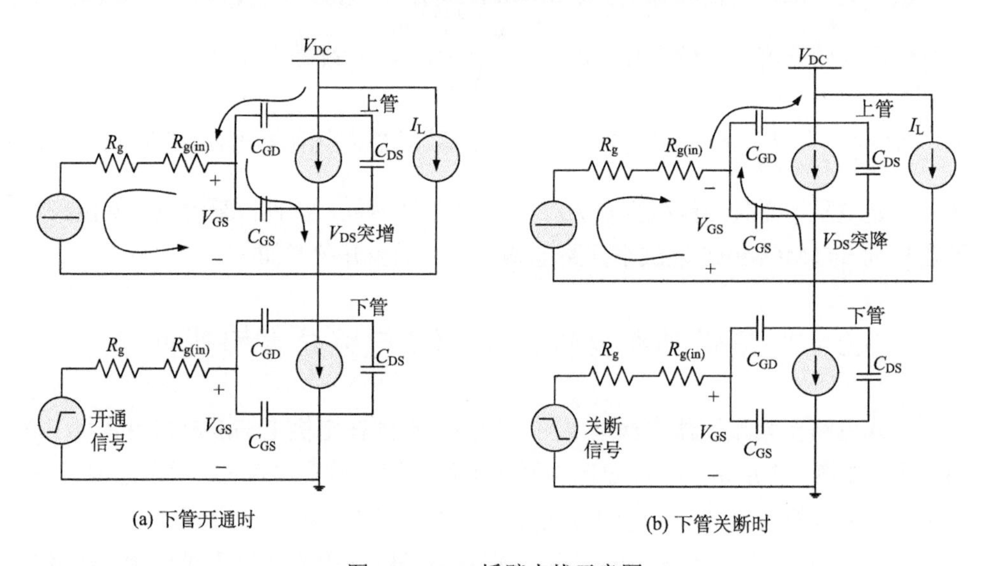

图 3-4 GaN 桥臂串扰示意图

从图 3-4 可知，产生串扰现象的原因是互补的开关管的开关动作使得本身处于关闭状态的开关管漏源两端电压发生急剧变化，进而引起米勒电容和驱动回路产生了感应电流，再加上寄生电阻、寄生电感的存在，导致开关管栅源两端产生感应电压。在不考虑寄生电感的情况下，电压的大小为

$$V_{GS}=\frac{dv}{dt}(R_g+R_{g(in)})C_{GD}\left[1-e^{-\frac{V_{DC}}{\frac{dv}{dt}(C_{GD}+C_{GS})(R_g+R_{g(in)})}}\right] \tag{3-9}$$

式中，dv/dt 为漏源两端电压变化率，当 dv/dt 趋向于无穷大，上式存在极限值。下面将对寄生参数对串扰的影响进行具体分析。

3.2.2　寄生电感对串扰影响分析

GaN 器件在高速开关过程中，由于受到器件和电路中寄生电容、电感等参数影响，会在驱动端产生阻尼振荡，当振荡信号的尖峰电压达到阈值电压 V_{th} 时，载流子将迅速增加，从而使 GaN 导通。考虑了寄生参数的 GaN 等效半桥电路模型如图 3-5 所示。

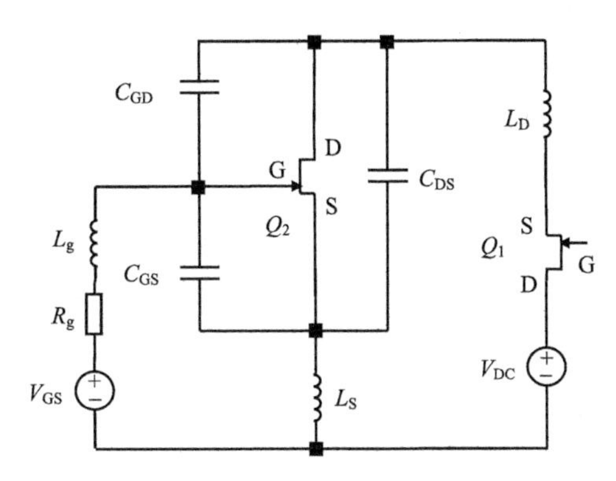

图 3-5　考虑了寄生参数的 GaN 等效模型

开关快慢可以用 $\mathrm{d}v/\mathrm{d}t$ 和 $\mathrm{d}i/\mathrm{d}t$ 表征，栅压 V_{GS} 振荡可以用周期和振幅来表示，周期与快速性相关，幅值与功率管误导通直接相关。当上桥臂 Q_1 开通瞬间，下桥臂 Q_2 的漏源极将产生很高的 $\mathrm{d}v/\mathrm{d}t$，此电压变化率会在米勒电容 C_{GD} 上形成米勒电流，且米勒电流计算式为

$$i = C_{GD}\frac{\mathrm{d}v_{GD}}{\mathrm{d}t} \tag{3-10}$$

GaN 的开关速度越快，$\mathrm{d}v/\mathrm{d}t$ 的值将越大。假设 Q_1 开通的时间为 t_{on}，因为当直流母线电压完全加在寄生电容 C_{GD} 和 C_{DS} 上时，有 $V_{DS}\approx V_{DC}$，式(3-10)可以近似为

$$i = C_{GD}\frac{\mathrm{d}v_{GD}}{\mathrm{d}t} \approx C_{GD}\frac{\mathrm{d}v_{DC}}{\mathrm{d}t_{on}} \tag{3-11}$$

栅极驱动支路与栅源寄生电容 C_{GS} 并联，根据基尔霍夫定律：

$$V_{GS}(s) = i\left[(R_g + sL_G + sL_S)//\frac{1}{sC_{GS}}\right] = \frac{C_{GD}V_{DC}[R_g + sL_G + sL_S]}{t_{on}[s^2C_{GS}(L_G + L_S) + sR_gC_{GS} + 1]} \tag{3-12}$$

式(3-12)中，因为驱动电阻通常为几欧姆，而 L_G、L_S 通常只有几纳亨到几十纳亨，所以 $R_g/(L_G+L_S)$ 的值趋近于无穷大，而 $s(L_G+L_S)=sL$ 值非常小，可被忽略，

因此，上式简化为

$$V_{GS}(s)=\frac{C_{GD}V_{DC}R_g}{t_{on}(s^2C_{GS}L+sR_gC_{GS}+1)} \tag{3-13}$$

对上式进行分析，拉式反变换为时间域：

(1)当分母值较小时，在 Q_1 开通瞬间，Q_2 栅极将产生阻尼振荡，此时，$R_g^2C_{GS}^2-4LC_{GS}<0$，栅极电阻 R_g 越小，寄生电感 L 越大，越容易产生阻尼振荡。对式(3-13)进行拉式反变换，可以得到栅极振荡的幅值为

$$V_{GS\text{-}MAX}=\frac{C_{GD}V_{DC}}{t_{on}C_{GS}}\frac{1}{\sqrt{1-\frac{C_{GS}R_g^2}{4L}}} \tag{3-14}$$

(2)当分母值较大时，在 Q_1 开通瞬间，Q_2 栅极将产生指数衰减形式的振荡干扰。通过拉式反变换，最大的信号振荡幅值为

$$V_{GS\text{-}MAX}=\frac{C_{GD}V_{DC}}{t_{on}C_{GS}} \tag{3-15}$$

同理，当 Q_1 关断且 Q_2 开通时，Q_1 的栅极电压也会产生类似的高频振荡。振荡幅值若达到 GaN 的阈值电压时，就会引起 Q_1 误导通，使上下桥臂直通，导致逆变器损坏。

综上，串扰现象产生的原因是开通速度过快导致 $\mathrm{d}i/\mathrm{d}t$ 和 $\mathrm{d}v/\mathrm{d}t$ 分别通过寄生电感 L 和栅漏电容 C_{GD} 耦合到功率管驱动侧，进而使其电压发生振荡现象，最终导致半桥电路开关管误导通。所以通过抑制栅极电压振荡尖峰的方法可有效地降低桥臂直通的风险，而且该方法必须在驱动设计时予以考虑。

3.2.3 抑制串扰方法

高频桥式电路中的串扰现象限制了器件的高频应用。常用的抑制串扰方法分为无源抑制和有源抑制两类，主要有以下几种途径。

1)增大驱动电阻

增大驱动电路中的驱动电阻可以降低开关过程中的 $\mathrm{d}v/\mathrm{d}t$ 和 $\mathrm{d}i/\mathrm{d}t$，但是由于驱动电阻的增大，器件的开关速度下降，开关损耗增大。

2)栅源极间并联电容

当串扰现象发生时，栅源极间并联电容会分担一部分电流，相当于增大了栅源等效电容，在一定程度上减小了栅极电压尖峰。而且栅源极间并联电容值越大，抑制串扰效果越明显。但是随着电容值的增大，开通和关断速度会明显下降，这

不仅使开关损耗增大，而且限制开关频率的提升。

因此，选择合适的电阻和电感对保证开关速度、提高转换效率和电路稳定性十分必要。

3)有源抑制方法

有源抑制方法一般通过三极管或 MOSFET 来实现，即通过三极管可以有效抑制单向电压尖峰，而通过 MOSFET 能有效抑制双向电压尖峰，但 MOSFET 会增加额外控制信号，提升系统控制的复杂程度。

传统的有源钳位振荡抑制方法主要是在主开关管栅源极并联 PNP 三极管，将主开关管栅极钳位到地或负压，实现电压钳位。但是过快的关断速度会加大负向振荡电压，而 GaN 最大允许负压较低，例如，GS66504B 的负压极限值只有–3V，且负压过高也会带来额外的损耗，因此传统的抑制串扰方法不适于 GaN 桥臂电路。

因此，本节提出了一种 GaN 器件抑制串扰电路实例，通过在开关管栅源极两端增加辅助三极管和辅助电容，能在串扰产生过程中将栅极电压钳位在关断电压，同时减小开关过程正向电压尖峰，其电路示意图如图 3-6 所示。

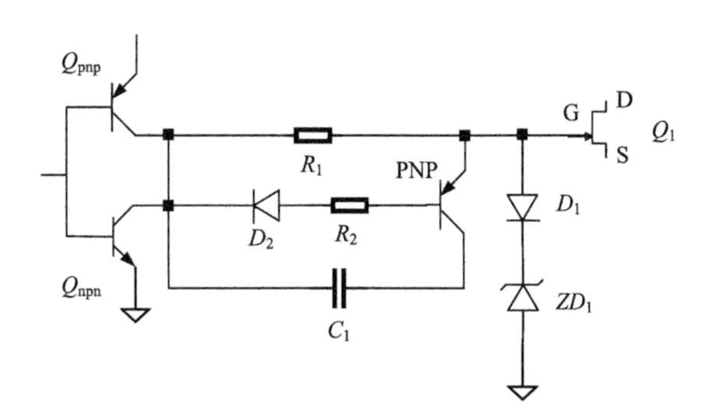

图 3-6　改进后的 GaN 串扰抑制外围电路

利用 GaN 半桥电路进行串扰仿真，获得的最终仿真波形如图 3-7 所示，其中左侧图形为加入抑制电路前的波形，右侧图形为加入抑制电路后的波形。从波形可以看出，加入抑制串扰外围电路后，被动管栅极电压振荡和过冲均有明显的减小。

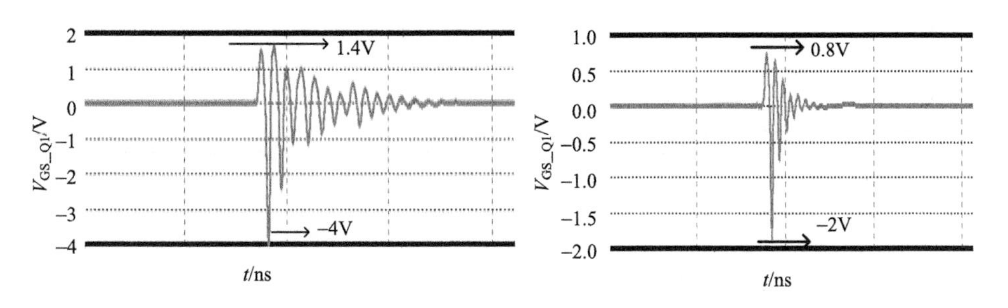

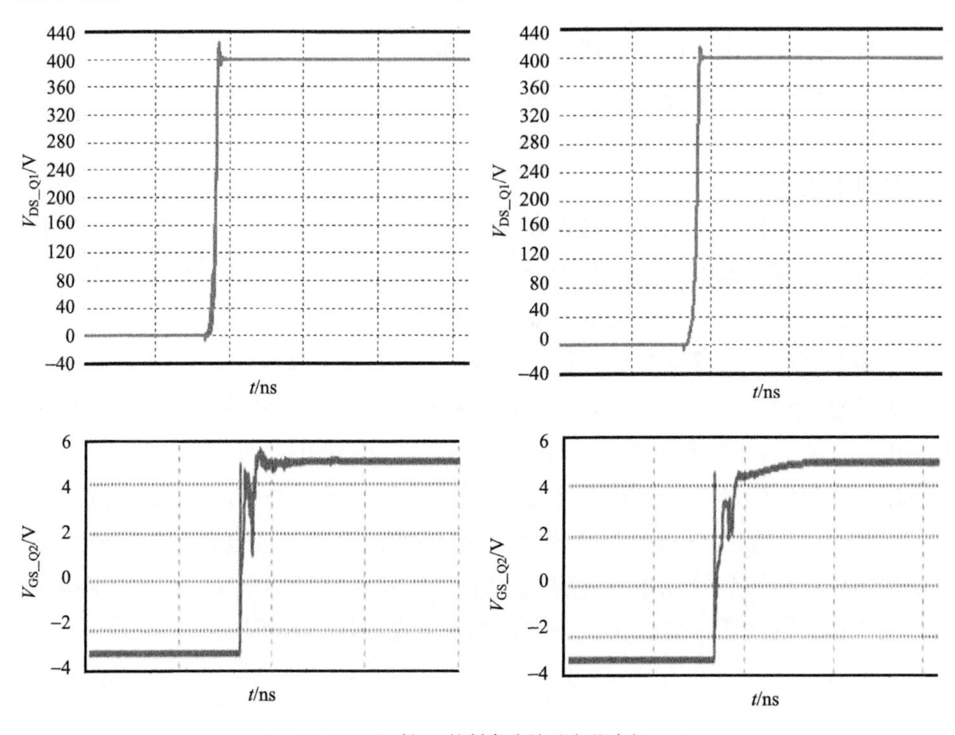

(a) Q2开通时加入抑制电路前后波形对比

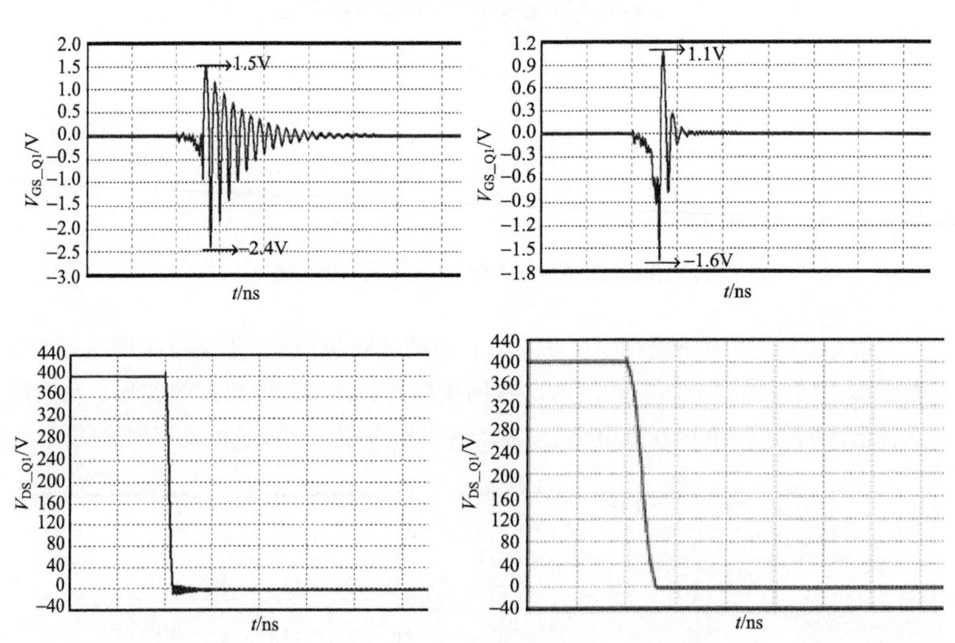

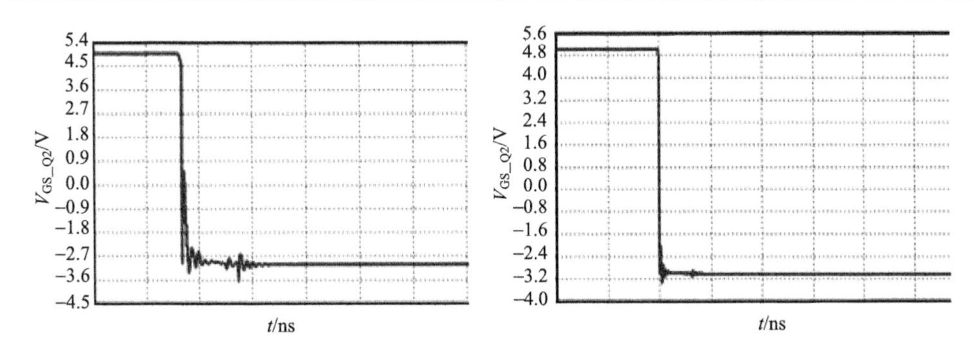

(b) Q2关断时加入抑制电路前后波形对比

图 3-7　加入外围抑制电路后开关仿真波形对比

3.3　宽禁带功率器件保护电路设计

为了提高电路的可靠性，防止功率器件在各类故障下损坏，在设计驱动电路时通常需要考虑保护功能，包括过压、过流和过温保护等。Si 功率器件保护较少是因为其主要用于中小功率、中低频率的工况下，且价格低廉，所以在其驱动中增加各类保护电路反而会使成本过高，降低经济效益。相比之下，GaN 功率管由于开关速度快，易受寄生参数影响，在工作过程中出现过流故障的概率比较大，并且器件损坏的成本更高，然而，增加保护电路的成本相对较低，而且保护电路的应用可增强 GaN 功率器件的可靠性和稳定性，对市场推广起到积极作用。

本节主要介绍适合 GaN 器件的过压、过流和过温保护电路的设计，其原理示意图如 3-8 所示，主要由采样电路、逻辑判断电路和保护执行电路三部分组成。

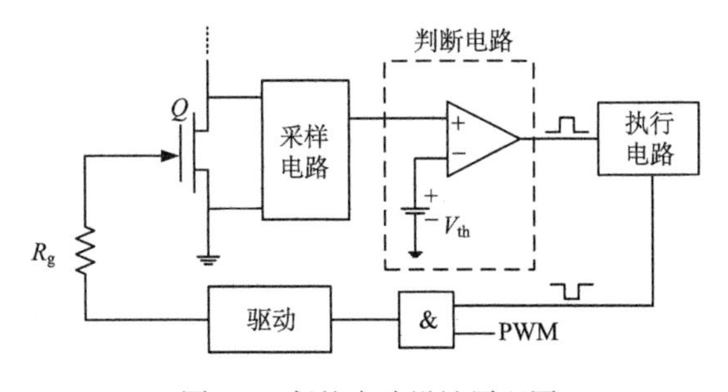

图 3-8　保护电路设计原理图

3.3.1　过压保护

过压保护一般利用有源钳位技术设计保护电路，即在 GaN 关断瞬态，漏源极电压超过钳位电压时，通过外围电路向栅极注入电流，使器件沟道处于半导通状态，从而限制漏源电压，达到保护作用。该电路简单稳定，损耗低，延迟小，适合在中小功率和高频中应用。

该方法的外围电路由稳压二极管(ZD_1、ZD_2)、二极管 D_1、电容 C_1 和电阻 R_1 组成，如图 3-9 所示。

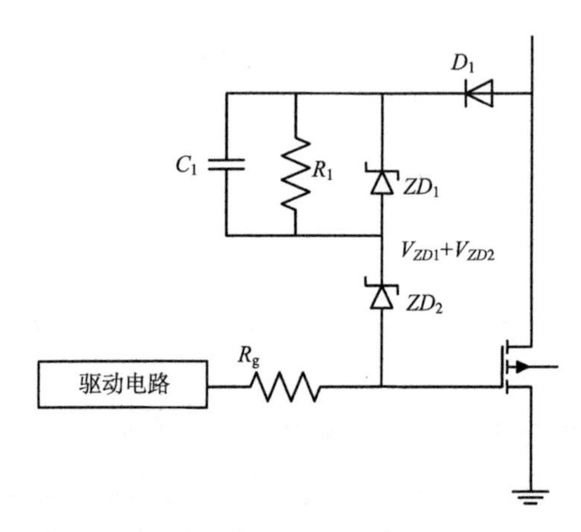

图 3-9　有源钳位电路原理图

该方法在关断过程损耗和浪涌电压抑制能力之间做出折中，提高了系统可靠性。当 GaN 完全关断后，ZD_1、ZD_2 均不工作，电阻 R_1 用来消耗电容 C_1 的能量，为下一次关断做准备，此时，漏源电压静态稳定在母线电压 V_{DC}。

过压保护仿真实例结果如图 3-10 所示，稳压管选用耐压值达到 300V 的 1.5KE400A 管，二极管则选用理想模型。

图 3-10(a)、(b)分别为未加过压保护的仿真结果图和加了该“有源钳位”保护电路的仿真结果图。

从漏源极电压波形可以看出，关断时 V_{DS} 最大值在 220V 左右，并未达到最高击穿电压，这说明钳位效果较好。改变附加电路的 C_1 电容值可以改变最高钳位值和第二状态的持续时间。C_1 电容值越大，钳位效果越好，但是关断过渡时间变长，关断损耗增大；反之，C_1 电容值越小，钳位效果越差，但是响应快速，关断损耗减小。因此，在实际应用中应在这二者之间折中考虑。

3.3.2　过流保护

为了保证器件的可靠运行，考虑短路过流保护十分必要。同时，器件过温的原因也可以归结到过流，电流的增加导致了温度的升高，进而对器件的正常工作产生了影响。在短路过流保护电路中，过流信号的快速检测是重点，其示意框图如图 3-11 所示。

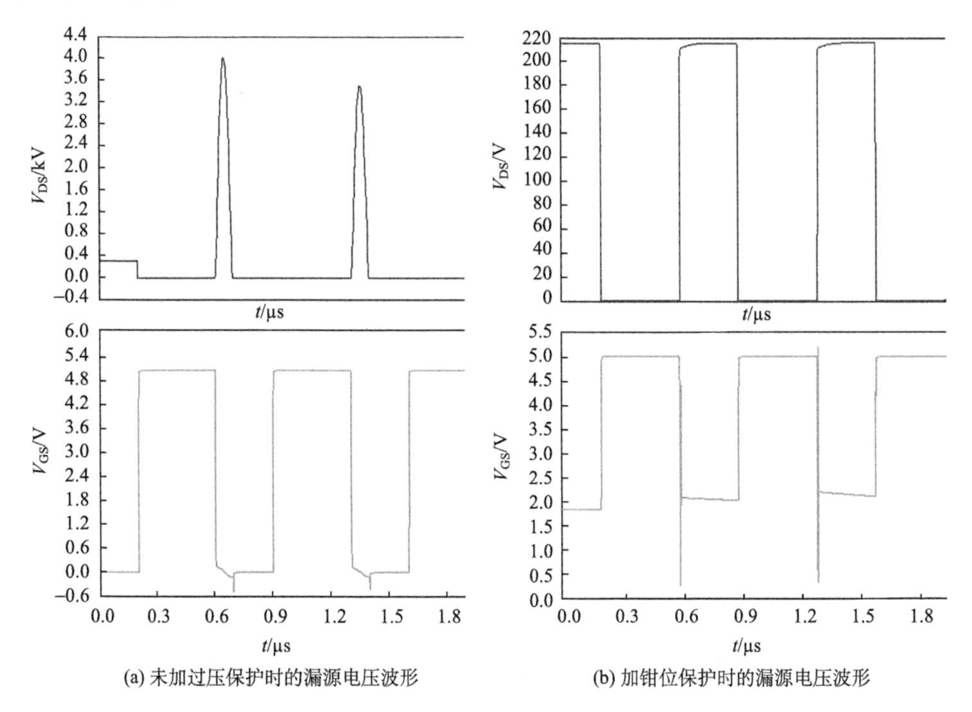

(a) 未加过压保护时的漏源电压波形　　(b) 加钳位保护时的漏源电压波形

图 3-10　过压保护电路仿真验证

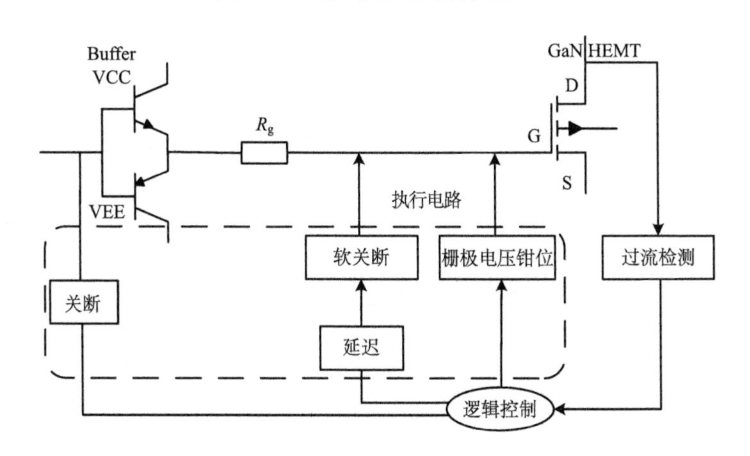

图 3-11　过流保护电路框图

目前，常用的过流检测方式主要包括退饱和检测和电感检测，它们的电路原理如图 3-12 所示。图 3-12(a)为退饱和检测，通过反接二极管到 GaN 漏极，一旦短路过流，漏极电压增大，改变二极管偏置状态，过流信号从而被检测。图 3-12(b) 为电感检测原理，通过在功率管源极串入小电感，根据感应电压变化反映 GaN 电流状态，当 GaN 过流时，电感上的感生电压会变大，以此触发保护电路工作。

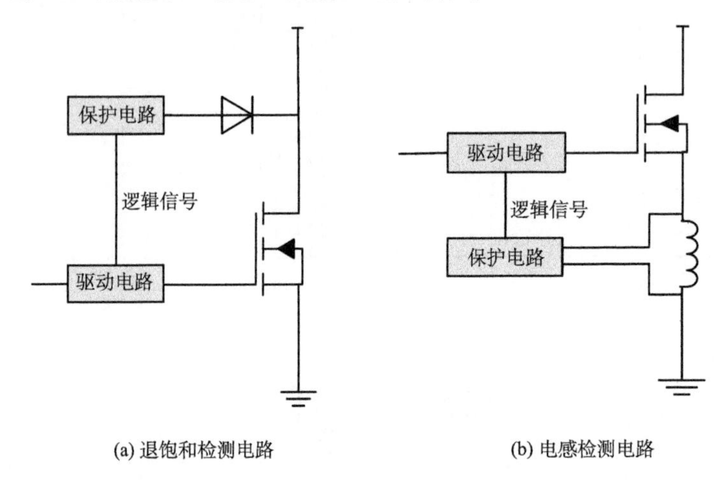

图 3-12　常用过流检测电路

但这两种常用的方法并不完全适用于 GaN HEMT，对于电感检测，虽然串入源极的电感值非常小，但相对高频工作的 GaN 来说，纳亨级别的电感都会对器件的开关特性产生较大的影响。对于退饱和检测来说，通常检测单管的漏源电压，考虑开关过程中高 d*v*/d*t* 和二极管结电容的影响，电路中通常需要加入滤波电路来吸收注入的浪涌电流，通常会插入微秒级别的消隐时间，以防止将检测到的信号送到下一级的过程中发生错误触发。同时，根据 650V 功率器件短路耐受能力时间，如图 3-13 所示，对于耐受时间只有 600ns 的 GaN 来说，微秒级别的关断延时仍然不可接受。

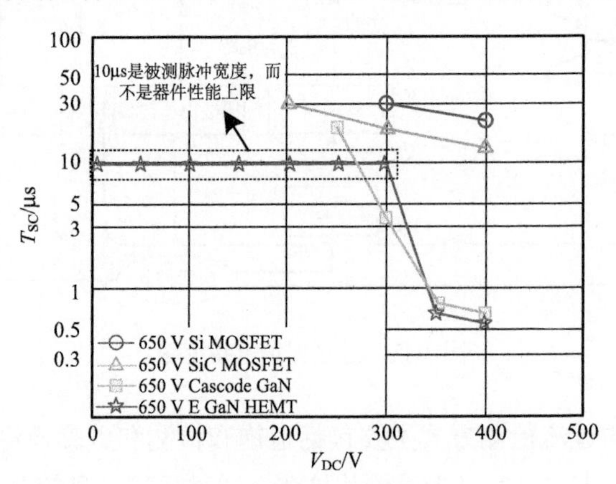

图 3-13　650V 功率器件短路耐受能力时间对比

针对以上问题，本节提出一种新型快速高效过电流检测方法，通过检测半桥相脚电压，可有效避免在开关过程中由于开关管开关带来的电压变化影响，如图 3-14 所示。当电路正常工作时，检测电压保持为母线电压不变，一旦发生短路过流，流过半桥电路杂散电感的电流会突然增加，相脚 V_{DC} 首先经历显著的电压下降，随后衰减并振荡。与器件饱和电压相比，该电压跌落是发生短路故障后立即发生的高频信号，因此，这种电压跌落可以用作超快速短路指示信号，其与退饱和电路区别如图 3-15 所示。

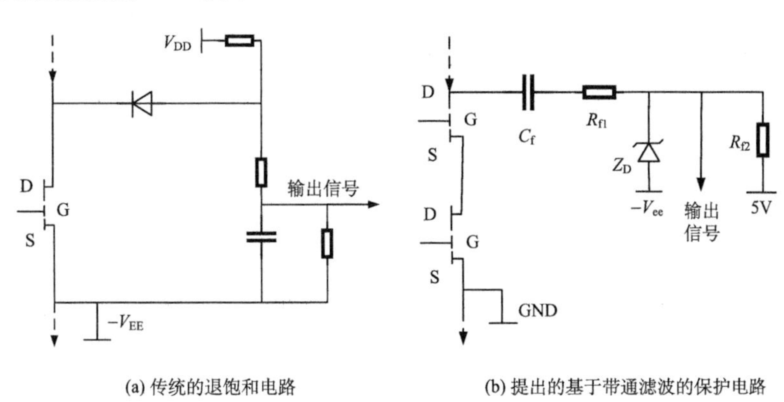

(a) 传统的退饱和电路　　(b) 提出的基于带通滤波的保护电路

图 3-14　短路过流检测电路

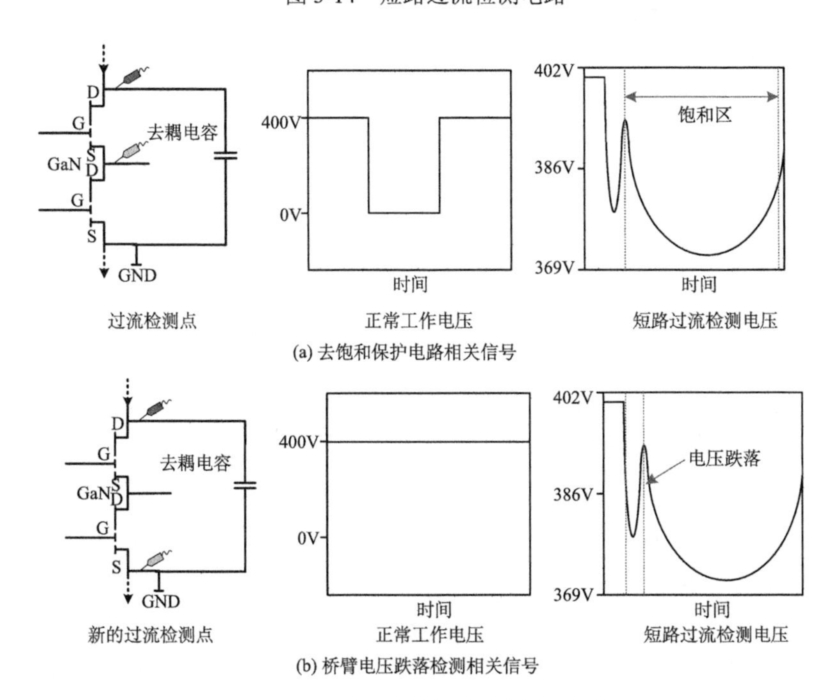

(a) 去饱和保护电路相关信号

(b) 桥臂电压跌落检测相关信号

图 3-15　提出的新的检测位置及信号

利用带通滤波器不仅可以实现电压跌落信号的检测，而且可以阻止直流电压通过和抑制较高频率开关噪声。电压跌落的等效频率约为 6MHz，这由 di / dt 、相臂解耦电容和 GaN 环路电感共同决定，所提出的带通滤波器原理图如图 3-14(b)所示。带通滤波器由 C_f、R_{f1}、R_{f2} 和齐纳二极管的结电容 C_j 组成。高 dv / dt 会在相脚电压 V_{DC} 上感应出较高频率的振荡噪声，增加齐纳二极管可以防止下一阶段受到瞬态电压尖峰和噪声的影响。由此可知，检测电路的传递函数为

$$H(s)=\frac{sR_{f2}C_f}{s^2R_{f1}R_{f2}C_fC_j+s(R_{f1}C_f+R_{f2}C_f+R_{f2}C_j)+1} \tag{3-16}$$

带通滤波器的低端截止频率越低，高端截止频率越高，目标电压跌落的检测越好，也就是说，带通滤波器的带宽越宽，检测信号越好。

成功采集到短路过流造成的跌落信号后，将此信号传输到比较器中，与判断电路的参考电压进行比较。因为过流信号往往为瞬时值，所以必须利用逻辑控制电路进行锁存，采用高速 SR 锁存器，当发生过流故障时，反向器输出端变为低电平，锁存器输出端变为高电平，进而触发执行电路，同时锁存器另一输出可以作为驱动芯片的使能端，如图 3-16 所示。执行栅极关断操作时，为避免过快关断造成栅极电压过冲，在栅源极之间增加电容 C 和稳压二极管 D，来实现对栅极电压的钳位。通过“软关断”降低 di / dt 和电压过冲，执行信号先使 M_1、M_3 开通，拉低驱动电压，而后经 RC 充电延迟后打开 M_2，通过串联大阻值电阻来减小栅极电压变化率，避免造成过冲和振荡，如图 3-17 所示，采用延迟关断能有效减小过流时的损耗。

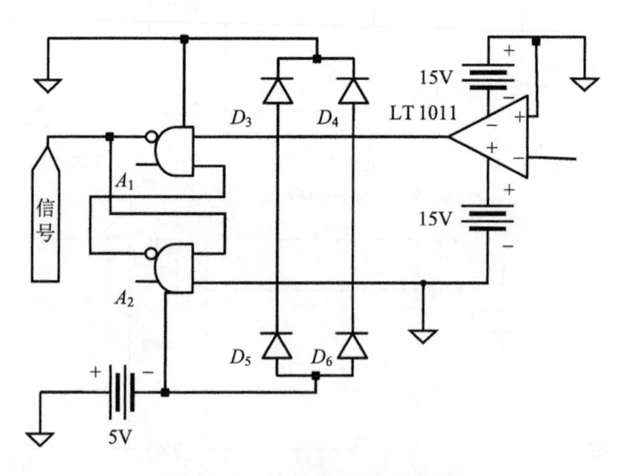

图 3-16　过流信号锁存电路

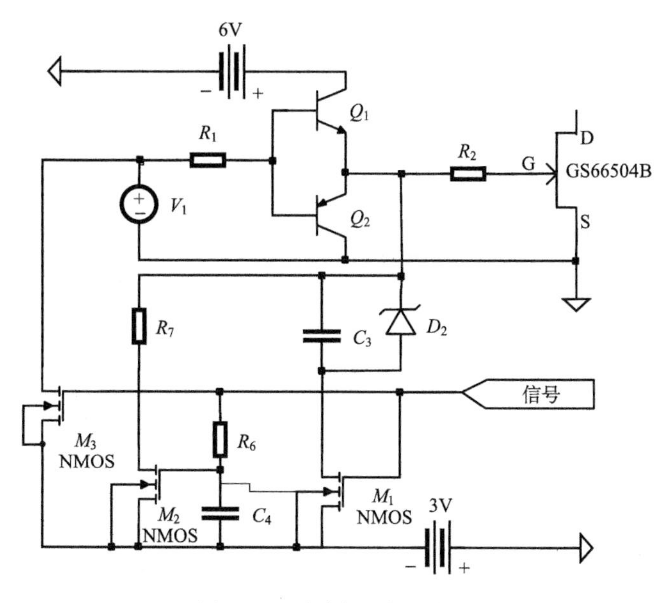

图 3-17　过流保护执行电路

依据上述分析，最终采用的过流保护方案为：通过对半桥电路相脚电压 V_{DC} 的精确测量，间接实现对 GaN 过流信号 I_D 的检测。因为 V_{DC} 的变化实质是由电容 C_f 的充放电引起的，而且这一过程需要短时的能量积累，并具有较强的抗干扰性和快速性，能很好地满足 GaN 器件耐受时间短的要求，最终保护电路示意图如图 3-18 所示。

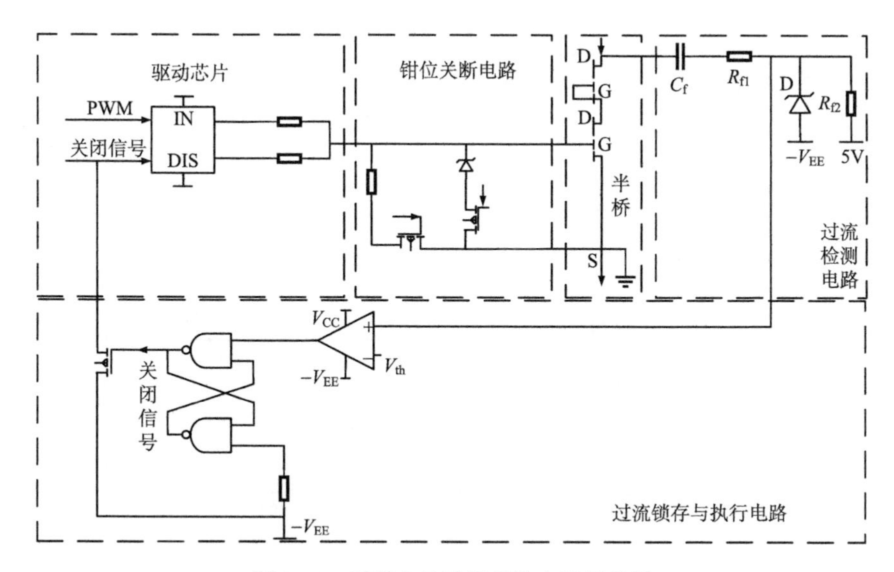

图 3-18　所提出的过流保护电路示意图

对过流保护电路进行仿真，仿真波形如图 3-19 所示。

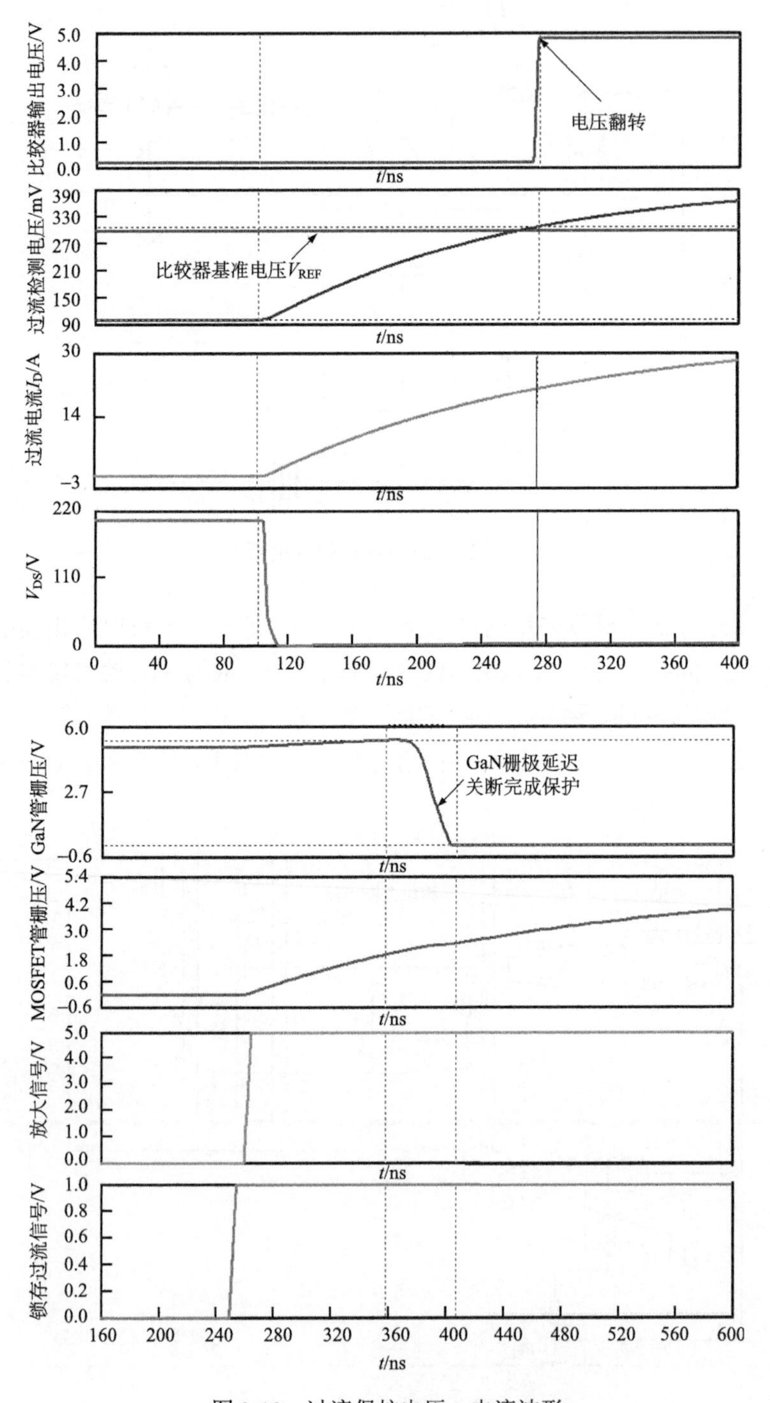

图 3-19　过流保护电压、电流波形

根据 GaN 66504B 数据手册，当温度为 25℃、栅压为 5V 时，器件的最大漏源电流为 15A，导通电阻最大值为 120mΩ，二者相乘得到导通时漏源电压为 1.8V。GaN 器件短路的定义：漏源导通电压增大为最大漏源电流时漏源电压的 1.5 倍，认定器件发生了过流现象，由此得到短路时漏源电压值为 2.7V。从数据手册中 I_D 与 V_{DS} 的关系曲线图可得，当漏源电压值为 2.7V 时对应的漏电流为 23A，当 GaN 66504B 的漏源电流达到 23A 时，器件就已经发生了短路故障。因此，为了留出一定的安全裕量将故障电流的评估值确定为 20A，即当漏源电流达到 20A 时，认为 GaN 66504B 发生短路故障，这样可以保证在出现短路故障时及时关闭功率管，而且当故障电流为 20A 时，采样信号输出的电压值为 290mV。因此，将短路电流的电压采样比较器的“–”端设定为 290mV，一旦采样电压值高于此数值，即认为发生短路故障，此时电压比较器输出高电平，经过放大器后使连接的 MOS 管开通，从而将栅极驱动电压拉低，进而“缓慢”地关断 GaN 器件，防止过压振荡的同时，达到过流保护目的。

由仿真结果可见，GaN 过流状态可以被检测电路有效检测，设定在 100ns 时半桥电路发生短路，GaN 器件电流瞬间上升，漏源电压从 200V 下降到 2.7V，由此造成过流故障。在短路之前，电路工作正常，当 100ns 时半桥直通后，电流上升到保护阈值电流 20A，采样电压跌落低于基准电压 V_{th}=290mV 时，触发过流保护，比较器延迟 10ns 输出高电平，经过 SR 触发器锁存后，一路输出连接 MOSFET，MOSFET 导通将栅压拉低到零电位；另一路连接驱动芯片的使能端，使驱动脉冲输出低电平，最终关闭 GaN 晶体管，保护所需时间如表 3-3 所示。

表 3-3　过流保护所需时间

阶段	过流检测	锁存执行	延迟关断	总时间
时间/ns	175	162	50	387

3.4　高温 SiC MOSFET 门极驱动电路

SiC 材料具有出色的耐高温性能，SiC MOSFET 在高温下也可稳定工作，适用于高温应用场合。在高温应用场合，与 SiC MOSFET 配套的门极驱动电路也需要工作在高温环境下。与常温的 SiC MOSFET 门极驱动电路相比，高温 SiC MOSFET 门极驱动电路的设计更加复杂，需要考虑的问题也更多。高温 SiC MOSFET 门极驱动电路主要有集成式和分立式两种。基于分立 Si 元器件的高温

SiC MOSFET 门极驱动保护电路成本相对而言更低，且更容易实现。

3.4.1 驱动电路元器件的选择

基于分立元件的高温驱动电路设计首先需要考虑各元器件的选择。

1. 电阻的选择

对于应用在高温环境下的驱动电路中的电阻，散热能力是在选择时需要考虑的重要条件，因为散热能力限制了驱动电路电阻所能工作的最高外界温度。在相同功率等级下，散热能力更强(热阻更小)的电阻可以工作在更高温度的环境温度下。为了得到更好散热能力的电阻，主要需要考虑它的封装类型。在高温环境中，较大的封装通常被优先考虑。

2. 电容的选择

一般而言，适用于高温场合的电容有三种类型：第一种是钽电容，钽电容具有较大的额定容值范围和较小的额定电压；第二种是云母电容，云母电容具有较低的额定容值和较高的额定电压；第三种是陶瓷电容，这种电容综合了钽电容和云母电容的特性。钽电容的工作温度范围通常为–55～+175℃；云母电容的工作温度范围也可达到+200℃；陶瓷电容的工作温度范围通常为–55～+200℃。由于钽电容的额定容值范围大，在驱动电路电压不是很高的环境中也可以使用。另外，值得注意的是：随着温度的不断升高，电容的电容值也会随之变化。例如，当温度升高到+200℃时，由 X7R 材料制成的电容相比较于+27℃时会有 60%左右的电容值变化，同时还会有 10%左右的隔离电阻的变化。电容封装的选择依然遵循与电阻相同的原则，即尽量选择大的封装，使其散热性能较强从而降低电容温升。

3. 铁磁材料的选择

驱动电路主要包括无隔离形式、光耦隔离形式、变压器隔离形式和电容隔离形式等，其中常用的是光耦隔离形式和变压器隔离形式。光耦隔离形式芯片简单，但其具有一定的传输延时。另外，光耦隔离器其结温不能高于+150℃，且大多数光耦隔离芯片的最高工作温度为+85℃，所以限制了光耦隔离器在高温环境中的使用。高温环境中可以采用脉冲变压器的隔离形式，其可以承受更高的温度，但需要考虑其磁性材料的选择。

涂层的材料限制了粉末型磁心应用，而非通常限制铁氧体磁心的居里温度。能量的损耗是另一个在高温条件下制约磁性材料性能的重要原因。通常市场上的磁性材料致力于在+100℃左右达到最低的能量损耗，尽管这一损耗并不是很明显，但在要求较高的场合有时也需要考虑这个问题。通常情况下，粉末型磁心和铁氧体磁心的损耗几乎一样低，尤其是应用在高频领域。因此，需要在市场上选择一种能够应用在高温下的磁性材料。

4. 印刷电路板板材料的选择

印刷电路板(PCB)的材料和焊锡材料的选取是在高温应用时另一个需要考虑的问题。对于印刷电路板材料的选取，一个要考虑的重要参数是玻璃转化温度，当温度超过印刷电路板的玻璃转化温度时，印刷电路板将会逐渐变为橡胶化。对于印刷电路板的常用材料 FR-4 材料而言，其玻璃转化温度在+150℃左右，一些耐高温的印刷电路板的玻璃转化温度可以达到+170℃。为了在更高温度下应用印刷电路板，可以采用聚酰亚胺材料，这种材料的玻璃转化温度可以达到+260℃，而另一些碳氢化合材料的玻璃转化温度可以达到+280℃。对于焊锡的选择，高锡巴氏合金提供了接近于锡熔点的+280℃的熔点，而高铅合金提供了接近于铅熔点的+327℃的熔点[14]。虽然金锗合金也可以具有很高的熔点，但是其含有金元素，所以价格十分昂贵。

5. 二极管与三极管的选择

晶体管是驱动电路的重要组成部分，晶体管的特性影响着整个驱动电路在高温环境下的工作性能。高温环境下，晶体管的散热能力十分重要，一般选择散热能力较强的大尺寸封装。另外需要考虑虽然晶体管的最高使用温度较高，但随着温度的上升晶体管的工作性能也会受到影响。

3.4.2　主电路与控制电路的隔离方式选择

对于高温驱动电路来说，可以采用隔离变压器作为主电路与控制电路的隔离。

变压器隔离主要分为两种形式，图 3-20(a)展示了变压器隔离的第一种形式，在这种形式中，门极信号和门极驱动能量都会经过隔离变压器，通过产生脉冲来控制并且驱动整个电路，脉冲可以是脉冲串也可以是脉冲对。脉冲串像 DC/DC 变换器一样工作，当 V_{GS} 是高的时候，隔离的 DC/DC 变换器会开始提供驱动能量，当 V_{GS} 是低的时候，将没有能量从变压器的一次侧流到变压器的二次侧。脉冲对通过一个脉冲来置位 V_{GS}，通过另一个脉冲来将 V_{GS} 清零，且脉冲对必须具有足够的能量来驱动电路。

第二种驱动形式如图 3-20(b)所示，门极的控制信号通过脉冲变压器，而驱动电路能量则由另外的电源供给。与第一种驱动形式相比，第二种驱动形式更适合与保护电路一同工作，因为其具有额外的电源一直给保护电路供电。

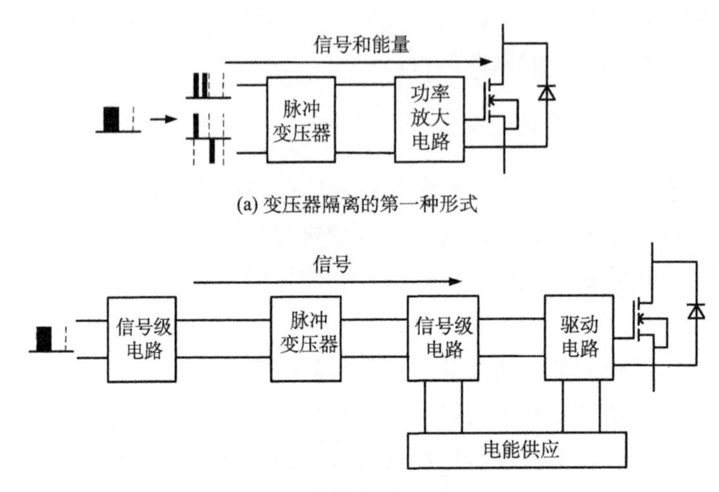

(a) 变压器隔离的第一种形式

(b) 变压器隔离的第二种形式

图 3-20　变压器隔离的两种形式

3.4.3　高温 SiC MOSFET 驱动保护电路设计实例

1. 高温驱动电路元器件选择

在驱动电路部分的电阻选用封装为 1206 的贴片电阻(长：(3.20±0.20) mm，宽：(1.60±0.15) mm，高：(0.55±0.10) mm)。该封装下电阻工作温度可在–55～+175℃。电容采用贴片电容，采用了与电阻相同的 1206 封装。三极管全部选用 TO-39 封装，可以达到最高工作为+200℃。二极管和稳压二极管也选用耐高温的封装，大部分为封装型号为 1206 的表贴封装。选用熔点为+221℃的 63/37 锡铅合金作为焊锡的材料，选用玻璃转化温度为+150℃的 FR-4 材料作为印刷电路板的材料。

2. 驱动电路

驱动电路隔离方式为脉冲变压器隔离，本设计采用第二种变压器隔离形式，电能供应为直流+25V，并通过两个稳压二极管，产生大约为 5V 和 25V 的直流电路供电电压。在变压器发射端，将由 DSP 产生的 PWM 波形转化为脉冲经过隔离变压器传送信号到变压器接收端，变压器二次侧的接收器电路将脉冲还原为

PWM 信号传输给电压放大器，电压放大器将电压放大到门极驱动信号的电压等级，随后连接上一组推挽输出电路，提高驱动电路的驱动能力，增加 SiC MOSFET 的开关速度，减小其开关损耗，并改善逆变器输出波形。

综合驱动电路和保护电路的方案，确定了本设计 SiC MOSFET 驱动电路的结构，图 3-21 所示。

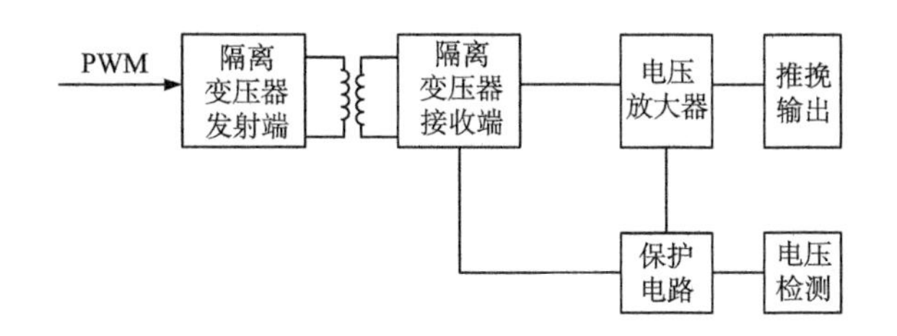

图 3-21　SiC MOSFET 驱动电路的结构

整体驱动电路图设计如图 3-22 所示。

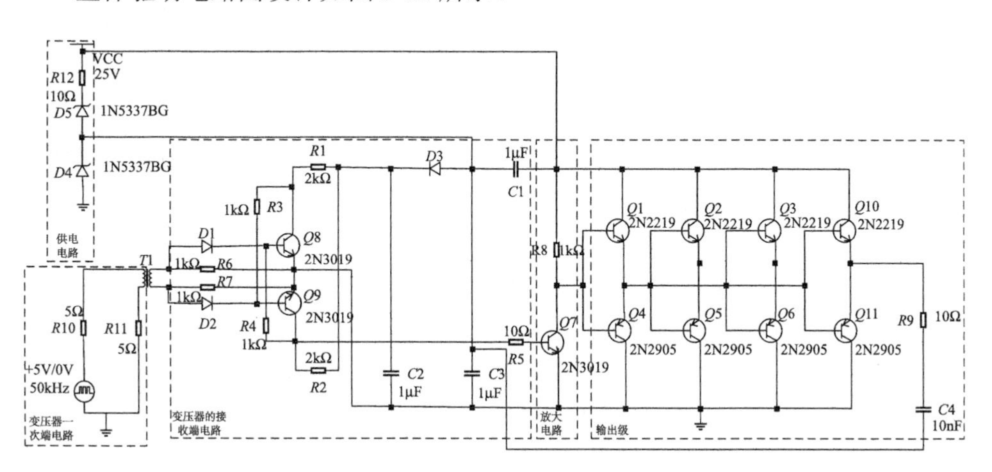

图 3-22　整体驱动电路图

本设计选用了隔离变压器，由于通常的隔离变压器集成芯片不能满足高温设计要求，所以本设计采用两个绕在同一铁心上的电感线圈实现隔离变压器的一次侧与二次侧。

在隔离变压器的发射端，输入信号是控制 SiC MOSFET 开通和关断的 PWM 信号，本设计中选择的 PWM 输入信号电平为+5V/0V。PWM 方波信号通过电感线圈和电阻组成的 *RL* 电路变为脉冲信号，脉冲信号的形状可以通过改变电阻或电感值而调整。整个驱动电路所能工作的最高频率很大程度的取决于经过变压器线圈的脉冲形状，变压器一次端参数为10Ω和2mH，其最高开关频率为40kHz。同时电阻应限制PWM信号在高电平状态下的最大电流，所以电阻值也不应过小。

变压器的接收端通过两个对称的电阻来接收脉冲，之后由两个NPN三极管和电阻等电路结构将脉冲变为PWM波，当变压器上端为正下端为负时，上面的NPN三极管导通，下面的NPN三极管关断，则隔离变压器二次侧的输出会接在电源电压处，因此会输出给下一级高电平。变压器上端为负下端为正时，上面的三极管关断，下面的三极管导通，将输出电压接在地上，输出给下一级低电平，当脉冲结束后由两个互相接在NPN三极管集电极和基极的电阻保持二次侧的输出状态，因此将脉冲信号转化为PWM波。

SiC MOSFET的栅极驱动电压为–5V/+20V。选定驱动电路的供电为+25V，通过两个稳压二极管实现V_{CC1}=+5V和V_{CC2}=+25V，其中，两个稳压二极管电压分别为20V和5V。当控制SiC MOSFET开通时，栅极相当于接在+25V电压处，而源极接在+5V电压处，从而产生+20V的SiC MOSFET开通栅极驱动电压；当控制SiC MOSFET关断时，栅极相当于接在0V电压处而源极接在+5V电压处从而产生–5V的SiC MOSFET关断栅极驱动电压。10Ω电阻作为限流电阻。

当脉冲变压器将变压器二次侧的脉冲变为PWM波时，其电压等级不能达到SiC MOSFET栅极电压的开通关断等级，因此进行电压放大器的设计。电路中的Q_7三极管为电压放大器，将由变压器接收器整形的PWM波电压放大为SiC MOSFET的栅极驱动电压等级。经过电压放大器后输出对地电压为+25V。

输出级的设置是提高驱动电路的驱动能力，因为SiC MOSFET开通的过程就是对其输入电容充电的过程，所以只有驱动电路的驱动能力足够大时，才能使SiC MOSFET快速开通以减小损耗。采用并联推挽输出的形式提高驱动电路的驱动能力，其中末端10nF的电容是为了模拟SiC MOSFET的输入电容所设定的，最终得到的输出波形如图3-23所示。

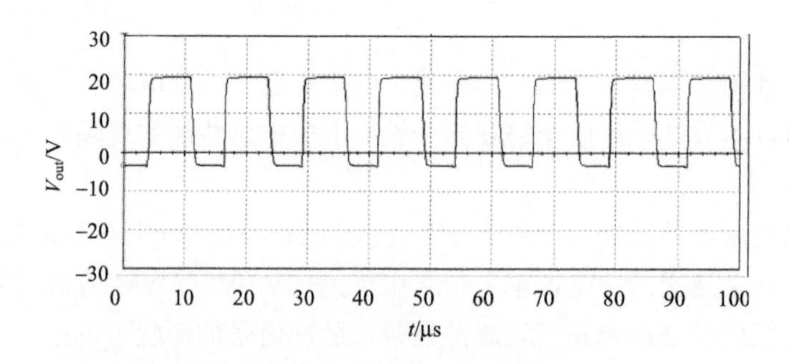

图3-23　驱动电路输出波形

3. 保护电路

在常温情况下，通常应用集成电路芯片来保护 SiC MOSFET；然而，在高温情况下，由于集成芯片最高温度的限制，不能用通常的方法来保护 SiC MOSFET。与集成芯片相比，采用分立元件制作的驱动保护电路大幅减小了制作的成本，可以节省十倍以上开销，同时也很容易实现。

在高温环境下，采用分立元件容易实现退饱和(desaturation)保护方式。退饱和保护是通过监测 SiC MOSFET 的漏源极电压来实现对过流的监测，当漏源极电压高于阈值电压(通常为 7V)时即触发保护电路，切断 SiC MOSFET 驱动[15-19]。

一种高温退饱和过流保护电路的电压监测部分如图 3-24 所示，即通过三个三极管实现了对电压的监测以及过流信号的输出。当过流情况下，V_{DS} 升高，Q_{25} 是一个 NPN 三极管，其将检测到的比较电压通过两个电阻分压的形式输出可以接受的电压，并将其输入给 PNP 三极管，PNP 三极管将所转换的电压与参考电压进行比较，参考电压是由电路中的 5V 电源供电，其参考阈值电压可以通过调节电阻 R_6 进行调节。当门极驱动信号是高电平时，如果出现了过流情况且漏极电压高于所设定的阈值电压(5V 电源+PNP 三极管阈值)，则 PNP 三极管就会开通，此时过流情况就会被检测到。这时 Q_{23} 这个 NPN 三极管就会将 PNP 三极管的电压转化为一个可接受的逻辑电路的电压输送给执行电路，这个电压即为过流信号。

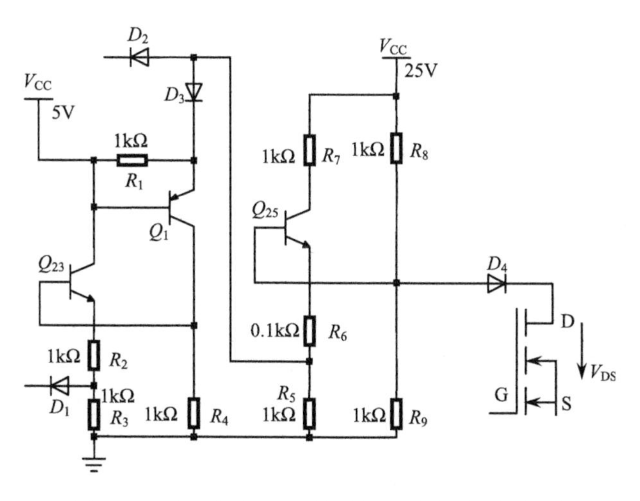

图 3-24　高温退饱和过流保护电路电压监测部分

其中，接在漏极处的为大功率二极管，其目的是在 SiC MOSFET 关断时阻隔高压侧的电压，当 SiC MOSFET 开通时，则将 Q_{25} 的输入钳位在低电平，当过流发生时，其电压上升，Q_{25}开通，即监测到了漏源极电压的变化。二极管D_1的输出为过流信号的输出。

高温退饱和过流保护电路的逻辑电路如图 3-25 所示，其功能是使监测电路在 SiC MOSFET 开通时工作，同时防止保护逻辑在 PWM 上升沿误触发，R_{13}和R_{15}是接在+5V 电压处、R_{12}接在驱动电路变压器接收端三极管处，R_{20}与电压检测电路相接后接在驱动电路推挽输出级的输入端、Q_9集电极接在电压检测输出处用来防止保护电路误触发，Q_{11}为 NPN 三极管，其基极接在电压检测的输出端接收保护监测信号，Q_8是用来同步门极驱动信号和保护电路。当门极驱动上升沿来到时，Q_8会关断并产生出一个脉冲来使Q_9导通，Q_9会将Q_{23}的输出电压钳位为低，其中Q_{23}为电压检测电路中的输出三极管，其输出信号即为过流监测信号。因此，一段关断信号就会在门极驱动信号上升沿时产生，其关断信号持续的时间可以通过改变连接在Q_9处的 RC 电路的参数调整。

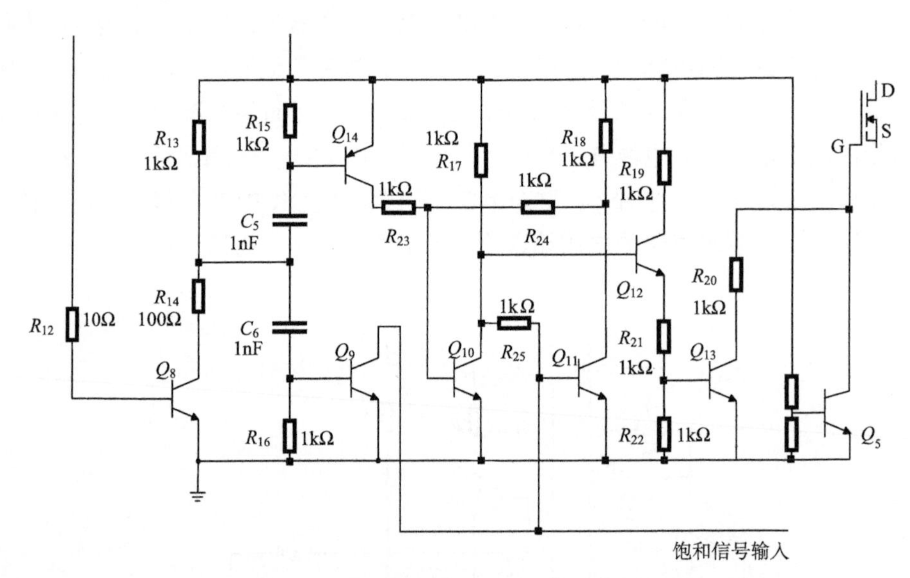

图 3-25　高温退饱和过流保护电路逻辑电路

当过流信号产生时，通过Q_{23}产生的错误信号就会将 NPN 三极管Q_{11}开通并且通过三极管Q_{11}和Q_{10}产生一个错误状态。在错误状态下，三极管Q_{11}的输出被锁定在低电平，三极管Q_{10}的输出锁定在高电平，Q_{10}所产生的高电平会使三极管Q_{12}开通，随后三极管Q_{12}使三极管Q_{13}开通，当 NPN 三极管Q_{13}开通时，驱动电路的Q_5三极管的输出电压则会降低到一个中间值，这个中间值是由电阻R_{20}决定的，这种关断形式可以减少对V_{DS}的冲击，当门极驱动下降沿到来时，Q_5将会将输出信号降至 0V，至此，保护过程完成。

本例中 SiC MOSFET 的保护电路采用了一种两段式的保护方法，即当过流发生时，先将其驱动信号降低到一个中间值，保持一段时间后，再将其关断。因为当过流发生时，如果直接关断，由于过大的电流变化率将在电路寄生电感上产生很大的电压冲击从而损坏器件。采用了两段式关断方法后，将在一个中间值上停留一段时间，然后才会将 SiC MOSFET 完全关断，相比于普通的关断，这样可以减小电流的变化率并且减小可能的电压冲击。

最后对漏源极电压超过阈值的情况进行了仿真测试，如图 3-26 所示，当漏源极电压超过 7V 时，处在高电平下的驱动电路将会将输出电压降至一个中间值，这个中间值可由电阻 R_{20} 调节，当下一个关断信号来临时将 SiC MOSFET 彻底关断。在仿真环境下，其保护响应时间约为 2 μs。

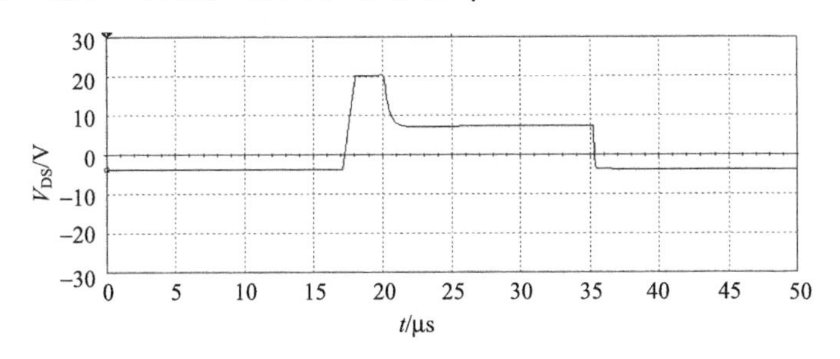

图 3-26　保护响应仿真测试

4. 高温 SiC MOSFET 驱动保护电路成果

最终得到高温 SiC MOSFET 驱动保护电路的 PCB 实物图和热成像结果图如图 3-27 所示。

(a) 实物图

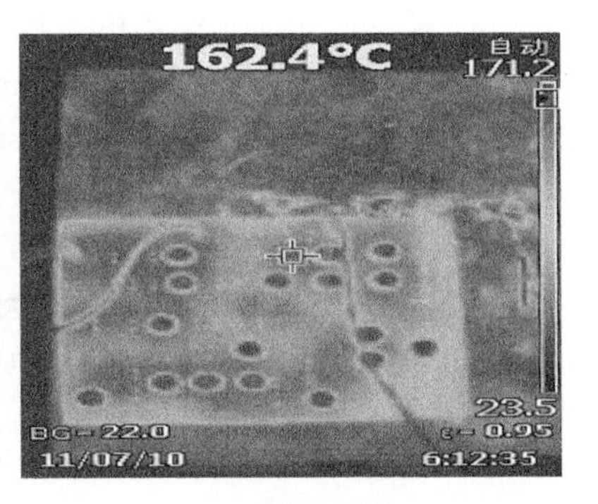

(b) 热成像图

图 3-27　高温 SiC MOSFET 门极驱动电路成果

3.5 本 章 小 结

本章介绍了宽禁带功率器件的门极驱动电路。首先，本章介绍了宽禁带功率器件的驱动特点。宽禁带功率器件的阈值电压低，为了有效关断且避免误导通，需要采用负压关断，此外驱动脉冲上升和下降要具有足够快的速度和陡峭的边缘斜率，驱动电流也要足够大。宽禁带功率器件开关速度快，EMI 问题较为严重，需要综合考虑 EMI 和开关损耗以优化驱动回路设计，优选驱动电阻阻值。其次，本章介绍了宽禁带功率器件串扰现象产生原因。互补的宽禁带功率器件的开关动作导致处于关闭状态的功率器件漏源两端电压急剧变化，进而引起米勒电容与驱动回路产生感应电流，由于寄生电阻、寄生电感的存在，导致功率器件栅源端产生感应电压，发生串扰。抑制串扰的方法主要有增加驱动电阻、在栅源极间并联电容和有源抑制方法，同时给出了有源抑制方法的设计实例。最后，本章介绍了适用于宽禁带功率器件的有源钳位过压保护方案和免受开关管开关导致的电压变化影响的高效过流保护方案，此外，本章还介绍了基于分立 Si 元器件的高温 SiC MOSFET 门极驱动保护电路，并给出了设计实例。

参 考 文 献

[1] 任春江, 陈堂胜, 焦刚, 等. 温度对 AlGaN/GaN HEMT 电学性能的影响[J]. 固体电子学研究与进展, 2007, 27(3): 329-334.

[2] 崔梅婷. GaN 器件的特性及应用研究[D]. 北京: 北京交通大学, 2015.

[3] 刘爽. AlGaN/GaN HEMT 功率开关器件电学特性研究[D]. 重庆: 重庆师范大学, 2015.

[4] 高建军. 场效应晶体管射频微波建模技术[M]. 北京: 电子工业出版社, 2007.

[5] Joh J, Gao F, Palacios T, et al. A model for the critical voltage for electrical degradation of GaN high electron mobility transistors[J]. IEEE Electron Device Letters, 2010, 50(6): 767-773.

[6] Chang Y, Zhang Y, Zhang Y, et al. A thermal model for static current characteristics of AlGaN/GaN high electron mobility transistors including self-heating effect[J]. Journal of Applied Physics, 2006, 99(4): 44501-44505.

[7] 周洋. 氮化镓功率器件特性及门极驱动研究[D]. 北京: 北京航空航天大学, 2018.

[8] Xu S, Sun W, Sun D. Analysis and design optimization of brushless DC motor's driving circuit considering the Cdv/dt induced effect[C]//Energy Conversion Congress & Exposition. Atlanta, 2010.

[9] Agarwal A, Das M, Krishnaswami S, et al. SiC Power Devices – An Overview[J]. Mrs Proceedings, 2004, 815: J1. 1.

[10] Ren Y, Xu M, Zhou J, et al. Analytical loss model of power MOSFET[J]. IEEE Transactions

on Power Electronics, 2006, 21(2): 310-319.

[11] 张旭, 陈敏, 徐德鸿. SiC MOSFET 驱动电路及实验分析[J]. 电源学报, 2013, (3): 71-76.

[12] 杜敏. 基于 SiC MOSFET 的高性能电驱动研究[D]. 北京: 北京航空航天大学, 2017.

[13] Zhang Z, Zhang W, Wang F, et al. Analysis of the switching speed limitation of wide band-gap devices in a phase-leg configuration[C]//Energy Conversion Congress & Exposition. Montréal, CA, 2012.

[14] Zhao B, Qin H, Nie X, et al. Evaluation of isolated gate driver for SiC MOSFETs[C]//Industrial Electronics & Applications. Melbourne, Australia, 2013.

[15] Qi F, Xu L, Zhao B, et al. A high temperature de-saturation protection and under voltage lock out circuit for SiC MOSFET[C]//Energy Conversion Congress & Exposition. Montreal. 2015.

[16] Dreike P L, Fleetwood D M. An overview of high-temperature electronic device technologies and potential applications[J]. IEEE transactions on components, packaging, and manufacturing technology. Part A, 1994, 17(4): 594-609.

[17] Wang Y, Krishnamurthy S. High temperature gate drive circuits for silicon carbide switching devices[C]//Energy Conversion Congress & Exposition. Denver, 2013.

[18] Qi F, Xu L, Zhao G, et al. Transformer isolated gate drive with protection for SiC MOSFET in high temperature application[C]//IEEE Energy Conversion Congress and Exposition. Pittsburgh, 2014.

[19] 雷燚. 高性能 SiC 驱动电路设计[D]. 北京: 北京航空航天大学, 2016.

第4章 基于宽禁带功率器件的逆变器输出电压非线性分析

第2章已经较为详细地分析了 SiC MOSFET 自身的开关特性，但是，SiC MOSFET应用于PMSM驱动系统中其特性会因为电机电感、杂散参数等而变化[1-6]。因此，本章首先对 SiC MOSFET 在逆变器中的特性进行详细分析，以明晰 SiC MOSFET 在 PMSM 驱动系统的具体特性，为分析相电压的畸变情况提供了基础。

在电压源型 PWM 逆变器中，引起输出电压和电流发生畸变的原因如下：

主要原因之一是死区时间的作用。对于非理想器件而言，同一桥臂的两个器件在开关状态转换过程中，由于有限的开关时间，可能会引起短路故障。为了防止直通现象，在同一桥臂开关转换过程中加入一段死区时间，通常被称为直通延迟[7]。虽然死区时间保证了系统的安全运行，但是这样会导致逆变器输出电压的恶化。对于较大功率电机驱动器而言，2～8μs 的死区时间设置可以确保电流转换的安全运行，越长的死区时间意味着电压畸变量也随之变大。虽然死区时间长短由控制指令发出，但是它还是由功率器件的开关时间所决定的。

开关功率器件的特性也会导致输出电压发生畸变，包括管压降、开关时间、输出电容和电压过冲[8-13]。管压降即导通压降，是漏极电流(或集电极电流)流过导通电阻产生的压降，会引起输出电压的畸变；由于电流在通过续流二极管之前会对输出电容充放电，因此会导致输出电压的上升下降沿发生变化[13]，开关时间也会因此现象而受到影响，从而共同作用使得输出电压发生畸变，尤其是在轻载情况下更为明显；由于电路的杂散电感，会导致功率器件的电压发生过冲或者震荡，这同样会引起相电压的输出波形的畸变。

4.1 宽禁带功率器件在 PMSM 逆变器中的特性

尽管从数据手册中可以清楚地得到 SiC MOSFET 和 Si IGBT 两种器件的电气参数，但是这些特征参数都是在一定的特殊条件下测试得到的，并不能适用于所有的电机驱动系统中。到目前为止，双脉冲测试被广泛应用于功率器件的开关特性的测试中。然而，与传统的 Si 材料制成的器件相比，因为 SiC MOSFET 所具有的固有特性，例如，较小的结间电容、导通电阻，以及开关瞬态过程中较大的电压、电流变化率(dv/dt、di/dt)，使 SiC MOSFET 对应用于电路中的寄生参数和噪声极其敏感[14,15]。因此，为了更好地阐明逆变器输出电压畸变的原因，本节对应用于 PMSM 逆变器中的 SiC MOSFET 真实的开关特性进行测试。

建立永磁同步电动机及其驱动系统平台，如图 4-1 所示，A 相下桥臂的 SiC MOSFET(S_{A_L})作为测试对象。此外，定义流入电机方向为电流正方向，如图 4-1 中电流正方向所示。

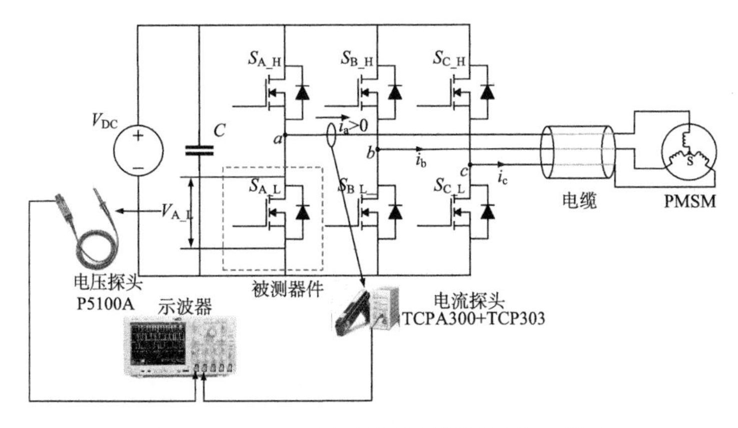

图 4-1　PMSM 驱动系统特性测试结构示意图

如为了突显相电流对输出电压的影响，探究功率器件的开关特性，同时测量不同电流下的输出电压值，结果如图 4-2、图 4-3 所示，分别为 Si IGBT 和 SiC MOSFET 测试结果。当电流在– 40.1A 左右时，大电流将在下桥臂功率器件关断时开始对其输出电容充电，使下管输出电压上升十分迅速，如图 4-2(c)中– 40.1A 箭头指示实线所示。当电流幅值下降到–11.7A 和–1.45A 时，输出电压的上升斜率变缓，如图 4-2(c)中对应箭头指示曲线所示。

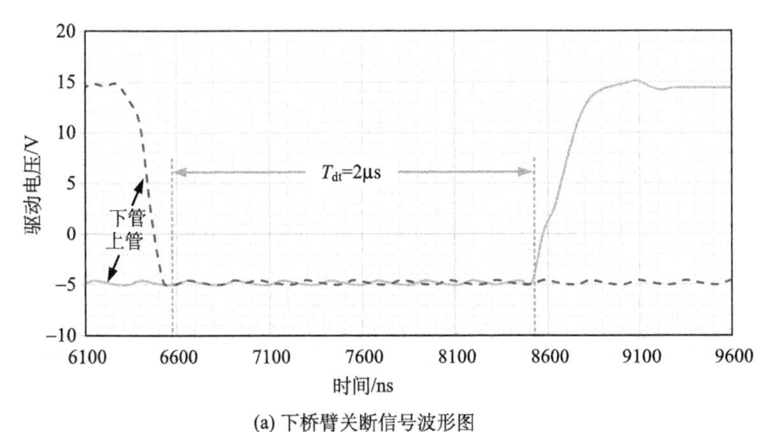

(a) 下桥臂关断信号波形图

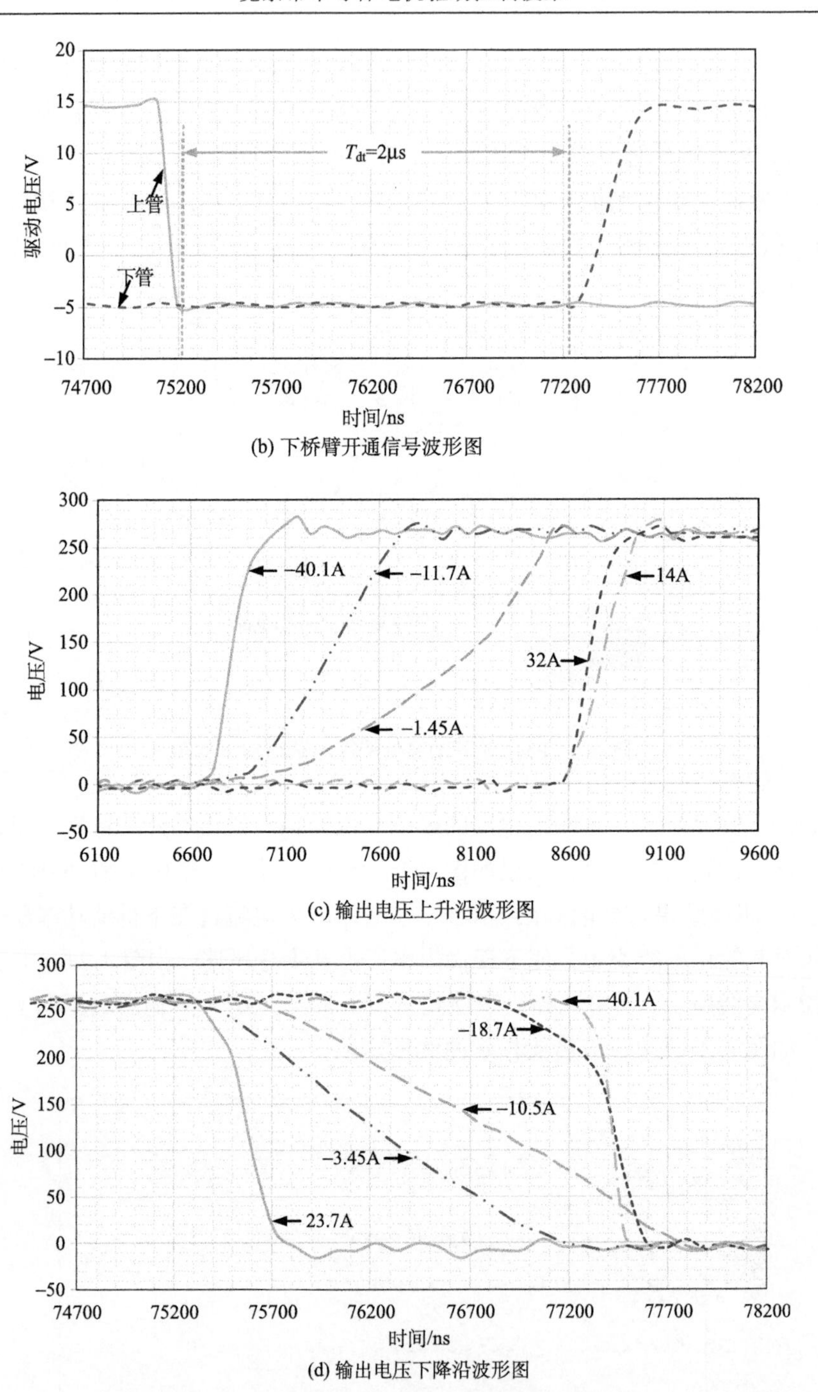

(b) 下桥臂开通信号波形图

(c) 输出电压上升沿波形图

(d) 输出电压下降沿波形图

图 4-2　死区时间内 Si IGBT 输出电压在不同电流等级下的上升、下降沿波形图

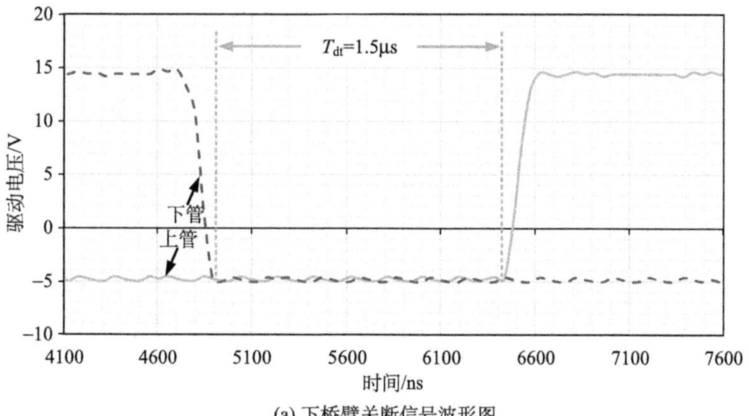

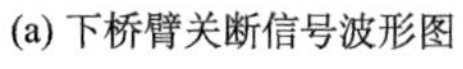
(a) 下桥臂关断信号波形图

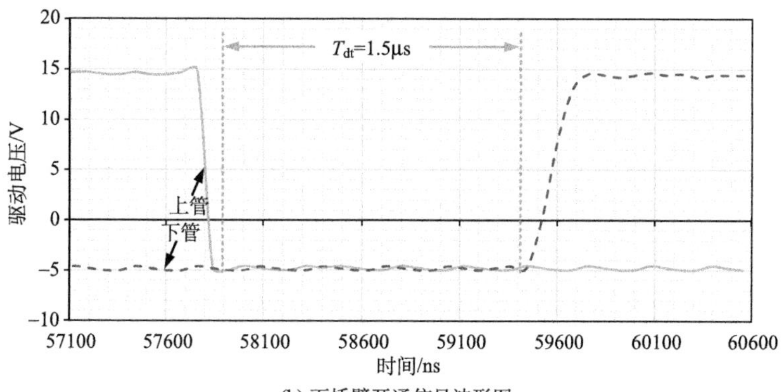

(b) 下桥臂开通信号波形图

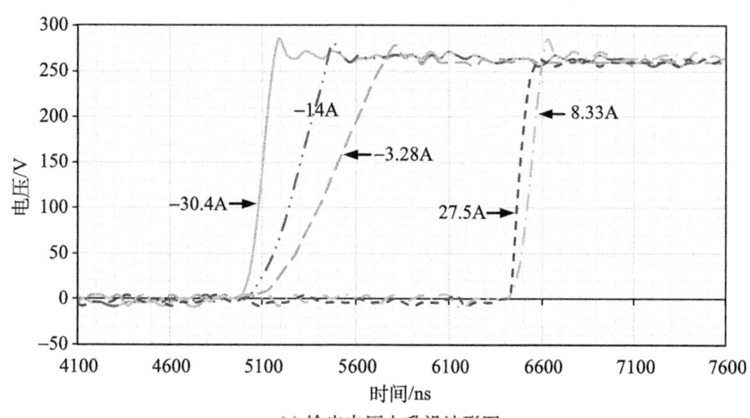

(c) 输出电压上升沿波形图

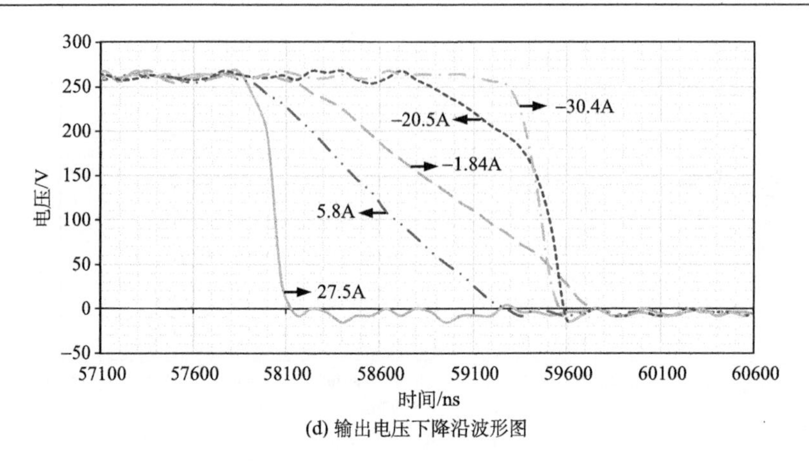

(d) 输出电压下降沿波形图

图 4-3　死区时间内 SiC MOSFET 输出电压在不同电流等级下的上升、下降沿波形图

当输出电流为正时，如图 4-2(c)中所示的 14A 和 32A，输出电压将在上桥臂器件开通之前保持低电压(0V)。对于输出电压的下降沿波形图，测试的相似结果如图 4-2(d)所示。此外，SiC MOSFET 的输出电压的上升、下降沿的波形与 Si IGBT 有类似的结果，如图 4-3(c)和(d)所示。然而，与 Si IGBT 相比，SiC MOSFET 的上升、下降时间都要更短，因为如表 4-1 所示，SiC MOSFET 具有更小的输出电容、栅源极时间常数及阈值电压等特性，这些性能使 SiC MOSFET 具有快速的开关特性。

表 4-1　数据表参数和实验测试结果

参数	SiC MOSFET		Si IGBT	
	数据表参数	实验测试结果	数据表参数	实验测试结果
母线电压/V	600	270	600	270
开通时间/ns	144	80.3	330	170
关断时间/ns	211	113.6	850	227.6
导通电阻/mΩ	5	6.77	—	—
饱和压降	—	—	1.7V(600A)	1.378
二极管正向压降	1.7V(300A)	—	1.8V(600A)	—
输出电容/nf	—	15.3	—	39.7
阈值电压/V	2.3	—	5.8	—
栅源极时间常数/10^{-8}s	3.5	—	6.3	—

表 4-1 列出了 Si IGBT 和 SiC MOSFET 的主要电气参数。从表 4-1 中可得，SiC MOSFET 开关时间要远小于 Si IGBT 的开关时间，上升时间和下降时间分别为 Si

IGBT 的 1/2 和 1/4。另外，SiC MOSFET 的导通电阻只有 5mΩ，因此，在电流低于 100A 的条件下，SiC MOSFET 的导通管压降要远小于 Si IGBT 的导通管压降。

表 4-1 也表明了数据表中参数与实验测试结果之间存在着差异，因为实验测试条件下的电流和电压比数据表中的测试条件小很多，所以与数据表中给出的参数相比，实际的导通、关断时间都要相应的变小。

当相电流为–35A 左右时，Si IGBT 和 SiC MOSFET 的开通、关断时间如图 4-4 所示。SiC MOSFET 的电压下降时间为 80.3ns，是 Si IGBT 电压下降时间(170ns)的 1/2 左右。此外，SiC MOSFET 的电压上升时间为 113.6ns，也是 Si IGBT 电压上升时间(227.6ns)的 1/2 左右。因此，可以看出，SiC MOSFET 的开关速度要比 Si IGBT 快。

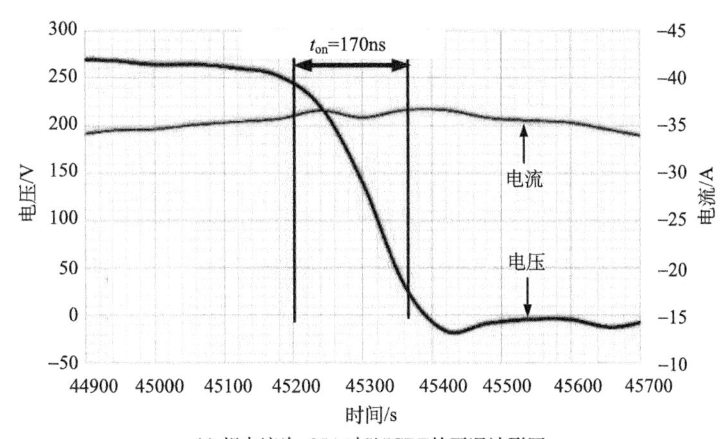

(a) 相电流为–35A时Si IGBT的开通波形图

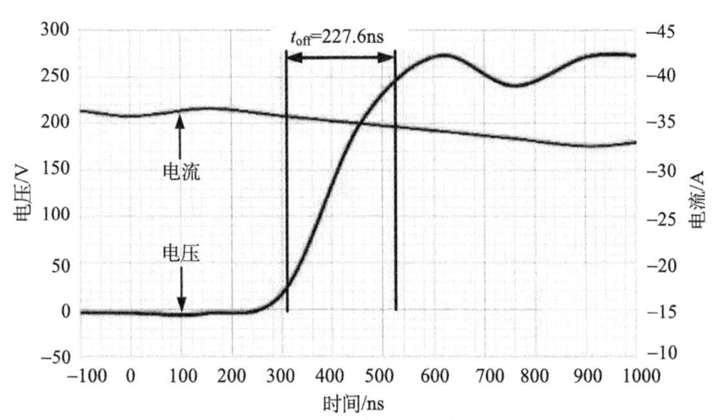

(b) 相电流为–35A时Si IGBT的关断波形图

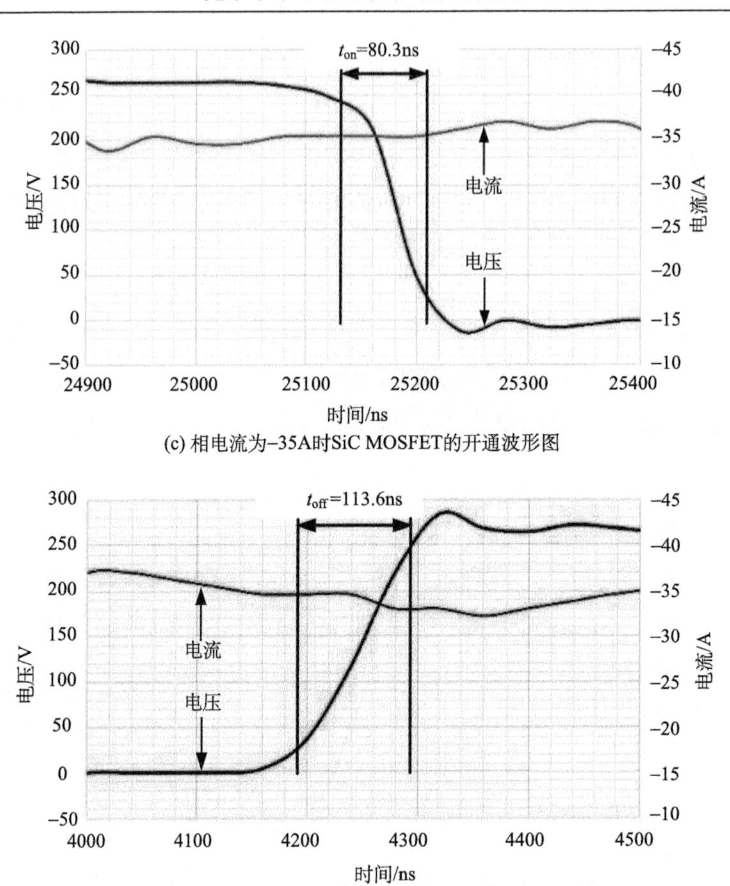

(c) 相电流为−35A时SiC MOSFET的开通波形图

(d) 相电流为−35A时SiC MOSFET的关断波形图

图 4-4　Si IGBT 和 SiC MOSFET 的开通关断波形图

4.2　逆变器输出电压非线性分析

为了能够更直观地分析 PMSM 驱动系统的电压畸变的原因，以如图 4-5 所示的逆变器中的单相作为研究对象，并推理到其他两相。在如图 4-5 所示的分析电路中，包括两个功率器件 S_{A_H} 和 S_{A_L}、两个反并联二极管 D_{A_H} 和 D_{A_L}，以及两个输出电容 C_{up} 和 C_{lo}。PWM 发生器发送 PWM 信号驱动功率开关器件工作，单相的输出端与电机的一相相连。定义输出电流 i_a 流进电机方向为电流正方向，如图 4-5(a)所示。由于电机的电感作用，在极短的开关周期内，单相输出电流近似为定值。

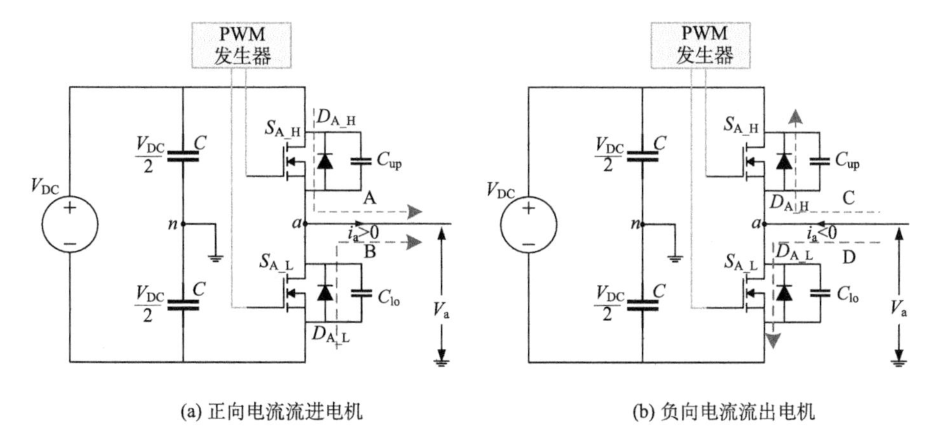

(a) 正向电流流进电机　　(b) 负向电流流出电机

图 4-5　考虑输出电容作用的电机逆变器单相电路示意图

4.2.1　管压降影响机理

相电流 i_a 的方向决定了功率器件(IGBT 或者 MOSFET)导通管压降对电压畸变的影响。因此按照以下 4 种情形进行分析。

如图 4-5(a)所示，当电流 $i_a>0$，电流流经通路 A，输出电压 V_a 可以表示为

$$V_a = V_{DC}/2 - V_T \tag{4-1}$$

式中，V_{DC} 为母线电压；V_T 为开关功率器件的管压降。

如图 4-5(a)所示，当电流 $i_a>0$，电流流经通路 B，输出电压 V_a 可以表示为

$$V_a = -V_{DC}/2 - V_D \tag{4-2}$$

式中，V_D 为反并联二极管正向导通压降。

如图 4-5(b)所示，当电流 $i_a<0$，电流流经通路 C，输出电压 V_a 可以表示为

$$V_a = V_{DC}/2 + V_D \tag{4-3}$$

如图 4-5(b)所示，当电流 $i_a<0$，电流流经通路 D，输出电压 V_a 可以表示为

$$V_a = -V_{DC}/2 + V_T \tag{4-4}$$

因此，输出电压是不对称的，当相电流 i_a 为正方向时，导通管压降使输出的相电压减小，当相电流 i_a 为负方向时，导通管压降使输出的相电压增加，如图 4-6 所示。

定义 V_{err} 为逆变器输出相电压畸变量，称其为“畸变电压”，用其表示实际输出相电压 V_a 与理想输出相电压 V_a^* 之间的差值：

$$V_{err} = V_a - V_a^* \tag{4-5}$$

因此，由管压降引起的畸变电压可以通过以下公式表示：

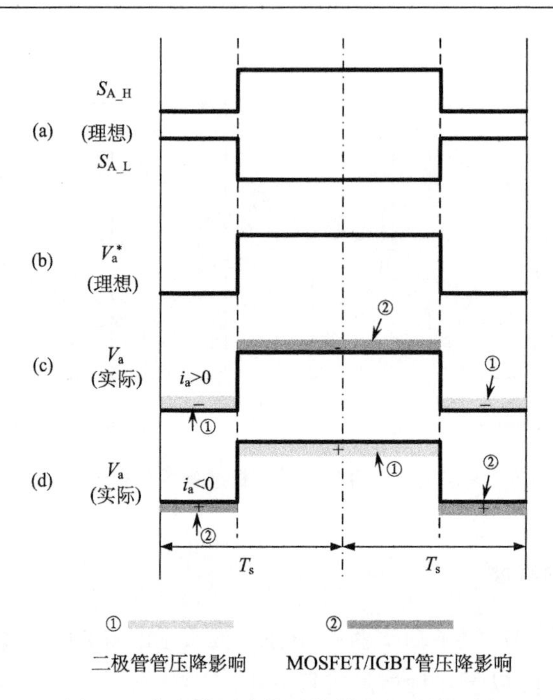

图 4-6　考虑管压降作用的输出电压波形图

当电流 i_a>0, $V_{err1}=-V_T\cdot D-V_D\cdot(1-D)$；当电流 i_a<0, $V_{err1}=V_T\cdot D+V_D\cdot(1-D)$；其中，$D$ 为占空比。

综上可得

$$V_{err1}=-[V_T\cdot D+V_D\cdot(1-D)]\cdot \mathrm{sign}(i_a) \tag{4-6}$$

其中，$\mathrm{sign}(i_n)=\begin{cases}1, & i_n>0\\ -1, & i_n<0\end{cases}$, n=a,b,c

根据三相电流方向关系，A 相平均畸变电压可以表示为

$$\begin{aligned}V_{as1}&=-[V_T\cdot D+V_D\cdot(1-D)]\cdot\{[2\mathrm{sign}(i_a)-\mathrm{sign}(i_b)-\mathrm{sign}(i_c)]/3\}\\&=\Delta V_1\cdot\{[2\mathrm{sign}(i_a)-\mathrm{sign}(i_b)-\mathrm{sign}(i_c)]/3\}\end{aligned} \tag{4-7}$$

4.2.2　死区时间影响机理

因为开关功率器件的开关时间是有限的，所以为了防止在同一桥臂上的开关功率器件同时导通，将在 PWM 栅极驱动信号之间加入一段死区时间，以保证系统安全运行。虽然死区时间非常短，但是它会导致输出的相电压和相电流发生畸变。

如图 4-5 所示，在死区时间内，同一桥臂的开关器件都处于关断状态，其中一个反并联二极管处于正向导通状态。如果电流为正方向，下桥臂的二极管导通，

反之，则上桥臂的二极管导通。因此，输出电压取决于 A 相电流正负方向，如图 4-7 所示。

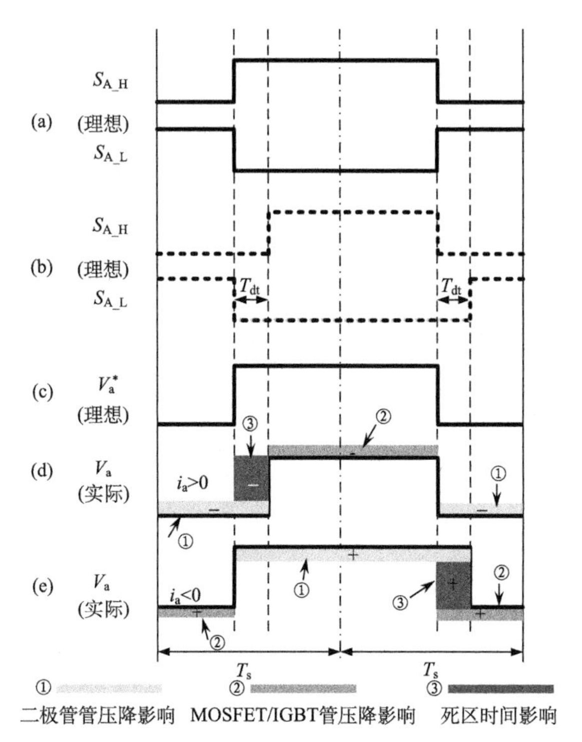

图 4-7　考虑管压降和死区时间作用的输出电压波形图

从图 4-7 中可以看出，在一个 PWM 控制信号周期内的栅极驱动信号、输出相电压波形和死区时间之间的变化规律。理想输出电压和实际输出电压之间的差异用阴影区域进行标记，并用符号“+”、“–”分别表示在一个采样周期 T_s 内平均输出电压的增加和减小。图 4-7(a)和(b)分别表示两个功率器件栅极驱动信号在理想的条件下和存在死区时间的电压波形图。根据相电流的正负方向，死区时间造成的畸变电压如图 4-7(d)和(e)所示。当 $i_a>0$ 时，同一桥臂的两个开关功率器件在死区时间 T_{dt} 内处于关断状态，下桥臂的反并联二极管导通，输出电压 V_a 被下拉到 $-V_{DC}/2$ 直至死区时间结束。因此，死区时间引起的平均畸变电压可以表示为

$$V_{err2} = -V_{DC} \cdot T_{dt}/(2T_s) \tag{4-8}$$

当 $i_a<0$ 时，同一桥臂的两个开关功率器件在死区时间 T_{dt} 内处于关断状态，上桥臂的反并联二极管导通，输出电压 V_a 被上拉到 $V_{DC}/2$ 直至死区时间结束。因

此，死区时间引起的平均畸变电压可以表示为

$$V_{\text{err}2} = V_{\text{DC}} \cdot T_{\text{dt}} / (2T_{\text{s}}) \tag{4-9}$$

因此，联立式(4-8)和式(4-9)，用相电流正负方向表示畸变电压为

$$V_{\text{err}2} = [-V_{\text{DC}} \cdot T_{\text{dt}} / (2T_{\text{s}})] \cdot \text{sign}(i_n) \tag{4-10}$$

根据三相电流方向关系，死区时间作用下的 A 相平均畸变电压可以表示为

$$\begin{aligned} V_{\text{as2}} &= [-V_{\text{DC}} \cdot T_{\text{dt}} / (2T_{\text{s}})] \cdot \{[2\text{sign}(i_{\text{a}}) - \text{sign}(i_{\text{b}}) - \text{sign}(i_{\text{c}})]/3\} \\ &= \Delta V_2 \cdot \{[2\text{sign}(i_{\text{a}}) - \text{sign}(i_{\text{b}}) - \text{sign}(i_{\text{c}})]/3\} \end{aligned} \tag{4-11}$$

4.2.3 开关延迟时间影响机理

除了管压降和死区时间影响，电压畸变(V_{err})还受到开关时间的影响。如图 4-8 所示，开通时间(T_{on})由开通延迟时间($T_{\text{d(on)}}$)和上升时间(T_{r})组成，关断时间(T_{off})由关断延迟时间($T_{\text{d(off)}}$)和下降时间(T_{f})组成。开关延迟时间与阈值电压和栅源极(栅射极)时间常数密切相关，上升、下降时间则受母线电压、输出电容和相电流等影响。

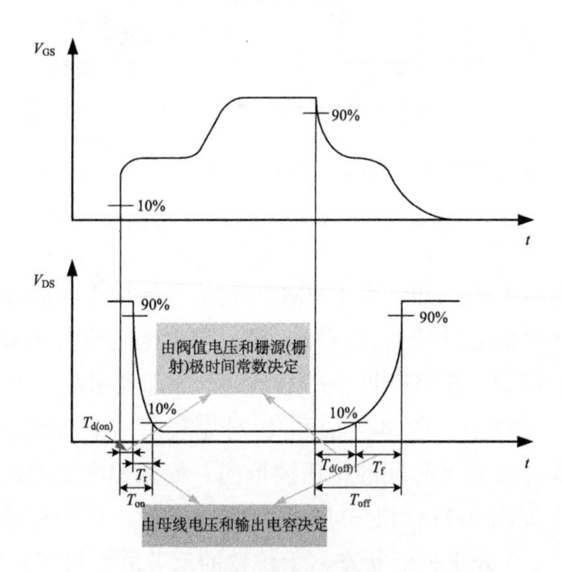

图 4-8　开关时间定义

首先对开关延迟时间引起的电压畸变建立数学模型，当 $i_{\text{a}}>0$ 时，死区时间结束后，上桥臂开关器件开始导通。输出电压 V_{a} 保持为$-V_{\text{DC}}/2$ 直至开关器件开通延迟过程结束，如图 4-9(d)中阴影区域④所示，开通延迟过程结束后，输出电压 V_{a} 被上拉至 $V_{\text{DC}}/2$，阴影区域表示关断延迟时间对输出电压的影响。

因此，当 $i_a>0$，开关延迟时间引起的平均畸变电压可以表示为

$$V_{err3} = (-V_{DC} \cdot T_{d(on)} + V_{DC} \cdot T_{d(off)})/(2T_s) = V_{DC} \cdot (T_{d(off)} - T_{d(on)})/(2T_s) \tag{4-12}$$

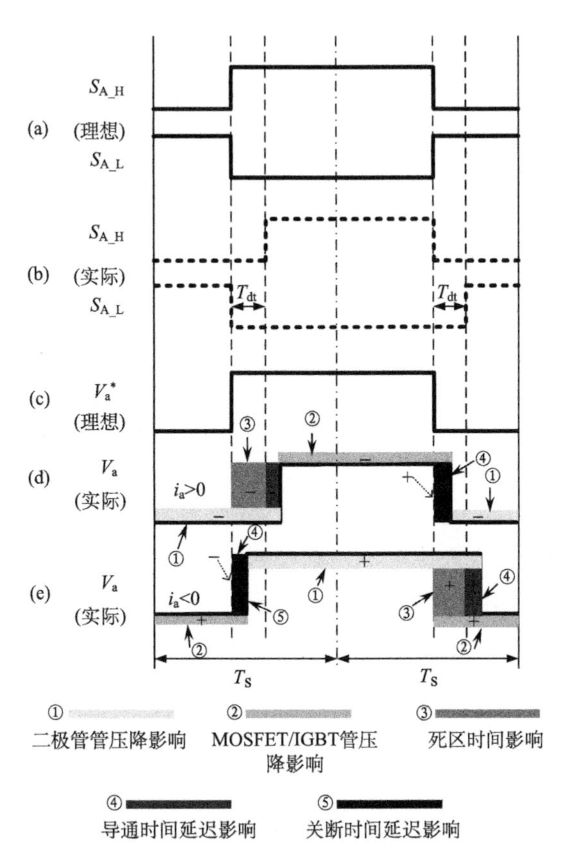

图 4-9　考虑管压降、死区时间和开关延迟时间作用的输出电压波形图

当 $i_a<0$，如图 4-9(e)所示，阴影区域⑤表示下桥臂开关器件的关断延迟过程对输出电压的影响。在死区时间结束瞬间，下桥臂开关功率器件开始导通，输出电压仍然保持为 $V_{DC}/2$，直到开通延迟过程结束，电压畸变量如图 4-9(e)阴影区域④所示。开通延迟过程结束后，输出电压 V_a 又被下拉到$-V_{DC}/2$，所以，当 $i_a<0$ 时，开关延迟时间引起的平均畸变电压可以表示为

$$V_{err3} = (V_{DC} \cdot T_{d(on)} - V_{DC} \cdot T_{d(off)})/(2T_s) = -V_{DC} \cdot (T_{d(off)} - T_{d(on)})/(2T_s) \tag{4-13}$$

综上所述，联立公式(4-12)和(4-13)，用相电流正负方向表示畸变电压为

$$V_{err3} = [(T_{d(off)} - T_{d(on)}) / (2T_s)] \cdot V_{DC} \cdot \mathrm{sign}(i_a) \tag{4-14}$$

根据三相电流方向关系，开关延迟时间作用下的 A 相平均畸变电压可以表

示为

$$\begin{aligned}V_{\text{as3}} &= [(T_{\text{d(off)}} - T_{\text{d(on)}})/(2T_{\text{s}})] \cdot V_{\text{DC}} \cdot \{[2\text{sign}(i_{\text{a}}) - \text{sign}(i_{\text{b}}) - \text{sign}(i_{\text{c}})]/3\} \\ &= \Delta V_3 \cdot \{[2\text{sign}(i_{\text{a}}) - \text{sign}(i_{\text{b}}) - \text{sign}(i_{\text{c}})]/3\}\end{aligned} \tag{4-15}$$

4.2.4 输出电容影响机理

逆变器中单相桥臂的输出电容如图 4-5 所示，在死区时间 T_{dt} 内，输出电流 i_{a} 将通过反并联二极管对输出电容进行充放电。以图 4-5(a)中路径 B 为例，在 $S_{\text{A\_H}}$ 关断、$S_{\text{A\_L}}$ 停止导通瞬态，输出电流 i_{a} 为正方向，如果没有输出电容的作用，i_{a} 应该流经 $D_{\text{A\_L}}$，使输出电压 V_{a} 直接下拉到$-V_{\text{DC}}/2$，但是，由于输出电容的存在，下桥臂输出电容进行放电，上桥臂输出电容处于充电状态，所以输出电压 V_{a} 的下降沿并不是笔直的，而是呈斜坡状下降的。

通过对比充放电时间与死区时间的大小，由输出电容引起的电压畸变可以分为两种情况，如果输出电流 i_{a} 的绝对值足够大，则电容充放电将在死区时间内完成，电容引起的电压误差为三角形，如图 4-10(d)和(e)所示；如果 i_{a} 的绝对值较小，电容充放电时间大于死区时间，则在死区时间结束后电压将跳变，电容引起的电压误差为梯形，如图 4-10(f)和(g)所示。两种情况存在临界点，在死区时间结束时，电容充电或放电的时间刚好结束。以路径 B 的情况为例，临界电流 I_{thr} 表达式推导如下。

电流对电容充电公式为

$$I = C\,\text{d}v/\text{d}t = C(V_2 - V_1)/(t_2 - t_1) \tag{4-16}$$

式中，V_1 为 t_1 时刻电容两端电压；V_2 为 t_2 时刻电容两端电压。在临界状态下，t_1=0，t_2=T_{dt}，考虑 MOSFET 和二极管的管压降，C_{lo} 和 C_{up} 两端初始和终止电压值为

$$\begin{cases} V_{\text{clo}}(0) = -V_{\text{DC}}/2 + V_{\text{M}} \\ V_{\text{clo}}(T_{\text{dt}}) = -V_{\text{DC}}/2 + V_{\text{D}} \end{cases} \tag{4-17}$$

$$\begin{cases} V_{\text{cup}}(0) = -V_{\text{DC}}/2 - (-V_{\text{D}}) \\ V_{\text{cup}}(T_{\text{dt}}) = -V_{\text{DC}}/2 + V_{\text{M}} \end{cases} \tag{4-18}$$

联立式(4-16)～式(4-18)，可求得临界电流值 I_{thr} 为

$$I_{\text{thr}} = [2C_{\text{oss}}(V_{\text{DC}} + V_{\text{D}} - V_{\text{M}})]/T_{\text{dt}} \tag{4-19}$$

如图 4-10 所示，由电容引起的电压畸变共有 4 种情况，分别计算出图 4-10(d)～(g)中点状阴影区域的面积，可得到由电容引起的电压畸变表达式 V_{err4}。

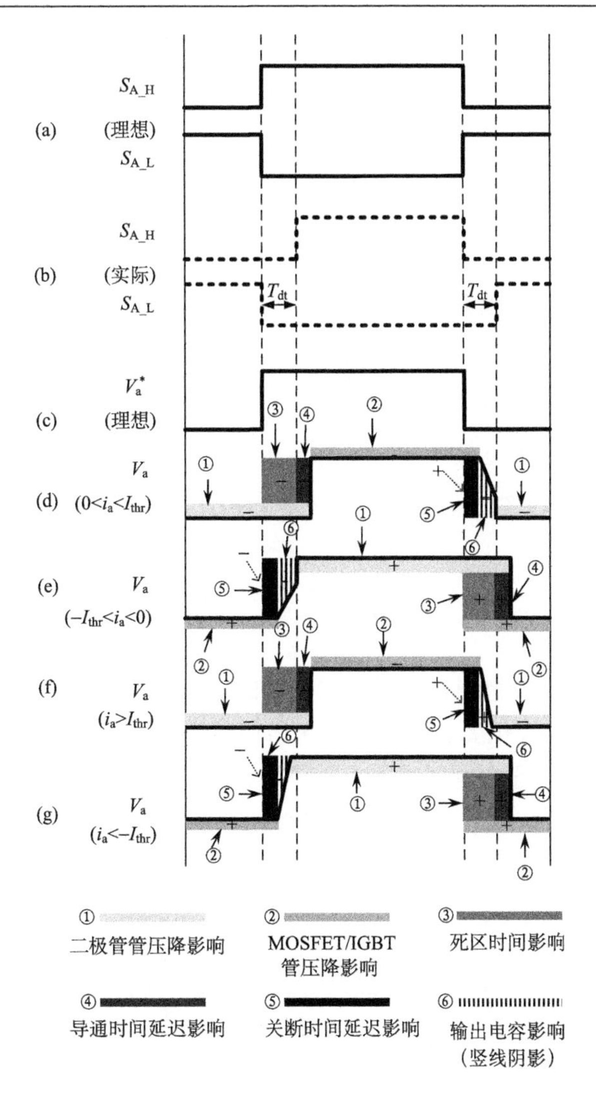

图 4-10　考虑管压降、死区时间、开关延迟时间及输出电容作用的输出电压波形图

当 $0<i_a<I_{thr}$，

$$V_{err4}=[(V_{DC}+V_D-V_M)\cdot T_{dt}-(|i_a|\cdot T_{dt}^2)/4C_{oss}]/T_s \tag{4-20}$$

当 $i_a>I_{thr}$，

$$V_{err4}=[C_{oss}\cdot(V_{DC}+V_D-V_M)^2/|i_a|]/T_s \tag{4-21}$$

当$-I_{thr}<i_a<0$，

$$V_{err4}=[-(V_{DC}+V_D-V_M)\cdot T_{dt}+(|i_a|\cdot T_{dt}^2)/4C_{oss}]/T_s \tag{4-22}$$

当 $i_a<-I_{thr}$，

$$V_{\text{err4}} = [-C_{\text{oss}} \cdot (V_{\text{DC}} + V_{\text{D}} - V_{\text{M}})^2 / |i_{\text{a}}|] / T_{\text{s}} \tag{4-23}$$

利用符号函数 sign (i_a)，联立式(4-20)～式(4-23)，电压畸变可以表示为

$$V_{\text{err4}} = \begin{cases} \{[(V_{\text{DC}} + V_{\text{D}} - V_{\text{M}}) \cdot T_{\text{dt}} - (|i_{\text{a}}| \cdot T_{\text{dt}}^2)/4C_{\text{oss}}]/T_{\text{s}}\} \cdot \text{sign}(i_{\text{a}}), & |i_{\text{a}}| < I_{\text{thr}} \\ \{[C_{\text{oss}} \cdot (V_{\text{DC}} + V_{\text{D}} - V_{\text{M}})^2 / |i_{\text{a}}|]/T_{\text{s}}\} \cdot \text{sign}(i_{\text{a}}), & |i_{\text{a}}| > I_{\text{thr}} \end{cases} \tag{4-24}$$

在实际应用中，相电流 i_a 的幅值远大于临界电流 I_{thr}，因此，电压畸变 V_{err4} 可以简化为

$$V_{\text{err4}} = \left\{\left[C_{\text{oss}} \cdot (V_{\text{DC}} + V_{\text{D}} - V_{\text{M}})^2 / |i_{\text{a}}|\right] / T_{\text{s}}\right\} \cdot \text{sign}(i_{\text{a}}) \tag{4-25}$$

根据三相电流方向关系，输出电容作用下的 A 相平均畸变电压可以表示为

$$V_{\text{as4}} = \{[C_{\text{oss}} \cdot (V_{\text{DC}} + V_{\text{D}} - V_{\text{M}})^2] / 3T_{\text{s}}\} \cdot (2/i_{\text{a}} - 1/i_{\text{b}} - 1/i_{\text{c}}) \tag{4-26}$$

4.3　电压震荡产生机理

相电压波形还会受到电路中的杂散电感的影响，如图 4-11(a)所示，器件内部存在杂散电感 L_G、L_D 和 L_S，母线上总杂散电感等效于一个 L_{loop}，因此，功率器件开关的快速性将会导致电压过冲或者开关震荡。本节采用单个 SiC MOSFET 的开关瞬态的电阻-电感-电容(RLC)等效模型进一步分析逆变器电压过冲的原因[16]。

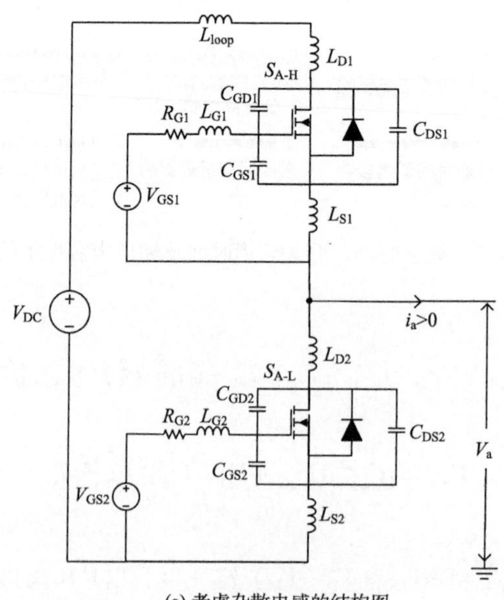

(a) 考虑杂散电感的结构图

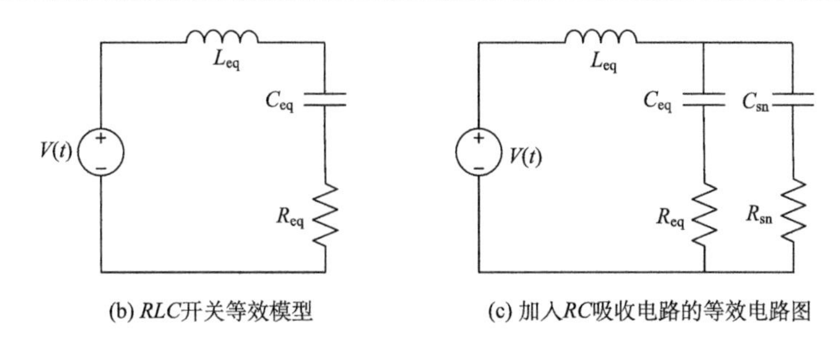

(b) RLC开关等效模型　　(c) 加入RC吸收电路的等效电路图

图 4-11 考虑电感作用的逆变器单相结构简图

如图 4-11(b)所示，建立功率器件关断过程的等效模型，图中等效电容 C_{ep} 可以表示为

$$C_{eq} = \frac{C_{DS}C_{GS} + C_{DS}C_{GD} + C_{GS}C_{GD}}{C_{GS}} \tag{4-27}$$

式中，$C_{GD} = C_{rss}$；$C_{DS} = C_{oss} - C_{GD}$；$C_{GS} = C_{iss} - C_{GD}$。输入电容 C_{iss}、输出电容 C_{oss} 和反向传输电容 C_{rss} 可以从器件各自相应的数据表中获得，再计算出各极间电感。

等效电阻 R_{ep} 可以表示为

$$R_{eq} = R_G \cdot \frac{\left(\omega_{off} L_S - \dfrac{1}{\omega_{off} C_S}\right)^2}{R_G^2 + \left(\omega_{off} L_G + \omega_{off} L_S - \dfrac{1}{\omega_{off} C_G} - \dfrac{1}{\omega_{off} C_S}\right)^2} \tag{4-28}$$

式中，R_G 为栅极内部电阻，$C_S = \dfrac{C_{DS}C_{GS} + C_{DS}C_{GD} + C_{GS}C_{GD}}{C_{GD}}$；$C_G = \dfrac{C_{DS}C_{GS} + C_{DS}C_{GD} + C_{GS}C_{GD}}{C_{DS}}$；$\omega_{off} \approx \dfrac{1}{\sqrt{(L_{eq} + L_S)\cdot(C_{GD} + C_{GS})}}$，$L_{eq} = L_{loop} + 2L_D + L_S$。

根据功率器件关断过程的二阶电路等效模型，输出电压的传递函数可以表示为

$$G_1(s) = \frac{R_{eq}C_{eq}\cdot s + 1}{L_{eq}C_{eq}\cdot s^2 + R_{eq}C_{eq}\cdot s + 1} \tag{4-29}$$

二阶开关电路通常处于欠阻尼状态，这就意味着输出相电压将会发生过冲，甚至可能会破坏系统的性能。因此，可以设计如图 4-11(c)所示的 RC 吸收电路来抑制关断过程中出现的过冲电压。将二阶电路转化为三阶电路，通过选择合适的 R_{sn} 和 C_{sn}，可以将欠阻尼状态转化为临界阻尼状态或者过阻尼状态，可以抑制过冲电压。

经过整理后，三阶电路的输出电压传递函数可以表示为

$$G_2(s)=\frac{R_{eq}R_{sn}C_{eq}C_{sn}\cdot s^2+(R_{eq}C_{eq}+R_{sn}C_{sn})\cdot s+1}{(R_{eq}+R_{sn})L_{eq}C_{eq}C_{sn}\cdot s^3+[(C_{eq}+C_{sn})L_{eq}+R_{eq}R_{sn}C_{eq}C_{sn}]\cdot s^2+(R_{eq}C_{eq}+R_{sn}C_{sn})\cdot s+1} \tag{4-30}$$

二阶电路和三阶电路的阶跃响应的仿真结果波形如图 4-12 所示。从结果可以看出，在加入吸收电路之后，输出电压过冲最大值减小 75.4%，电压震荡次数也大大减小。因此，在实际逆变器应用中，将加入吸收电路来抑制电压过冲。

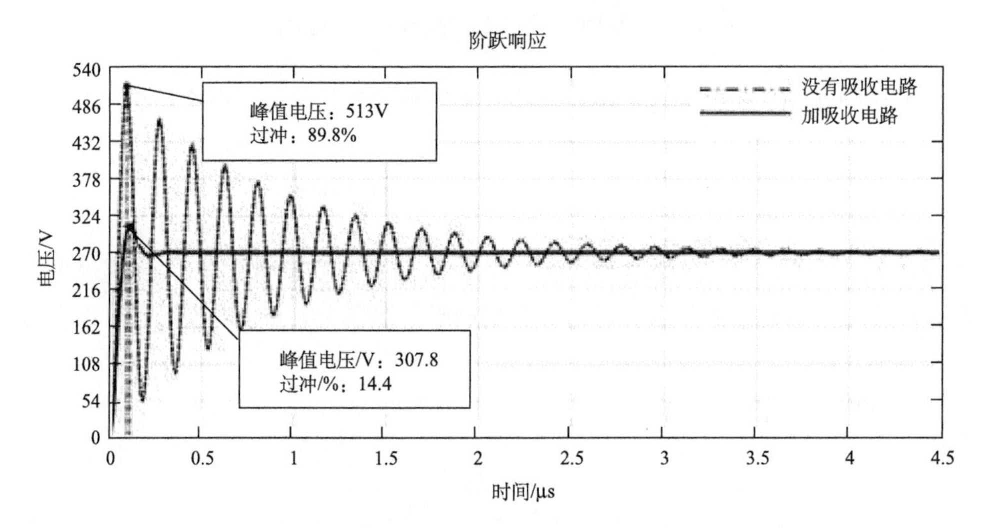

图 4-12　SiC MOSFET 在关断瞬态漏源极电压震荡波形

下面介绍一个加入吸收电路来抑制电压过冲的设计实例。

由于开关过程中较大的电流变化率 di/dt，当母线电压为 270V 时，电压过冲甚至能够达到 100V，这对于高性能电机驱动而言是不可接受的。因此，在 IGBT 和 MOSFET 模块上安装了如图 4-13(a)所示的吸收电容。吸收电容能够很好地抑制电压的过冲，如图 4-13(b)所示。Si 驱动系统和 SiC 驱动系统的电压过冲量分别为 5V 和 13.3V。

根据 4.2.1～4.2.4 节的分析方法，输出电压平均畸变量可以表示为相电流符号函数：

$$V_{err3}=[\Delta V_{os}T_r/(4T_s)]\cdot \text{sign}i_a \tag{4-31}$$

电压过冲对输出电压的影响如图 4-14 所示，A 相输出电压畸变量可以表示为三相电流符号函数：

$$\begin{aligned}V_{as5}&=[\Delta V_{os}T_r/(4T_s)]\cdot\{[2\text{sign}i_a-\text{sign}i_b-\text{sign}i_c]/3\}\\&=\Delta V_5\cdot\{[2\text{sign}i_a-\text{sign}i_b-\text{sign}i_c]/3\}\end{aligned} \tag{4-32}$$

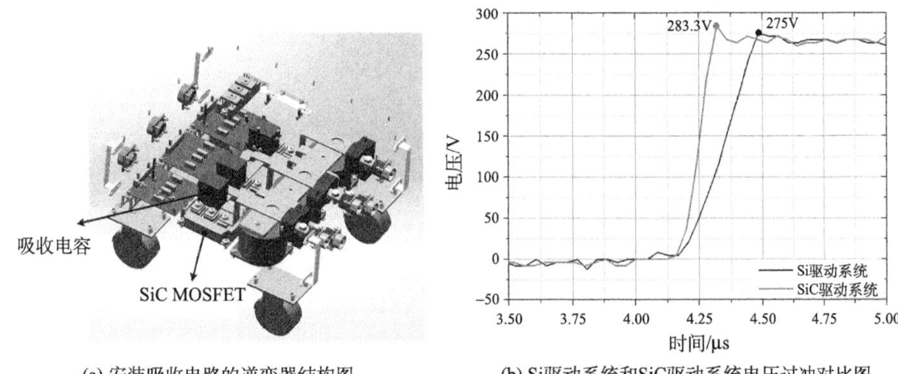

(a) 安装吸收电路的逆变器结构图　　(b) Si驱动系统和SiC驱动系统电压过冲对比图

图 4-13　逆变器结构及实验波形

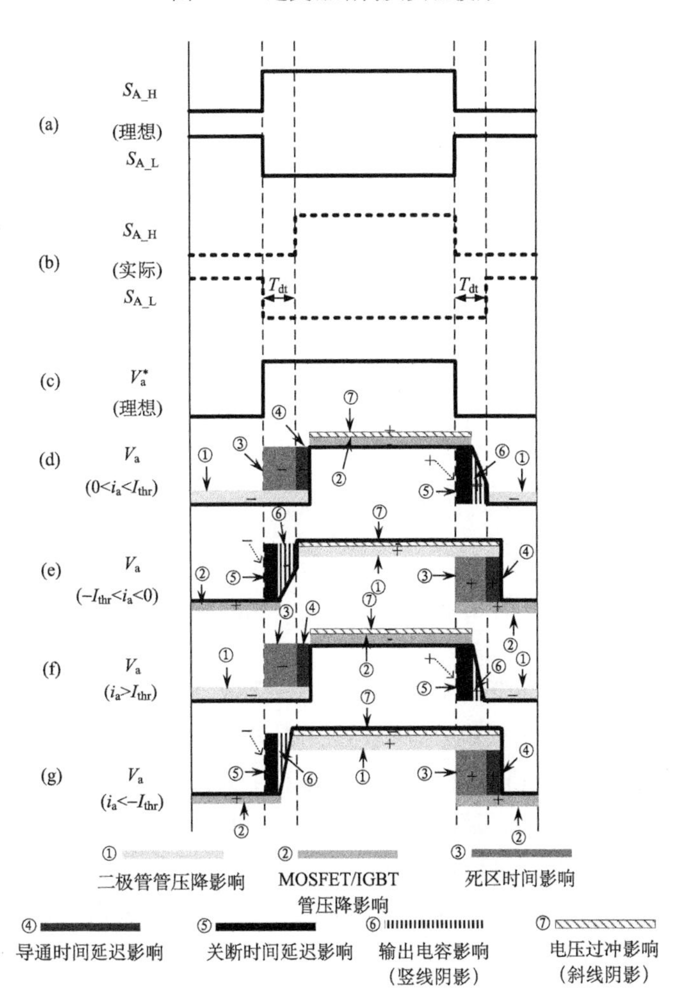

图 4-14　考虑管压降、死区时间、开关延迟时间、输出电容及电压过冲作用的输出电压波形图

综上所述，由导通管压降、死区时间、开关延迟时间、输出电容及电压过冲等因素引起了相电压的畸变，得到了 $V_{as1} \sim V_{as5}$ 的平均电压畸变表达式，从平均电压畸变表达式可以看出，电压畸变随相电流变化而周期性变化。如图 4-15 所示，死区时间、管压降和电压过冲作用使相电压减小，而开关延迟时间和输出电容使相电压增大，黑色实线代表相电压实际值。

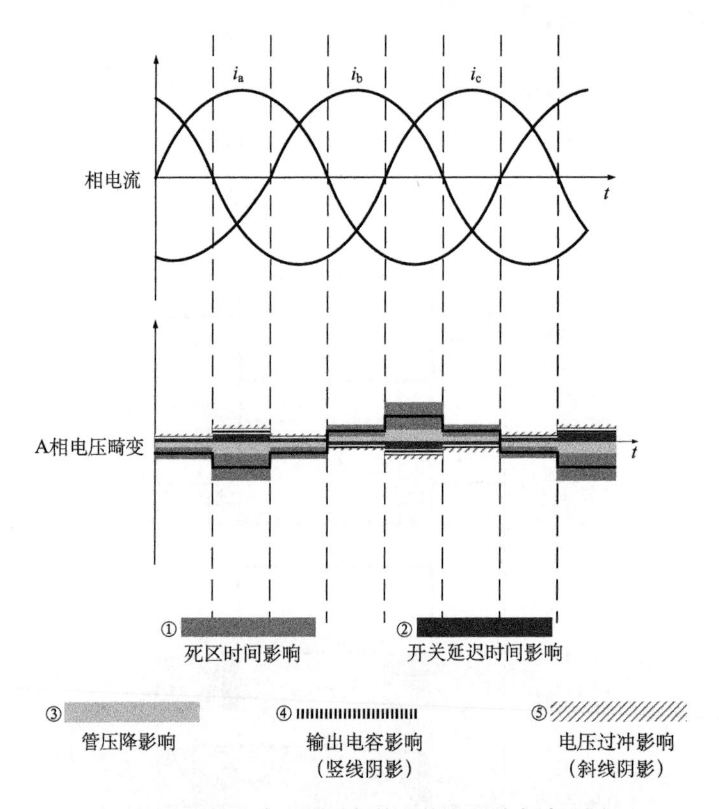

图 4-15　由五个方面引起的平均电压畸变波形图

根据 4.1～4.3 节对逆变器中功率器件特性及电压过冲的探究，计算得到了 Si 和 SiC 驱动系统的电压畸变量。由不同因素所引起的电压畸变量如表 4-2 所示，对应设置的驱动系统的死区时间分别为 2μs 和 1.5μs。死区时间和管压降使输出电压减小，而开关延迟时间、输出电容和电压过冲使输出电压增大。这其中死区时间的作用最为明显，与 Si 驱动系统相比，SiC 驱动系统的相电压畸变量更小，这是 SiC MOSFET 更为快速的开关速度、更小的导通压降和输出电容作用的结果[17]。

表 4-2　由不同因素引起的电压畸变量　（单位：V）

	SiC 驱动系统电压畸变平均值	Si 驱动系统电压畸变平均值	差异值
死区时间作用	−4.05	−5.40	−1.35
开关延迟时间作用	0.13	0.21	0.08
管压降作用	−0.24	−1.59	−0.64
输出电容作用	0.27	0.29	0.02
电压过冲作用	0.0299	0.0143	−0.0156
综合作用	−3.86	−6.48	−2.62

由于实验中所应用的开关频率较低（15kHz），所以开关延迟时间、输出电容及电压过冲作用较小，但是，当 SiC MOSFET 应用于能够工作在很高的开关频率下（高达几百 kHz）的高速电机时，这些因素就会较为明显地影响逆变器输出的非线性[18-20]。

4.4　本章小结

本章分析了由器件特性所引起的逆变器输出相电压畸变，建立了电压畸变的数学模型，从导通管压降、死区时间、开关延迟时间、输出电容和电压过冲等 5 个方面对产生畸变的原因进行定量分析。理论和实验的结果表明，SiC MOSFET 具有的器件特性使得其逆变器输出电压畸变量与 Si IGBT 相比更小。

参考文献

[1] 聂新. 碳化硅功率器件在永磁同步电机驱动器中的应用研究[D]. 南京：南京航空航天大学, 2015.

[2] Hazra S, De A, Cheng L, et al. High switching performance of 1700-V, 50-A SiC power MOSFET over Si IGBT/BiMOSFET for advanced power conversion applications[J]. IEEE Transactions on Power Electronics, 2016, 31(7): 4742-4754.

[3] 陆珏晶. 碳化硅 MOSFET 应用技术研究[D]. 南京：南京航空航天大学, 2013.

[4] Jordan J, Esteve V, Sanchis-Kilders E, et al. A comparative performance study of a 1200 V Si and SiC MOSFET intrinsic diode on an induction heating inverter[J]. Power Electronics, IEEE Transactions on, 2014, 29(5): 2550-2562.

[5] Aghdam M G H, Thiringer T. Comparison of SiC and Si power semiconductor devices to be used in 2. 5 kW DC/DC converter[C]//International Conference on Power Electronics & Drive Systems. Taipei, 2010.

[6] Hamada K, Nagao M, Ajioka M, et al. SiC-emerging power device technology for next-generation electrically powered environmentally friendly vehicles[J]. IEEE Transactions on

Electron Devices, 2015, 62(2): 278-285.

[7] Sepe R B, Lang J H. Inverter nonlinearities and discrete-time vector current control[J]. IEEE Transactions on Industry Applications, 1994, 30(1): 62-70.

[8] Choi J W, Sul S K. Inverter output voltage synthesis using novel dead time compensation[J]. IEEE Transactions on Power Electronics, 1996, 11(2): 221-227.

[9] Guerrero J M, Leetmaa M, Briz F, et al. Inverter nonlinearity effects in high-frequency signal-injection-based sensorless control methods[J]. IEEE Transactions on Industry Applications, 2005, 41(2): 618-626.

[10] Wang Y, Gao Q, Cai X. Mixed PWM for Dead-Time Elimination and compensation in a Grid-Tied Inverter[J]. IEEE Transactions on Industrial Electronics,2011, 58(10): 4797-4803.

[11] Bedetti N, Calligaro S, Petrella R. Self-commissioning of Inverter Dead-Time Compensation by Multiple Linear Regression Based on a Physical Model[J]. IEEE Transactions on Industry Applications, 2015, 51(5): 3954-3964.

[12] Hwang S H, Kim J M. Dead time compensation method for voltage-fed PWM inverter[J]. IEEE Transactions on Energy Conversion, 2010, 25(1): 1-10.

[13] Zhang Z, Xu L. Dead-Time Compensation of Inverters Considering Snubber and Parasitic Capacitance[J]. IEEE Transactions on Power Electronics, 2014, 29(6): 3179-3187.

[14] Chen Z, Yao Y, Boroyevich D, et al. A 1200-V, 60-A SiC MOSFET multichip phase-leg module for high-temperature, high-frequency applications[J]. IEEE Transactions on Power Electronics, 2014, 29(5): 2307-2320.

[15] Biela J, Schweizer M, Waffler S, et al. SiC versus Si—evaluation of potentials for performance improvement of inverter and DC–DC converter systems by SiC power semiconductors[J]. Industrial Electronics IEEE Transactions on, 2011, 58(7): 2872-2882.

[16] Liu T, Ning R, Wong T T Y, et al. Modeling and analysis of SiC MOSFET switching oscillations[J]. IEEE Journal of Emerging & Selected Topics in Power Electronics, 2017, 4(3): 747-756.

[17] Ding X, Du M, Duan C, et al. Analytical and experimental evaluation of SiC-inverter nonlinearities for traction drives used in electric vehicles[J]. IEEE Transactions on Vehicular Technology, 2018, 67(1): 146-159.

[18] 杜敏. 基于 SiC MOSFET 的高性能电驱动研究[D]. 北京: 北京航空航天大学, 2015.

[19] Ding X, Du M, Zhou T, et al. Comprehensive comparison between SiC-MOSFETs and Si-IGBTs based electric vehicle traction systems under low speed and light load[J]. Energy Procedia, 2016, 88: 991-997.

[20] Ding X, Du M, Zhou T, et al. Comprehensive comparison between silicon carbide MOSFETs and silicon IGBTs based traction systems for electric vehicles[J]. Applied Energy, 2016, 194: 626-634.

第5章　宽禁带功率器件对电机性能的影响

相比于 Si IGBT，由于 SiC 材料具有宽禁带特性，SiC MOSFET 具有更快的开关速度和更高的工作结温，更高的工作结温有利于减小 PMSM 驱动器的体积，更优越的开关特性在减小死区效应的影响的同时提高系统的开关频率，从而减小驱动系统由于开关器件在开关过程中的非线性造成的谐波影响。21 世纪初，SiC 器件取代 Si 器件的相关研究逐渐受到广大学者的重视。国内外学者通过对比基于 Si 功率器件的驱动器，突显了基于 SiC MOSFET 的驱动器具有更高效率的特点[1,2]。但是相关研究主要局限于效率分析，对于应用在驱动器中的 SiC MOSFET，其器件特性对电机系统动态响应性能等因素的影响，目前仍未有深入的对比分析，因此，需要明晰 SiC MOSFET 特性的提升对 PMSM 性能的影响。

轴承电流(简称轴电流)是电机正常工作时流经轴承的电流，会使轴承出现电腐蚀现象，导致轴承寿命缩短、轴承故障风险提高等问题。目前针对轴电流产生机理及其抑制方法的研究主要集中于传统硅功率器件，然而 SiC 功率器件的使用会导致更为严重的轴电流问题，因此针对 SiC 功率器件展开电机轴电流的研究具有重要意义。

5.1　SiC MOSFET 对电机损耗的影响

PMSM 工作时产生的损耗可以分为三类，分别是绕组铜损耗、铁损耗及机械损耗。铜损耗的产生原因是电流流过电机绕组时产生的焦耳热。当绕组中通入交流电时，随着电流频率升高，趋肤效应与邻近效应将引起电流沿导线截面分布不均匀，使交流铜损耗增加。铁损耗是电机内部磁场变化造成的损耗，一般包括磁滞损耗、涡流损耗及部分附加损耗。机械损耗包括转子与空气摩擦产生的损耗以及轴承之间反擦造成的损耗等。

PMSM 的转子是永磁体，转子上没有绕组，因此不存在转子绕组铜耗，只有定子绕组的铜损耗。永磁同步电机的转子磁极以同步转速在电机内部旋转，与定子绕组主磁场的旋转速度相等，转子铁耗的数值较小，可以不予考虑，因此可以将定子铁心硅钢片中的铁损耗作为全部的铁损耗计算。机械损耗可根据类比或根据经验公式获得，在此不做深入介绍。

在逆变器驱动 PMSM 系统中，引起 PMSM 损耗的主要原因之一就是电机输入电流(即逆变器输出电流)中存在大量谐波。若电机输入电流的谐波含量减少，那么其正弦度将得到提升，电机损耗也会减小。

本节在考虑了 SiC 与 Si 逆变器输出电流中的谐波含量对电机损耗可能造成的影响，主要分析 PMSM 中定子绕组的铜损耗与铁损耗。

5.1.1 铜损耗

永磁同步电机定子中通有三相对称的交流电，除了由焦耳定律计算获得的基本铜损耗之外，交变电流将在导体中产生趋肤效应与邻近效应，从而形成额外的绕组交流铜损耗。

1. 基本铜耗

根据焦耳定律，电机绕组铜损耗的主要影响因素有二：其一是电机绕组内通过的电流值，其二是定子绕组的电阻值，解析表达式如下：

$$P_{\mathrm{DC}} = \sum_{i=1}^{m} I_i^2 R_{\mathrm{DC}} \tag{5-1}$$

式中，P_{DC} 为电流均匀分布于绕组截面时的绕组铜损耗；I_i 为单相绕组内通过的相电流有效值；R_{DC} 为单相绕组的直流电阻阻值。

从式(5-1)可以看出，计算电机绕组铜耗的关键是准确测量绕组中通过的电流值及绕组阻值。电机运行过程中，电流流过绕组产生的铜耗实质上是焦耳热，这部分热能将使电机的温度升高，温度升高将增大电机的绕组阻值，从而造成铜损耗进一步增加。因此，在计算电机绕组的铜损耗时，有必要将电机稳态运行时的绕组温度纳入考虑，如式(5-2)所示：

$$R_{\mathrm{DC}} = R_0[1 + \alpha(T - T_0)] \tag{5-2}$$

式中，R_0 为温度在 T_0 时的绕组阻值；α 为绕组材料在当前温度下的温度系数；T 为电机稳态温度下的绕组温度；T_0 为实验开始前的绕组温度。

在考虑了温度对电阻的影响后，一定程度上可以准确地计算绕组的基本铜耗，但基本铜耗是在认为电流在导体截面上均匀分布的基础上计算的。PMSM 工作时，定子绕组中通有经逆变器变换的三相对称的交流电，其中含有大量谐波成分，这部分谐波将造成导线横截面上电流分布不均匀，从而产生额外的损耗，因此有必要考虑导线的趋肤效应与邻近效应对绕组铜耗的影响。

2. 趋肤效应和邻近效应对铜耗的影响

1) 趋肤效应对铜耗的影响

电机绕组中的电流周期性变化时，将在导线周围感应出变化的磁场，这部分感应磁场也将在导线内部产生感应电流。感应电流与导线中原本存在的电流叠加，共同构成了导线内总的电流分布。叠加后导线中的交变电流趋于导线表面分布，绕组有效载流面积减小，等效电阻增大，这种现象被称为导体电流的趋肤效应。

在导电介质中传播的电磁场，其场强将随进入导体的深度以指数规律不断衰减。当电磁波在导体内部的场强大小衰减至表面场量数值的 36.8%时，我们认为电磁波不再沿导体径向传播，并将这一径向传播深度定义为透入深度，具体表达式如下：

$$\delta = \frac{1}{\sqrt{\pi f \mu \sigma}} = \sqrt{\frac{2}{\mu \omega \sigma}} \tag{5-3}$$

式中，f 为电磁波的频率；ω 为电磁波的角频率；μ 为导电介质的磁导率；σ 为导电介质的电导率。

由(5-3)可知，导线的透入深度与频率的平方根成反比，透入深度与电磁波频率的关系如图 5-1 所示。

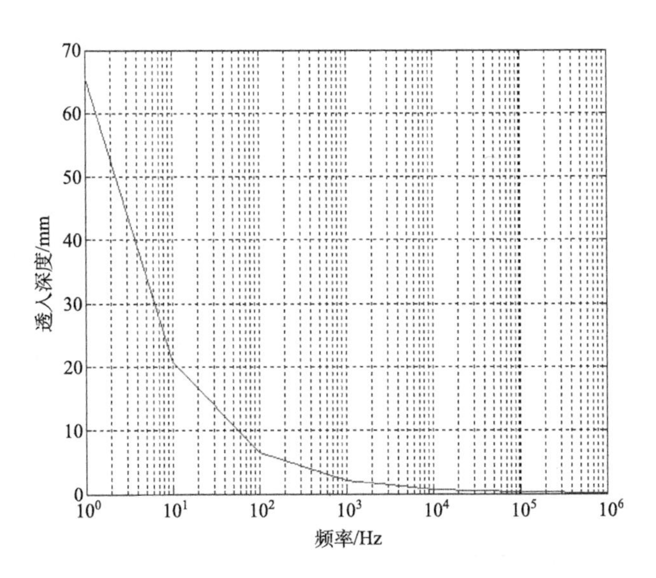

图 5-1　透入深度与电磁波频率的关系图

当电机绕组中通有交变电流时，在趋肤效应的影响下，电流将趋于导体表面分布。此时导线的有效载流面积将显著减小，因此导线的等效电阻会增加，其数值大致相当于电流集中于导体表面到透入深度δ的环形区域时的直流电阻。随着频率增加，环形区域的宽度减小，绕组表面的电流密度增加，绕组损耗增大。

单根圆形导体受趋肤效应的影响程度可用解析表达式定量表示[3]：

$$R_{\mathrm{SE}}=\frac{R_{\mathrm{DC}}}{2}\frac{\mathrm{ber}(\gamma)\mathrm{ber}'(\gamma)-\mathrm{bei}(\gamma)\mathrm{bei}'(\gamma)}{\mathrm{ber}'^{2}(\gamma)+\mathrm{bei}'^{2}(\gamma)} \tag{5-4}$$

式中，$\gamma=\dfrac{d}{\delta\sqrt{2}}$，$d$为导体直径，$\delta$为透入深度；$R_{\mathrm{SE}}$为考虑趋肤效应后的电阻阻值；$\mathrm{ber}(\gamma)$、$\mathrm{bei}(\gamma)$为凯尔文函数。

由式(5-4)可以看出，考虑趋肤效应前后的导体电阻比值仅与导体直径以及透入深度有关。

为了形象地表达导线中趋肤效应对电流的影响，对单根导线的电流分布进行了仿真。为模拟电机中的绕组，在 Maxwell 2D 中绘制了圆形截面作为电机内绕组的载流截面并将导体的材料设置为铜，并为导体设置为涡流效应。在求解器设置中设置电流的频率，并进行网格剖分，着重将导体边缘部分加密剖分以便观察边缘附近电流密度分布。上述工作完成后对导体内部电磁场进行求解，并得到结果如图 5-2 所示，从中可以看出，在电流频率升高时，导体边缘的电流密度数值越来越大，证实了趋肤效应对导体电流的影响。

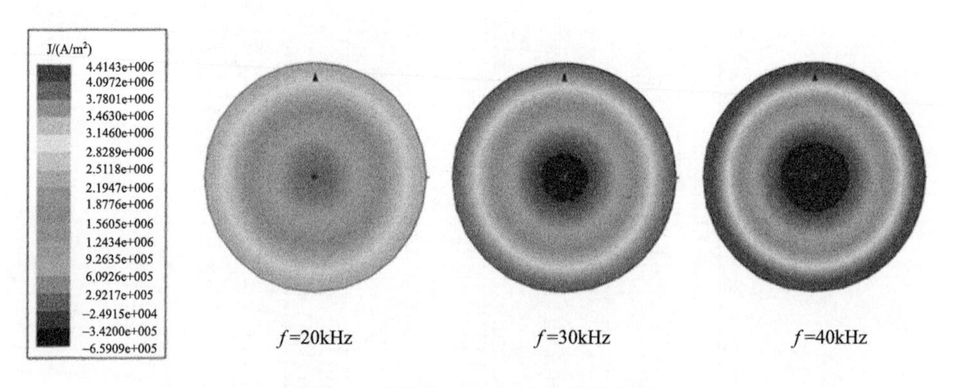

图 5-2　频率与电流密度分布的关系

2) 邻近效应对铜耗的影响

永磁同步电机中的绕组往往是紧密缠绕在定子铁心上的，因此每根导线周围都环绕着许多其他导线。彼此相邻的导体中通有交变电流时，每个导体不单单受到自身电流感应磁场的影响，同时还将受到其他导体电流产生磁场的影响，此时每个导体中的电流与只考虑自身趋肤效应时的分布不同，将会受到与之相邻的导体的影响，这种现象被称为邻近效应。

从微观的角度可以对导体的邻近效应做出说明，为了具体阐述邻近效应的作用机理，绘制邻近效应的两导体示意图如图 5-3 所示。

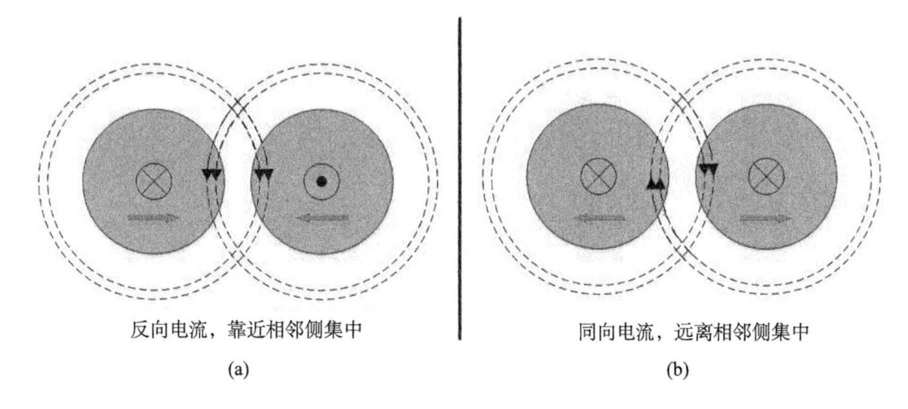

图 5-3　邻近效应示意图

图 5-3(a) 中两导体通有反向电流：左边导体通有沿纸面向里的交变电流，会感应出顺时针方向的磁场，该磁场在导体右侧有一个向下的分量，作用于右边导体时，这一分量将使右边导体中的电子受到向左的洛伦兹力，因此右边导体中的电流趋于向左侧集中。同理，左边导体中的电流趋于向右侧集中。两导体通有相同电流时的情况可用相似的方法分析得出结论。

图 5-4 是两个相邻导体在通有同向电流和反向电流时的电流密度分布云图。

从图 5-4 可以发现，导体中的电流分布是趋肤效应与邻近效应共同作用的效果。当电流频率从 20kHz 升高到 40kHz 时，邻近效应随着频率的增加而越发明显。

图 5-5 展示了线间距离对邻近效应的影响。图中 d 代表两导体相邻边缘的最近距离，即两者间距。在频率为 40kHz 的条件下，将两导体的间距从 0mm 增加到 1.0mm。当线间距离增大时，邻近效应减弱，导线内部电流密度分布明显有回到中心的趋势。这是因为当线间距离增大时，一条导线产生的感应磁场在另一条导线处的磁通密度将明显减小，因此，邻近效应对电流分布的影响也将随着线间距离的增大而减小。

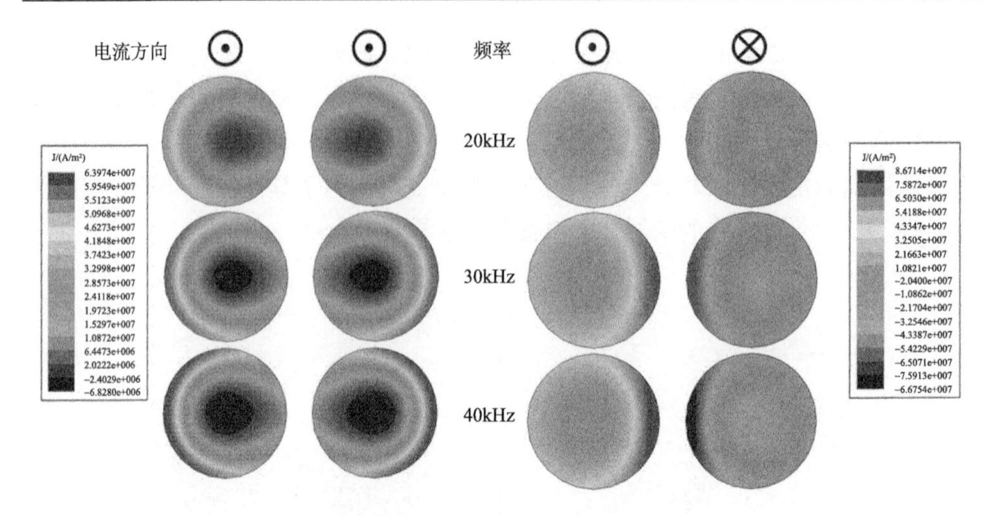

图 5-4　邻近效应与电流方向及频率的关系

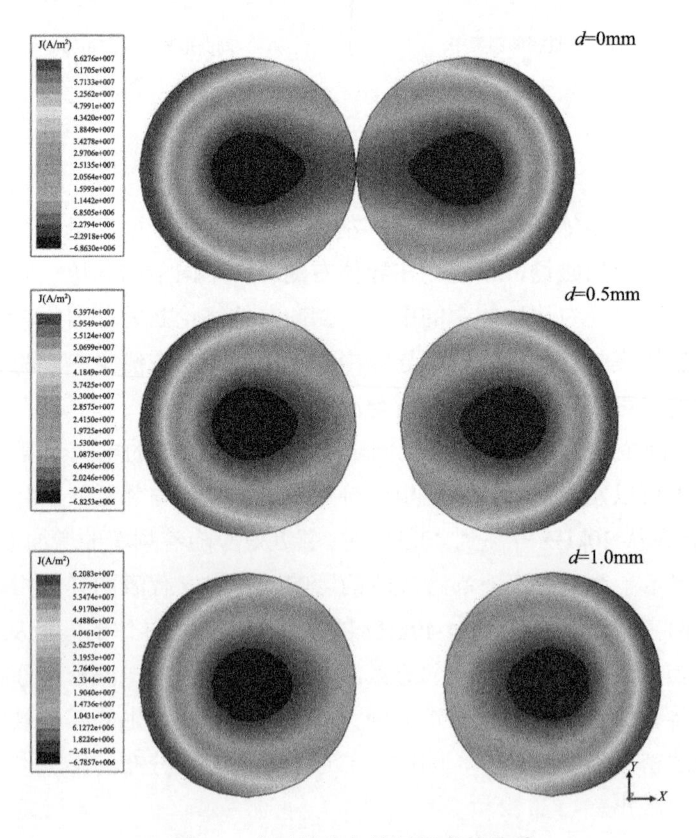

图 5-5　邻近效应与线间距离的关系

3. 考虑趋肤效应与邻近效应的铜耗计算

在永磁同步电机的定子绕组中，绕组导线排列非常紧密，两匝线圈间的距离很近，因此在导体中通有交变电流的情况下，邻近效应的作用将十分明显，应纳入损耗计算的考虑范围。在电机的矢量控制中，采用 SVPWM 斩波方式将向电机输送带有一定谐波含量的三相对称交流电，其中的高频成分在定子绕组中将受到趋肤效应的影响。因此在计算永磁同步电机的铜损耗时，应综合考虑趋肤效应与邻近效应，并将两者造成的额外损耗叠加在基本铜耗上，才能准确地计算出铜损耗的大小。

趋肤效应与邻近效应造成的额外损耗统称为涡流铜耗，而将涡流铜耗与基本铜耗之和称为交流铜耗：

$$P_{\mathrm{AC}} = P_{\mathrm{DC}} + P_{\mathrm{EDDY}} \tag{5-5}$$

$$P_{\mathrm{EDDY}} = P_{\mathrm{SE}} + P_{\mathrm{PE}} \tag{5-6}$$

式中，P_{SE}、P_{PE} 分别代表趋肤效应和邻近效应产生的额外损耗。

综合考虑趋肤效应与邻近效应对电流密度分布造成的影响后，可以用以下表达式来计算电机绕组中的铜损耗[2]：

$$P_{\mathrm{AC}} = \sum_{n=0}^{\infty} F_{\mathrm{r}}(\omega_n) I_n^2 R_{\mathrm{DC}} \tag{5-7}$$

式中，n 为非正弦波形傅里叶分解后得到的谐波次数；$F_{\mathrm{r}}(\omega_n)$ 为与电流频率及绕组结构形式有关的系数。

由于 SiC 与 Si 逆变器具有输出电流谐波含量不同的特点，二者驱动电机时的绕组铜耗用式(5-7)进行对比在一定程度上能获得较为准确的结果。

4. Si 与 SiC 铜耗分析

通过实验，研究 SiC 逆变器与 Si 逆变器在不同输出电流条件下对电机绕组的铜耗产生的不同影响。由于 PMSM 运行时铜耗与铁耗无法分开观测，所以采用如图 5-6 所示的实验方法，将线圈接入逆变器与电机之间，并用功率分析仪测出线圈的输入功率与输出功率，二者相减即为线圈的铜损耗。

在 200rpm/8N·m 的条件下获得的实验结果表明：Si 逆变器驱动下，通过电流基波有效值为 10.9A，线圈铜损耗为 2.322W；SiC 逆变器驱动下，通过电流基波有效值为 9.4A，线圈铜损耗为 1.727W。二者对比可得，电机处于负载与转速相同的条件下时，SiC 驱动下线圈的铜损耗明显小于 Si 逆变器驱动下的线圈铜损耗。

SiC 逆变器的输出相电流对永磁同步电机内的铜损耗具有一定的减小作用。

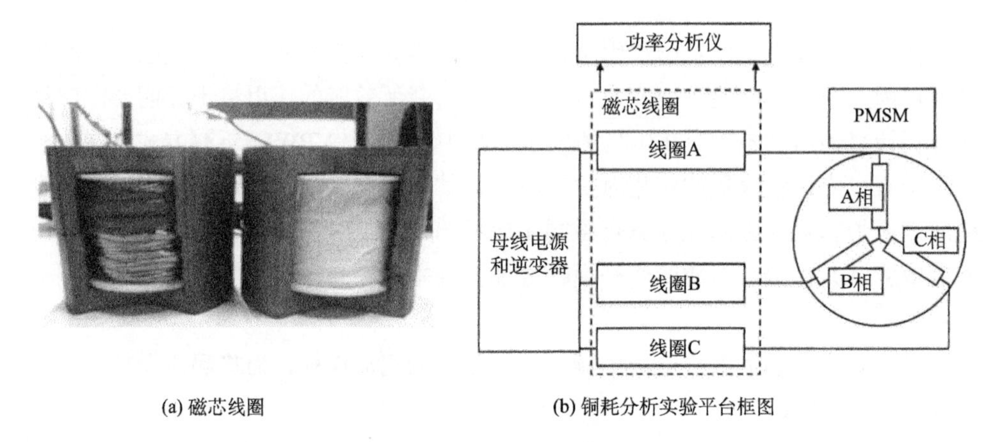

(a) 磁芯线圈　　(b) 铜耗分析实验平台框图

图 5-6　磁芯线圈与实验框图

5.1.2　铁损耗

永磁同步电机铁损耗的主要组成部分是定子铁心硅钢片中的损耗。定子铁心损耗在永磁同步电机的损耗中占据着不可忽视的地位,尤其是在矢量控制策略下,逆变器斩波后向电机输出的电流中含有大量谐波成分，这部分谐波频率较高，一个基波周期内磁化铁心的次数较多，将在定子铁心内造成更大的磁滞损耗与涡流损耗,基于 SiC 的逆变器与基于 Si 的逆变器在铁心损耗方面的差异主要由此造成。

1. 考虑趋肤效应的铁耗分离模型

依据 Bertotti[4]提出的经典铁耗分离模型可知，依据产生原因可以将定子铁心内的损耗分为磁滞损耗、涡流损耗及附加损耗，具体表达式如式(5-8)所示：

$$P_{\mathrm{Fe}} = P_{\mathrm{h}} + P_{\mathrm{e}} + P_{\mathrm{ex}} \tag{5-8}$$

式中，P_{Fe} 为总的铁损耗；P_{h} 为磁滞损耗，磁滞损耗是由于铁磁材料在交变磁场中被反复磁化产生的损耗；P_{e} 为涡流损耗；P_{ex} 为附加损耗。用磁畴理论来解释，铁磁材料在受到磁化时，其内部存在的大量磁畴之间将会不断相互摩擦，这部分摩擦消耗的能量就是磁滞损耗，如式(5-9)所示：

$$P_{\mathrm{h}} = f\oint H\mathrm{d}B = K_{\mathrm{h}} f B_{\mathrm{m}}^{\alpha} \tag{5-9}$$

式中，K_{h} 为衡量铁磁材料即电机定子硅钢片的衡量磁滞损耗的系数；B_{m} 为引起这部分磁滞损耗的磁通密度最大值；α 为磁滞损耗的计算参数，可依据经验公式求得。电机工作时，铁心中通有随时间交变的磁通，交变的磁通在铁磁材料中将会产生感应电动势，进而在硅钢片内产生涡流，引起涡流损耗，当磁通密度波形是规则的正弦波时，涡流损耗的表达式可写作式(5-10)：

$$P_{\mathrm{e}} = K_{\mathrm{c}} f^2 {B_{\mathrm{m}}}^2 \tag{5-10}$$

式中，K_{c} 为硅钢片的涡流损耗系数。

当磁场交变频率较低时，涡流在硅钢片内分布均匀，K_{c} 为常数，而当磁场交变频率较高时，由于趋肤效应的影响，涡流在硅钢片厚度方向上不再均匀分布。因此，式(5-10)中的 K_{c} 应换成与磁场交变频率有关的 $K_{\mathrm{c}}(f)$，其具体表达式如下[5,6]：

$$k_{\mathrm{e}}(f) = \beta \frac{3}{D\sqrt{f}} \frac{\sinh(D\sqrt{f}) - \sin(D\sqrt{f})}{\cosh(D\sqrt{f}) - \cos(D\sqrt{f})} \tag{5-11}$$

式中，$\beta = \dfrac{\pi^2 \sigma d^2}{6\rho}$，$D = d\sqrt{\pi\mu\sigma}$，$\beta$、$D$ 均为考虑趋肤效应后的涡流损耗计算系数；d 为硅钢片的厚度；ρ 为硅钢片的质量密度；μ、σ 分别为硅钢片的磁导率和电导率。

由式(5-10)、式(5-11)可以较为准确地算出在正弦磁场下，考虑硅钢片中趋肤效应的涡流损耗。

磁滞损耗与涡流损耗常被统称为基本铁耗。在硅钢片这类铁磁材料中，除了基本损耗外，还存在着一部分附加损耗。铁心内附加损耗产生的原因尚未完全明晰，目前一般用磁畴理论解释。当来自铁心外部的磁场与硅钢片上涡流感应出的磁场分布不均匀的时候，两者之间会相互作用从而导致磁畴的结构发生变化。运动的磁畴壁附近会感生出涡流，进而导致了附加损耗的产生。硅钢片中的附加损耗表达式如下所示：

$$P_{\mathrm{ex}} = K_{\mathrm{ex}} f^{1.5} {B_{\mathrm{m}}}^{1.5} \tag{5-12}$$

式中，K_{ex} 为铁磁材料的附加损耗系数

从式(5-9)、式(5-10)和式(5-12)可得，附加损耗与磁滞损耗和涡流损耗的表达式形式基本一致，将三者叠加得到了考虑趋肤效应的铁损耗计算公式(5-13)：

$$P_{\mathrm{Fe}} = K_{\mathrm{h}} f B_{\mathrm{m}}^{\alpha} + K_c(f) f^2 B_{\mathrm{m}}^2 + K_{\mathrm{ex}} f^{1.5} B_{\mathrm{m}}^{1.5} \tag{5-13}$$

2. 谐波铁损耗分析

前一小节的铁耗分离模型考虑了趋肤效应造成的涡流沿硅钢片分布不均匀问题，但该模型仅在磁通密度为理想正弦波的条件下适用。在大多数电机控制系统中，永磁同步电机三相输入电流均为经逆变器 PWM 调制后的三相对称交流电，

含有大量谐波，并不能笼统地将电流波形视为理想正弦波，而应利用谐波分析法来计算定子铁损耗。

依据谐波分析法，在不考虑铁磁材料内部的小型磁滞回环和各向异性的条件下，任何一种磁通密度波形所产生的铁损耗等于该磁场基波产生的铁耗与各次谐波独立产生的铁耗相加之和[7]，如式(5-14)所示：

$$P_{\mathrm{Fe}}=\sum_{n=0}^{\infty}P_{\mathrm{Fe,loss}}[f_n,B_n,K_{\mathrm{h}},K_{\mathrm{e}}(f_n),K_{\mathrm{ex}}] \tag{5-14}$$

式中，n 为各次谐波次数。

对永磁同步电机的输入电流波形进行傅里叶分解，并分别使用铁耗分离模型来计算各次谐波的铁损耗，最终进行叠加，即可获得总的铁损耗。

3. Si 和 SiC 铁耗分析

从图 5-7 和图 5-8 可以看出，无论转速是 200rpm 还是 1400rpm 时，SiC 逆变器驱动 PMSM 时在电机内部造成的铁损耗均比硅逆变器要小，损耗密度也普遍偏低。值得注意的是，在电机转速为 1400rpm 时，SiC 与 Si 逆变器驱动 PMSM 的损耗差异比 200rpm 时更加明显。选取差异较为明显的 1400rpm 的电流数据计算其铁损耗，得到图 5-9。

由图 5-9 可以看出，理论计算值和有限元仿真结果均证实了在 SiC 逆变器的驱动下，PMSM 的损耗将小于 Si 逆变器驱动下的数值。

下面对 SiC 与 Si 逆变器造成损耗差异的原因进行分析。在相同输出功率条件下，与 Si 驱动系统相比，SiC 驱动系统不仅电流谐波更少，相电流的幅值也更小，实验结果如图 5-10 示。相电压的畸变引起了这种现象的原因。

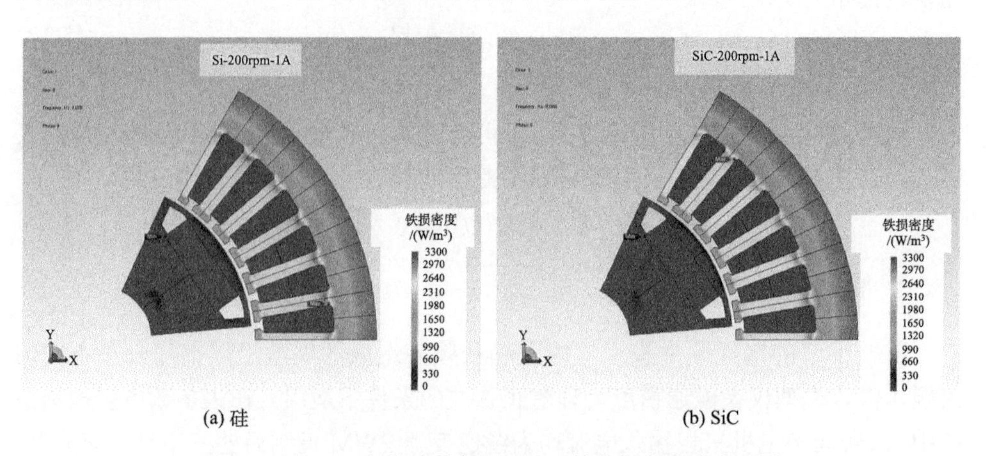

(a) 硅　　(b) SiC

图 5-7　200rpm/空载时逆变器驱动下的铁损密度分布云图

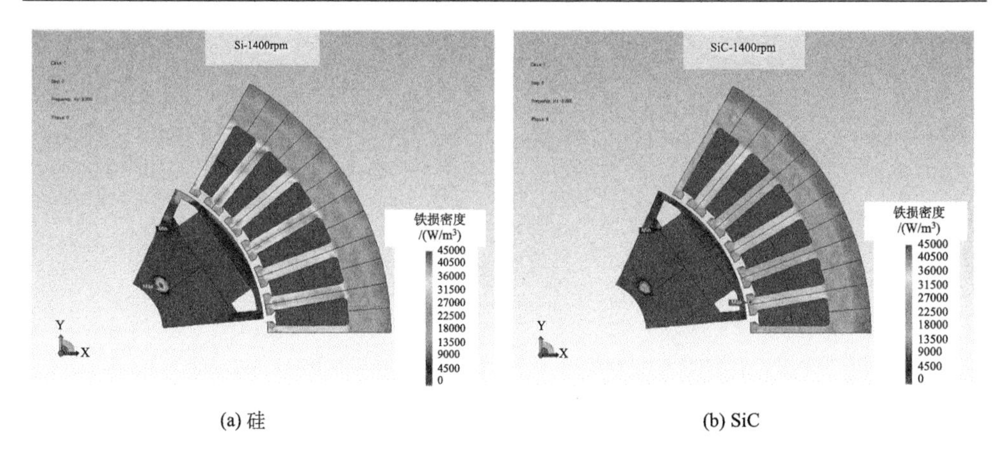

(a) 硅　　(b) SiC

图 5-8　1400rpm/(16N·m)时逆变器驱动下的铁损密度分布云图

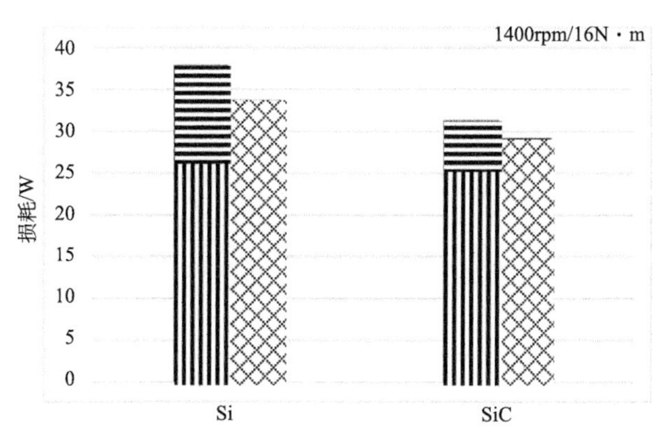

图 5-9　铁损耗理论计算与仿真数值

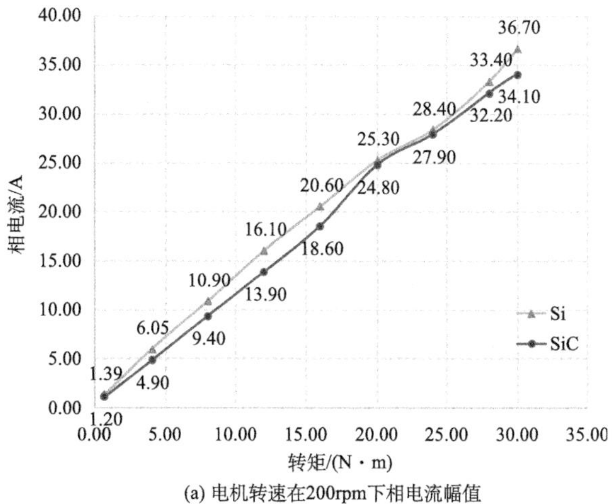

(a) 电机转速在200rpm下相电流幅值

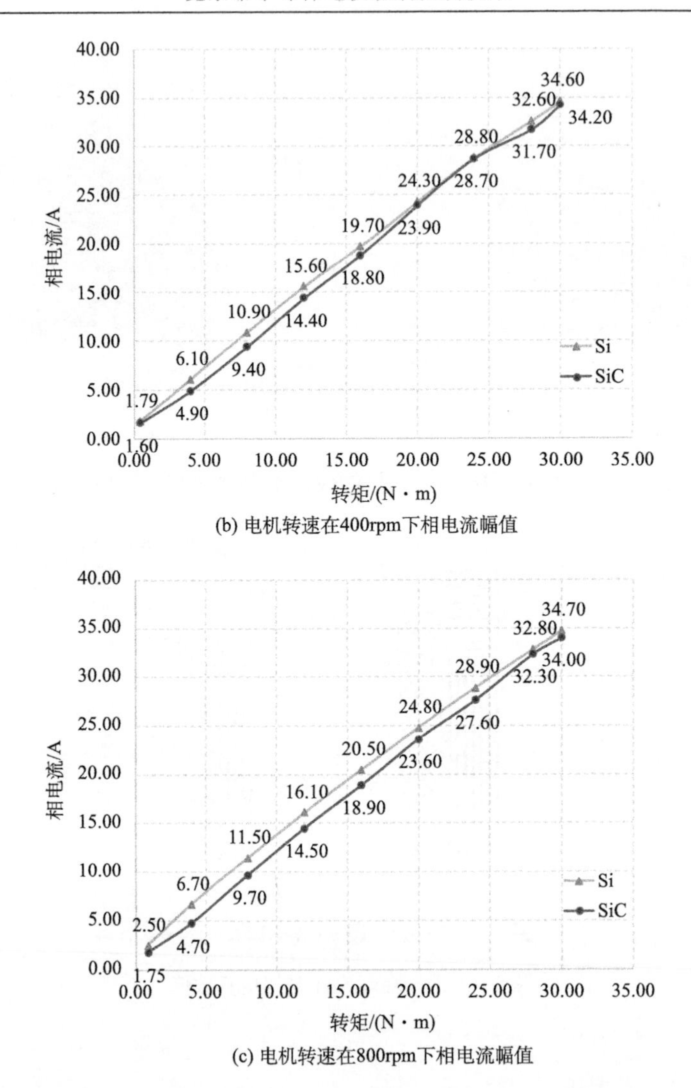

(b) 电机转速在400rpm下相电流幅值

(c) 电机转速在800rpm下相电流幅值

图 5-10　Si IGBT 驱动系统与 SiC MOSFET 驱动系统相电流幅值对比图

图 5-11～图 5-14 为开关频率为 15kHz 时两个驱动系统在不同转速和转矩下的电流波形图。输出电压比较小时，两个系统的电压畸变差别非常明显，所以在基波电流比较小时，电流畸变差别非常严重。对比图 5-11，Si 驱动系统的电流谐波成分明显大于 SiC 驱动系统，而在基波相电流幅值变大后，两个系统的相电流波形差别减小，如图 5-14 所示。因此，当电机运行在低速轻载条件时，SiC 驱动系统优势性能非常明显。

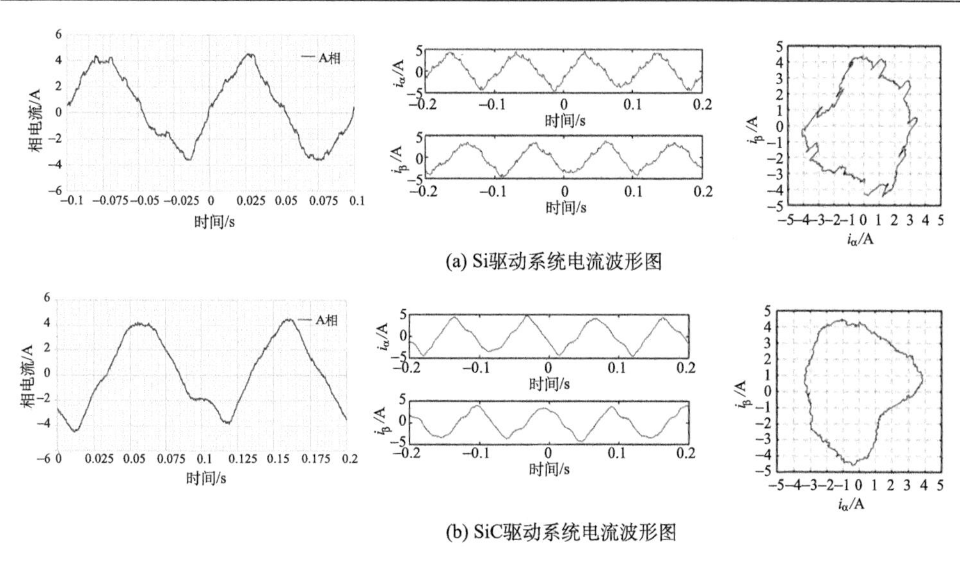

(a) Si驱动系统电流波形图

(b) SiC驱动系统电流波形图

图 5-11　电机转速为 200rpm、负载为 1N·m 时系统相电流以及α、β轴电流

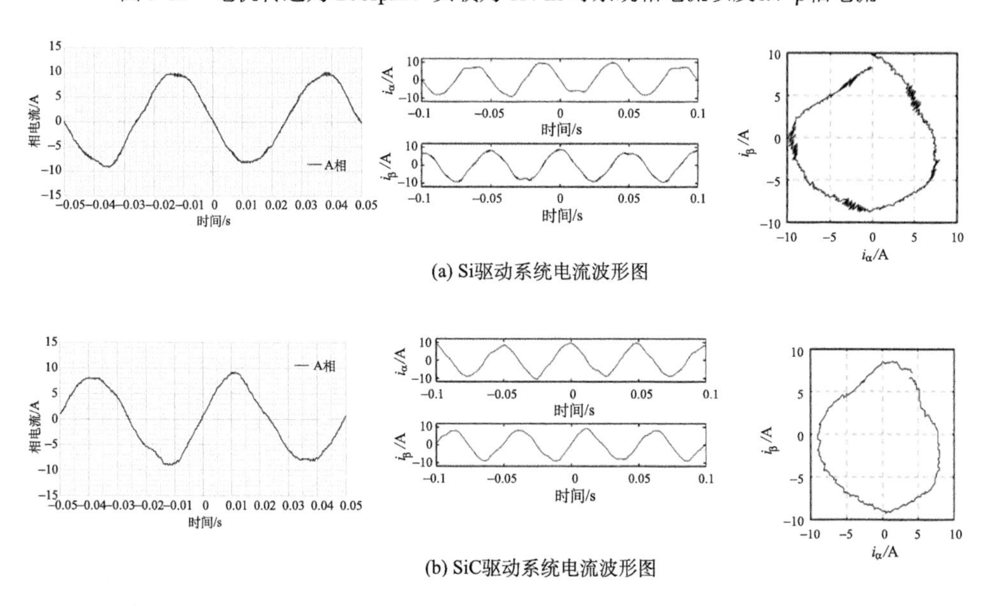

(a) Si驱动系统电流波形图

(b) SiC驱动系统电流波形图

图 5-12　电机转速为 400rpm、负载为 4N·m 时系统相电流以及α、β轴电流

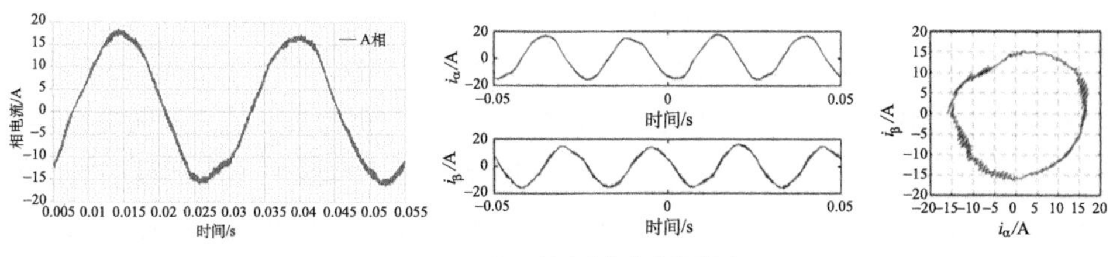

(a) Si驱动系统电流波形图

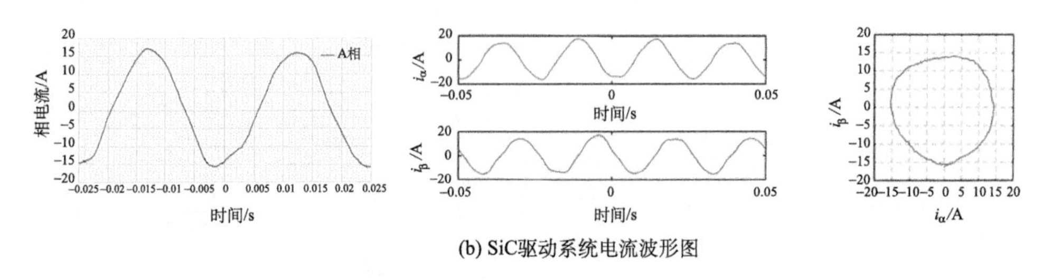

(b) SiC驱动系统电流波形图

图 5-13　电机转速为 800rpm、负载为 8N·m 时系统相电流以及α、β轴电流

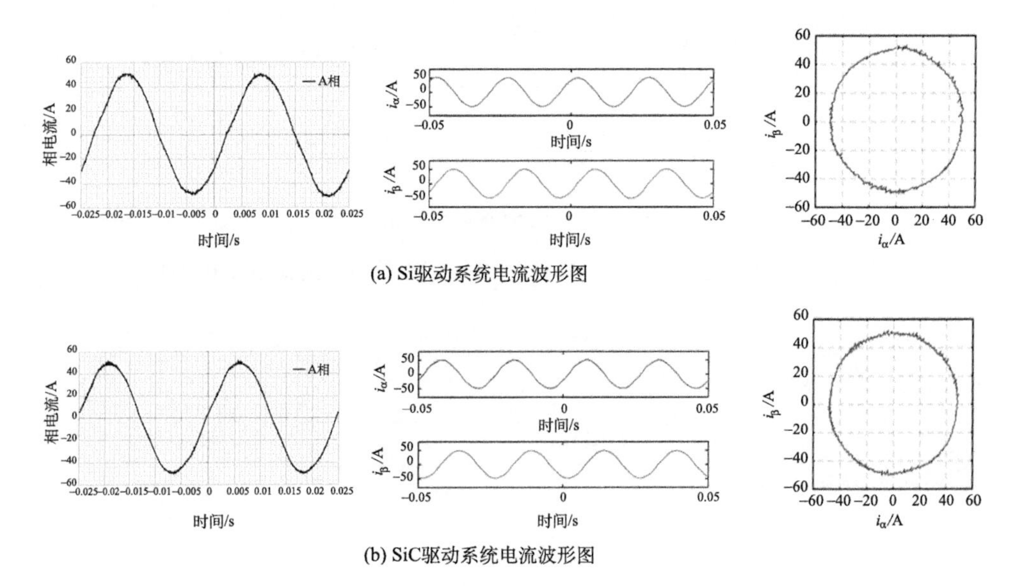

(a) Si驱动系统电流波形图

(b) SiC驱动系统电流波形图

图 5-14　电机转速为 800rpm、负载为 24N·m 时系统相电流以及α、β轴电流

如图 5-15 所示，V_{ref}表示理想的逆变器输出基波电压，电机作为感性负载，相电流 i 滞后电压 $V_{\mathrm{ref}}\theta'$ 角。根据 4.2～4.3 节分析结果可知，电压畸变量 ΔV 与电流方向相反，实际输出电压波形如图 5-15(a) 中 $V_{\mathrm{ref}}+\Delta V$ 所示，忽略电流谐波影响，此时电压与电流之间相位角为θ，显然$\theta > \theta'$，图 5-15(b) 中也能通过电压电流矢量图很清楚地得到这一结果，而θ相当于功率角，在电流电压一致时，功率角越大，输出功率越小。因此，当负载功率一定时，Si IGBT 驱动系统电压畸变大而导致输出电压变小，同时功率角变大，导致相电流变大[8]。

SiC MOSFET 逆变器驱动永磁同步电机能够降低电机损耗的关键，在于逆变器输出相电流幅值的减小与谐波含量的减小，与 SiC MOSFET 的良好性能有关。相较于 Si IGBT，SiC MOSFET 在性能上的优越性极大地减小逆变器输出电压的畸变，从而带来电机功率因数提升。在要求输出功率等级相同且电压等级额定的情况下，电机功率因数提升意味着输入电机相电流会相应地减小[9]。因此基于 SiC 的逆变器驱动永磁同步电机时电机输入相电流将明显小于基于 Si 的逆变器，从而降低电机内部的铜损耗和铁损耗。

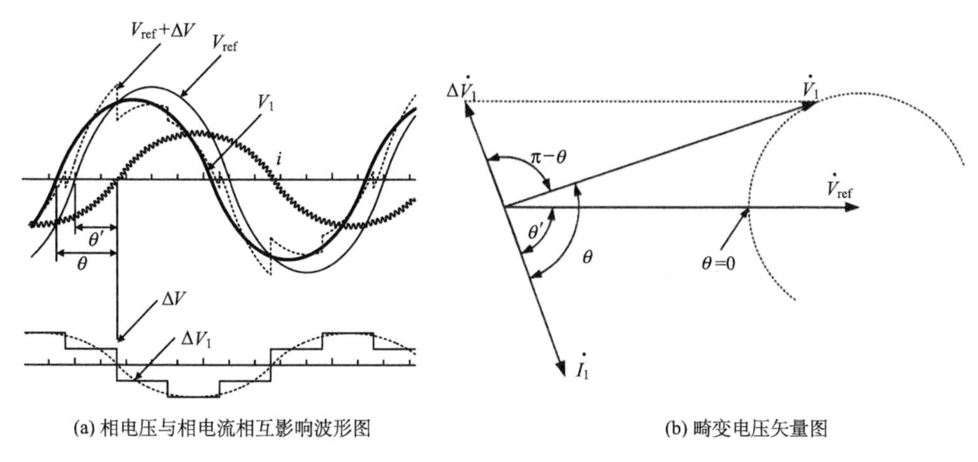

(a) 相电压与相电流相互影响波形图　　(b) 畸变电压矢量图

图 5-15　电压畸变影响相电流示意图

5.2　SiC MOSEFET 对电机动态性能的影响

5.2.1　加入器件特性的 PMSM 驱动系统传递函数建模

为了更好地研究功率器件特性对 PMSM 动态特性的影响，必须建立一种新型的考虑器件特性的电机驱动系统传递函数。在此基础上，分析 SiC MOSFET 及 Si IGBT 的特性对永磁同步电动机的快速性、相对稳定性及鲁棒性的影响。下面对逆变器、电机和 PI 调节器的传递函数进行建模分析。

1. 逆变器传递函数建模分析

电机伺服系统中的逆变器可以简化为一个具有增益和延迟环节的黑盒子，简化的传递函数可以用一阶滞后系统表示：

$$G_1(s)=K_r/(\tau_r s+1) \tag{5-15}$$

式中，$K_r=\dfrac{2}{\pi}V_a/V_{cm}$ 为逆变器的增益，V_{cm} 为最大栅极驱动信号电压，V_a 为最大相电压；τ_r 为延迟时间常数，与开关周期 $1/f_{sw}$、开通时间 t_{on}、关断时间 t_{off} 和死区时间 T_{dt} 密切相关：

$$\tau_r=a_1/f_{sw}+a_2T_{dt}+a_3t_{on}+a_4t_{off} \tag{5-16}$$

式中，a_1、a_2、a_3和a_4分别为开关周期、死区时间、开通时间和关断时间的系数。

从第 3 章分析结果可知，SiC MOSFET 的开通、关断时间都要小于 Si IGBT，这使得基于 SiC MOSFET 的逆变器能够工作在更高的开关频率和更小的死区时间条件下。因此，根据式(5-16)可知，SiC 逆变器系统的延迟时间常数 τ_{r1} 要小于 Si 逆变器系统的延迟时间常数 τ_{r2}：

$$\tau_{r1} < \tau_{r2} \tag{5-17}$$

由第 3 章分析结果可知，SiC 逆变器系统的相电压畸变量要小于 Si IGBT 系统。所以，在直流母线电压都为 270V 的时候，SiC 逆变器输出电压幅值要大于硅逆变器，从而使得 SiC 逆变器系统的增益 K_{r1} 要大于 Si 逆变器系统的增益 K_{r2}。

$$K_{r1} > K_{r2} \tag{5-18}$$

2. 电机和 PI 调节器的传递函数建模

为了便于分析，将 PMSM 传递函数模型进行一定简化，其输入与输出分别为指令电流和实际电流。本节采用 I_d=0 的控制策略，因此 q 轴电流的跟随特性能够很好地反映系统的动态性能。电机的电压简化方程为

$$u_q = R_a i_q + p(L_q i_q) \tag{5-19}$$

式中，p 为微分算子。根据式(5-19)，交直轴坐标系下的 PMSM 传递函数表达式为

$$G_2(s) = 1/(L_q s + R_a) \tag{5-20}$$

式中，L_q 为 q 轴电感；R_a 为定子电阻。

另外，PI 调节器在时间域的表达式为

$$u(t) = K_p e(t) + K_i \int e(t)\mathrm{d}t \tag{5-21}$$

式中，K_p、K_i 分别为比例、积分系数；$e(t)$ 为参考与反馈信号之间的差值。对式(5-21)进行拉普拉斯变换，可以得到 PI 调节器的传递函数为

$$G_3(s) = K_p(\tau_i s + 1)/(\tau_i s) \tag{5-22}$$

式中，$\tau_i = K_p/K_i$。

综上所述，PMSM 驱动系统的电流控制模型图 5-16 所示，系统的开环传递函数可以表示为

$$G(s) = G_1(s)G_2(s)G_3(s) = \frac{K_q K_r K_p(\tau_i s + 1)}{\tau_i s(\tau_q s + 1)(\tau_r s + 1)} \tag{5-23}$$

式中，$K_q = 1/R_a$；$\tau_q = L_q/R_a$。

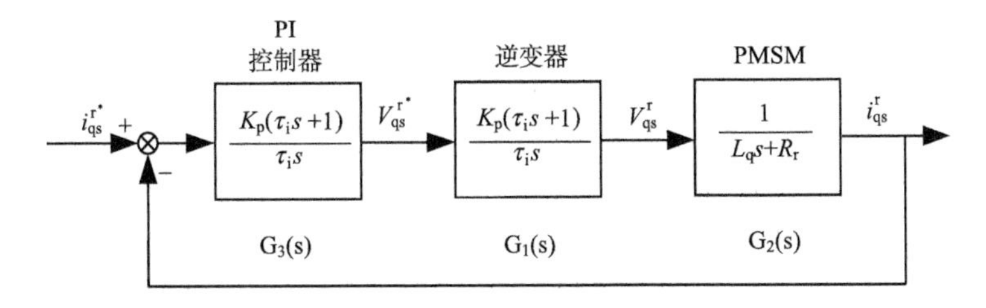

图 5-16　PMSM 驱动系统 q 轴电流简化控制模型

利用 q 轴电流 PI 调节器可以对系统采取零极点相消的方法，即 $\tau_i=\tau_q$。所以，考虑器件特性的系统闭环传递函数可以表示为

$$G_c(s)=\frac{K_q K_r K_p}{\tau_r \tau_i s^2+\tau_i s+K_q K_r K_p}=\frac{\omega_n^2}{s^2+2\xi\omega_n s+\omega_n^2} \tag{5-24}$$

式中，$\omega_n=\sqrt{K_q K_r K_p/\tau_r \tau_i}$ 为系统的无阻尼自然频率；$\xi=\sqrt{\tau_i/4K_q K_r K_p \tau_r}$ 为系统的阻尼比。

5.2.2　PMSM 动态性能分析

上文已经建立了加入器件特性的 PMSM 驱动系统传递函数的模型，接下来利用自动控制原理中的经典控制理论来分析系统的动态性能。对于控制系统而言，不仅仅要有足够的带宽保证 PMSM 系统的快速性，还需要足够的相对稳定性和鲁棒性来确保系统的长时间运行。相对稳定性用特定的相角裕度和幅值裕度表征，这可以通过开环传递函数的尼克尔斯图较为直观地得到。另外，通过 H-∞条件可以建立灵敏度函数，用于分析系统的鲁棒性。

1. 快速响应性

为了满足工业应用的基本需求，PMSM 伺服控制器需要提供较好的动态性能。 通常来说，控制系统的快速性可以通过带宽和调节时间来判断。

根据式(5-24)，系统闭环频率特性可以表示为

$$G_c(j\omega)=\frac{i_{qs}^{r}(j\omega)}{i_{qs}^{r*}(j\omega)}=\frac{\omega_n^2}{(j\omega)^2+2\xi\omega_n(j\omega)+\omega_n^2}=M_B(\omega)e^{j\varphi_B(\omega)} \tag{5-25}$$

当系统闭环特性幅值 $M_B(\omega)$ 等于零频幅值的 0.707 倍时，对应的频率定义为截止频率 ω_b，也就是

$$1\Bigg/\sqrt{\left(1-\frac{\omega_b^2}{\omega_n^2}\right)^2+\left(2\xi\frac{\omega_b}{\omega_n}\right)}=0.707 \tag{5-26}$$

因此，截止频率 ω_{b}，与无阻尼自然频率 ω_{n} 和阻尼比 ξ 之间的关系可以表示为

$$\omega_{\mathrm{b}}=\omega_{\mathrm{n}}\sqrt{1-2\xi^2+\sqrt{2-4\xi^2+4\xi^4}} \tag{5-27}$$

对式(5-27)进行单调性分析，可以得知随着的 ω_{n} 递增或者 ξ 的递减，ω_{b} 呈现递增趋势，将式(5-17)、式(5-18)代入式(5-24)中可以得到以下结果：

$$\omega_{\mathrm{n1}}>\omega_{\mathrm{n2}} \tag{5-28}$$

$$\xi_1>\xi_2 \tag{5-29}$$

式(5-28)和式(5-29)中，ω_{n1} 和 ω_{n2} 分别代表 SiC 和 Si 驱动系统的无阻尼自然频率；ξ_1 和 ξ_2 分别代表 SiC 和 Si 驱动系统的阻尼比。将式(5-28)、式(5-29)代入式(5-27)，又由于 ξ 的变化率远远小于 ω_{n} 的变化率，所以有

$$\omega_{\mathrm{b1}}>\omega_{\mathrm{b2}} \tag{5-30}$$

因此，与 Si 驱动系统相比，SiC 驱动系统具有更大的电流带宽，也就表示其快速性能更好。

除此之外，系统的调节时间可以表示为

$$t_{\mathrm{s}}\approx 4/\xi\omega_{\mathrm{n}}=4\Big/\left(\sqrt{\tau_{\mathrm{i}}/4K_{\mathrm{q}}K_{\mathrm{r}}K_{\mathrm{p}}\tau_{\mathrm{r}}}\cdot\sqrt{K_{\mathrm{q}}K_{\mathrm{r}}K_{\mathrm{p}}/\tau_{\mathrm{r}}\tau_{\mathrm{i}}}\right)=8\tau_{\mathrm{r}} \tag{5-31}$$

根据式(5-31)，调节时间 t_{s} 与逆变器延迟时间常数 τ_{r} 成正比，因此，通过式(5-17)可知，SiC 驱动系统的调节时间要小于 Si 驱动系统的，这也说明了 SiC 系统具有良好的快速性能。

根据前期的分析结果和如表 5-1 所示的系统参数得到了闭环传递函数的波特图，如图 5-17 所示。闭环驱动系统的带宽 ω_{b} 定义为在波特图上的–3dB 幅值所对应的频率，由于 SiC MOSFET 优越的开关特性，使得基于 SiC MOSFET 的驱动系统带宽为 1190Hz，大于 Si 驱动系统的 1090Hz。

表 5-1　PMSM 驱动系统主要参数

符号	名称	数值
U_{DC}	直流母线电压	270V
U_{cm}	最大栅极驱动信号电压	20V
L_{q}	q 轴电感	5.19mH
R_{a}	定子电阻	0.25Ω
K_{p}	比例系数	3.8

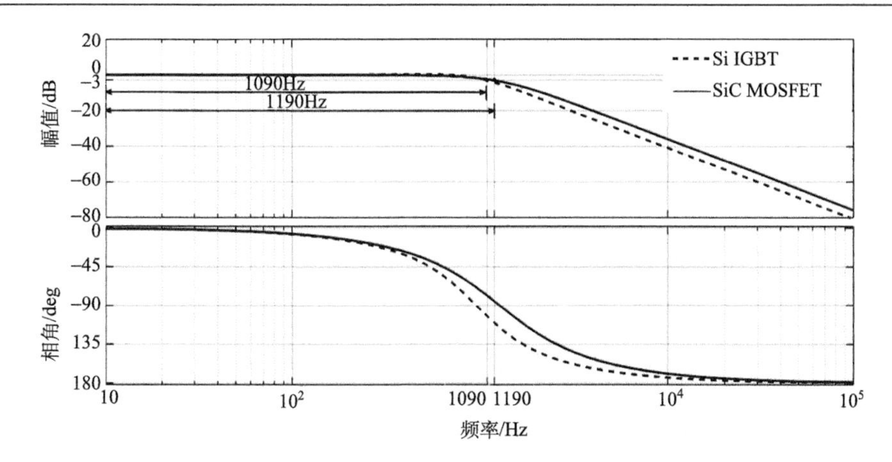

图 5-17　不同功率器件的 PMSM 驱动系统电流波特图

2. 相对稳定性分析

在电机控制系统设计过程中，稳定性是控制系统赖以正常工作的必要条件。除此之外，控制系统还理应具有一定的相对稳定性。因为在电机运行时，外界的干扰摄动(如温度)，会引起电机参数如定子电阻 R_a 和 q 轴电感 L_q 改变，从而有可能破坏整个系统的稳定性。

基于 Nyquist 判据，当控制系统的开环传递函数在 s 平面右半部无极点时，其开环频率响应 G(jw)H(jw) 若通过点(–1, j0)，则控制系统处于临界稳定边缘。在这种情况下，若控制系统的参数发生漂移，便有可能使控制系统的开环频率响应包围点(–1, j0)，从而造成控制系统不稳定。因此，在 Nyquist 图上，开环频率响应与点(–1, j0)的接近程度可直接表征控制系统的稳定程度。

在控制理论中，稳定裕度是衡量系统相对稳定性的指标，包含有相角裕度和幅值裕度。根据式(5-23)的系统开环传递函数 $G(s)$，可以得到频率特性 $G(\mathrm{j}\omega)$：

$$G(\mathrm{j}\omega)=\omega_{\mathrm{n}}^{2}/[\mathrm{j}\omega(\mathrm{j}\omega+2\xi\omega_{\mathrm{n}})] \tag{5-32}$$

幅频特性 $A(\omega)$ 和相频特性 $\varphi(\omega)$ 可以表示为

$$\mathrm{A}(\omega)=\omega_{\mathrm{n}}^{2}\Big/\left[\omega\sqrt{\omega^{2}+(2\xi\omega_{\mathrm{n}})^{2}}\right] \tag{5-33}$$

$$\varphi(\omega)=-90^{\circ}-\arctan(\omega/2\xi\omega_{\mathrm{n}}) \tag{5-34}$$

当系统开环频率特性的幅值为 1 时，即 $A(\omega)=|G(\mathrm{j}\omega)|=1$ 时的频率，称为开环截止频率或增益交界频率 ω_c。在开环截止频率处的相角 j(ω_c)与–180°之差为闭环系统的相角裕度，即

$$20\lg\left|G(\mathrm{j}\omega_c)\right| = 0(\mathrm{dB}) \tag{5-35}$$

$$\gamma = 180° + \varphi(\omega_\mathrm{c}) \tag{5-36}$$

根据式(5-33)、式(5-35)，通过计算可以得到开环截止频率：

$$\omega_\mathrm{c} = \omega_\mathrm{n}\sqrt{-2\xi^2 + \sqrt{4\xi^2 + 1}} \tag{5-37}$$

从式(5-36)可以得到相角裕度 γ：

$$\gamma = \arctan\frac{2\xi}{\sqrt{\sqrt{4\xi^4+1} - 2\xi^2}} = \arctan\frac{1}{\sqrt{-1/2+1/4\sqrt{4+1/\xi^4}}} \tag{5-38}$$

因为相角裕度是反正切函数，所以其值随着阻尼比的增加而减小。根据式(5-29)，SiC 驱动系统的阻尼比 ξ_1 要大于 Si 系统的阻尼比 ξ_2，这使得 SiC 系统具有更大的相角裕度。

当开环频率特性曲线与负实轴相交，即 $\varphi(\omega)=-180°$，从公式(5-34)可以计算相应的相角交叉频率 ω_g：

$$\omega_\mathrm{g} = 2\xi\omega_\mathrm{n} \cdot \tan 90° = n \cdot 2\xi\omega_\mathrm{n} \tag{5-39}$$

其中，n 趋于无穷大，在交叉频率 ω_g 处，对应的开环幅频特性的倒数定义为驱动系统的幅值裕度 K_g：

$$K_\mathrm{g} = 1/A(\omega_g) = 1/\left|G(\mathrm{j}\omega_g)\right| \tag{5-40}$$

根据式(5-33)、式(5-40)，可以计算得到系统的幅值裕度为

$$K_\mathrm{g} = 4\mathrm{n}\omega_\mathrm{n}\xi^2\sqrt{n^2+1} \tag{5-41}$$

因为二阶系统的幅值裕度趋于无穷，这使得 SiC 驱动系统和 Si 驱动系统之间的比较变得非常困难，所以，为了方便对比，假设 $\varphi(\omega)= -179°$时对应的频率为相角交叉频率，在此条件下可以计算得到系统的幅值裕度约为

$$K_\mathrm{g} \approx 4\times 57^2 \cdot \omega_\mathrm{n}\xi^2 \tag{5-42}$$

根据式(5-28)和式(5-29)可以看出，SiC 驱动系统的自然频率 ω_n 和阻尼比 ξ 都比 Si 驱动系统大，所以有以下关系式：

$$K_\mathrm{g1} > K_\mathrm{g2} \tag{5-43}$$

式中，K_g1、K_g2 分别为 SiC 和 Si 驱动系统的幅值裕度，为了更清楚地表达两个系统稳定裕度的差别，可以画出两个系统的 Nichols 图，如图 5-18 所示，在一张频域图中即可得到相角和幅值的关系，而不是像波特图那样需要两张图。

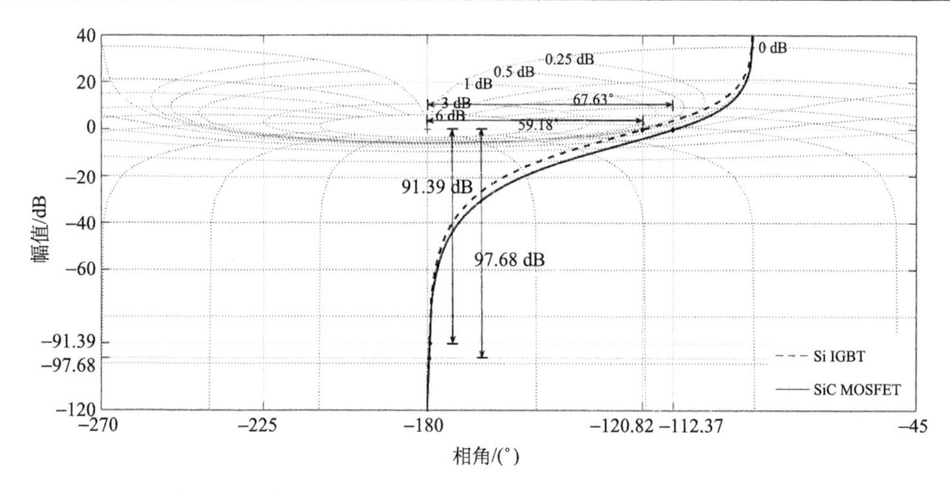

图 5-18　基于不同功率器件的 PMSM 驱动系统的 Nichols 图

综上所述，因为 SiC MOSFET 具有更快的开关速度、更小的管压降，使 SiC 系统的相电压畸变更小。这也使 SiC 系统的二阶等效传递函数的自然频率和阻尼比都要比 Si 系统的更大，最终使 SiC 驱动系统的稳定裕度比 Si 系统的更大。如图 5-18 所示，SiC 系统的幅值裕度和相角裕度为 97.68dB 和 67.63°，而 Si 系统的幅值裕度和相角裕度分别为 91.39dB 和 59.18°。由此可见，SiC 驱动系统的相对稳定性更好。

3. 鲁棒性分析

鲁棒性反映了控制系统的灵敏度，在控制系统的设计中，鲁棒性分析是必不可少的环节之一。当系统受到能量有界的信号干扰(如负载变化)时会引起系统参数的变化，所以鲁棒性是评价系统性能的重要指标。

如图 5-19 所示，对于单一输入输出的负反馈 PMSM 驱动系统而言，当能量有界的干扰信号 $v(t)$ 加入到系统之后，控制对象 $G_2(s)$ 变化为

$$\tilde{G}_2(s) = G_2(s) + \Delta G_2(s) \tag{5-44}$$

式中，$\Delta G_2(s)$ 为加入系统的不确定干扰因子，其满足以下条件使得系统处于稳定状态：

$$\left|\Delta G_2(\mathrm{j}\omega)\right| < W_{\mathrm{T}}(\omega) \tag{5-45}$$

式中，$W_{\mathrm{T}}(\omega)$ 为控制对象不确定的最大权重传递函数，如果闭环传递函数在此干扰下仍然能保持稳定，那么就可以认定负反馈系统是处于鲁棒稳定的。

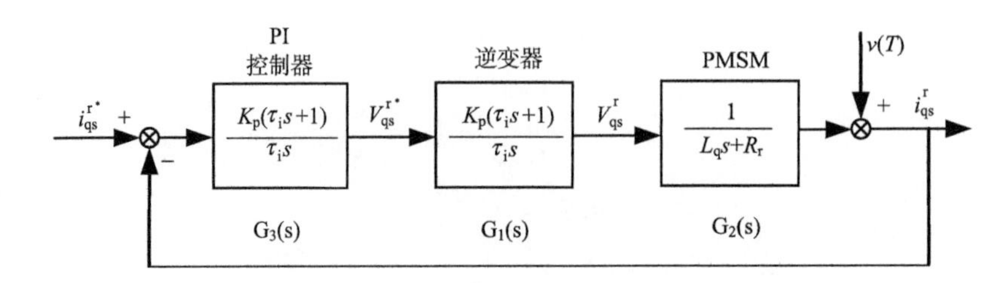

图 5-19　加入干扰后的系统传递函数框图

系统传递函数的变化率可以通过以下方式推算得出，由于参数变化所引起的系统开环、闭环误差可以通过以下公式表示：

$$\Delta G(\mathrm{j}\omega)=G_1(\mathrm{j}\omega)G_3(\mathrm{j}\omega)\Delta G_2(\mathrm{j}\omega) \tag{5-46}$$

$$\begin{aligned}\Delta G_{\mathrm{c}}(\mathrm{j}\omega)=&\frac{G_1(\mathrm{j}\omega)G_3(\mathrm{j}\omega)[G_2(\mathrm{j}\omega)+\Delta G_2(\mathrm{j}\omega)]}{1+G_1(\mathrm{j}\omega)G_3(\mathrm{j}\omega)[G_2(\mathrm{j}\omega)+\Delta G_2(\mathrm{j}\omega)]}\\&-\frac{G_1(\mathrm{j}\omega)G_2(\mathrm{j}\omega)G_3(\mathrm{j}\omega)}{1+G_1(\mathrm{j}\omega)G_2(\mathrm{j}\omega)G_3(\mathrm{j}\omega)}\end{aligned} \tag{5-47}$$

因为 $G_1(\mathrm{j}\omega)\cdot G_2(\mathrm{j}\omega)\cdot G_3(\mathrm{j}\omega)>>G_1(\mathrm{j}\omega)\cdot\Delta G_2(\mathrm{j}\omega)\cdot G_3(\mathrm{j}\omega)$，式(5-47)可以重新表示为

$$\Delta G_{\mathrm{c}}(\mathrm{j}\omega)=\frac{\Delta G_2(\mathrm{j}\omega)G_1(\mathrm{j}\omega)G_3(\mathrm{j}\omega)}{[1+G_1(\mathrm{j}\omega)G_2(\mathrm{j}\omega)G_3(\mathrm{j}\omega)]^2} \tag{5-48}$$

将式(5-23)、式(5-24)与式(5-46)、式(5-48)结合，系统闭环传递函数的变化率可以表示为

$$\Delta G_{\mathrm{c}}(\mathrm{j}\omega)/G_{\mathrm{c}}(\mathrm{j}\omega)=S(\mathrm{j}\omega)\cdot\Delta G(\mathrm{j}\omega)/G(\mathrm{j}\omega) \tag{5-49}$$

$$S(s)=1/[1+G_1(s)G_2(s)G_3(s)] \tag{5-50}$$

在鲁棒性分析过程中，灵敏度函数 $S(\mathrm{s})$ 是一项重要指标，它体现了开环特性的相对偏差 $\Delta G(\mathrm{j}\omega)/G(\mathrm{j}\omega)$ 到闭环频率特性 $\Delta G_{\mathrm{c}}(\mathrm{j}\omega)/G_{\mathrm{c}}(\mathrm{j}\omega)$ 的增益，因此，在设计 PMSM 驱动系统时，如果能够使 $S(s)$ 的增益足够小，那么闭环特性的偏差将会抑制在工程允许的范围内，整个系统在某一有界干扰下处于鲁棒稳定状态，具有较好的鲁棒性。

除此之外，$S(s)$ 还可以定义为系统传递函数的变化率 $\Delta G_{\mathrm{c}}(s)/G_{\mathrm{c}}(s)$ 与被控对象传递函数变化率 $\Delta G_2(s)/G_2(s)$ 的比值：

$$\frac{\Delta G_{\mathrm{c}}(s)/G_{\mathrm{c}}(s)}{\Delta G_2(s)/G_2(s)}=\frac{1}{1+G_1(s)G_2(s)G_3(s)}=S(s) \tag{5-51}$$

由式(5-51)可知，$S(s)$ 等于干扰 $v(T)$ 到输出的闭环传递函数。因此减小 $S(s)$

的增益就等价于减小干扰对 PMSM 驱动系统控制误差的影响。驱动系统的灵敏度函数可以表示为

$$S(s)=1/[1+K_q K_r K_p/(\tau_r \tau_i s^2+\tau_i s)] \tag{5-52}$$

根据之前对 SiC MOSEFT 和 Si IGBT 开关特性的分析结果，因为 SiC 逆变器系统的增益 K_{r1} 大于 Si 逆变器系统的增益 K_{r2}，而且 SiC 系统的延迟时间常数 τ_{r1} 要小于硅 Si 系统的延迟时间常数 τ_{r2}。所以 SiC 驱动系统的灵敏度函数更小，系统具有更佳的鲁棒性能。

5.2.3　实验结果与结论

系统实验装置如图 5-20 所示，为了避免其他因素对系统的实验结果产生干扰，两个实验装置采用相同的控制板(DSP28335)、相同的电流传感器(LEM DHAB s/14)、相同的旋转变压器(TAMAGAWA，TS2640N321E64)以及同一台电机。两个系统只有功率器件不同，SiC MOSFET 为 CREE 公司的 CAS300M12BM2 模块，Si IGBT 为英飞凌公司的 FF400R12KE3 模块。

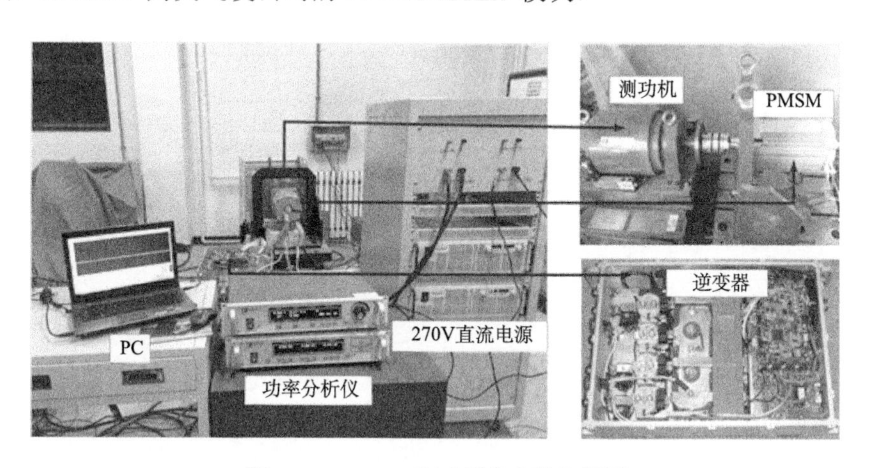

图 5-20　PMSM 驱动系统实验装置图

1. 快速响应实验结果

SiC MOSFET 系统具有更好的快速性，在控制策略和 PI 参数相同的条件下，对两个系统的 q 轴电流带宽进行测试，并改变开关频率和死区时间，分析对系统电流带宽的影响。此外，也通过实验进行 PMSM 系统对于阶跃速度信号的响应分析，得到两个系统调节时间的不同。

1) q 轴电流跟随实验结果

分别对 SiC MOSFET 系统和 Si IGBT 系统分别输入正弦波 q 轴电流指令，其幅值为 6A，频率逐渐升高，记录两个对应的电流跟随曲线。随着正弦波电流指令频率的增加，电流跟随的波形对正弦波电流指令曲线的相位滞后逐渐增大，而幅值逐渐减小，当幅值减小至 0.707 时对应的频率作为伺服系统–3dB 的频带宽度。

当系统开关频率为 15kHz、死区时间为 2μs 时，q 轴电流跟随实验结果如图 5-21 所示。从图中可以看出，给定频率为 545Hz，幅值为 6A 的正弦波 q 轴电流时，因为 SiC MOSFET 系统的跟随电流幅值为 5.3A，相位滞后 53.6°，而 Si IGBT 系统跟随电流幅值为 4.2A，相位滞后 116°，所以 SiC 驱动系统的动态性能要比 Si 驱动系统更好。

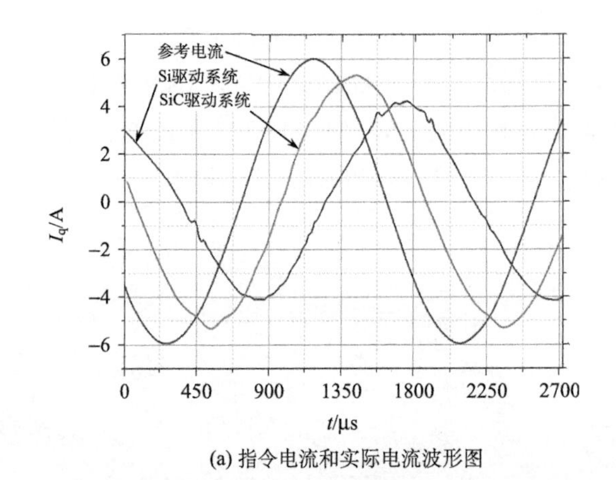

(a) 指令电流和实际电流波形图

(b) 系统在15kHz开关频率和2μs死区时间时的波特图

图 5-21　q 轴电流跟随实验结果

此外，记录两个驱动系统在不同频率下的 q 轴跟随情况，得到的波形图如图 5-21(b)所示。SiC 驱动系统的带宽为 675.1Hz，比 Si 驱动系统的带宽(545.5Hz)要大。而且，两个驱动系统在不同开关频率和死区时间下的电流带宽如表 5-2 所示。与之前分析一致，更快的开关速度、更小的死区时间、更小的管压降和输出电容都会导致系统更小的相电压畸变，并且使系统带宽更大。

表 5-2　不同开关频率和死区时间下 q 轴电流频率响应结果

变量		q 轴电流带宽/Hz	
开关频率/kHz	死区时间/μs	SiC 驱动系统	Si 驱动系统
10	2	671.5	537.4
	3	663.4	525.3
	4	653.2	514.5
15	2	675.1	545.4
	3	668.8	531.2
	4	658.5	524.9

2)速度环阶跃信号响应

在空载条件下，对两个驱动系统加入速度阶跃信号指令，令其参考转速为 0～100rpm，记录在不同开关频率和死区时间下的转速响应波形。图 5-22 为分别表示 Si 和 SiC 驱动系统的速度响应实验波形图，在开关频率为 15kHz 和死区时间为 2μs 的条件下，SiC 驱动系统的调节时间(59.51ms)小于 Si 驱动系统的调节时间(68.27ms)。

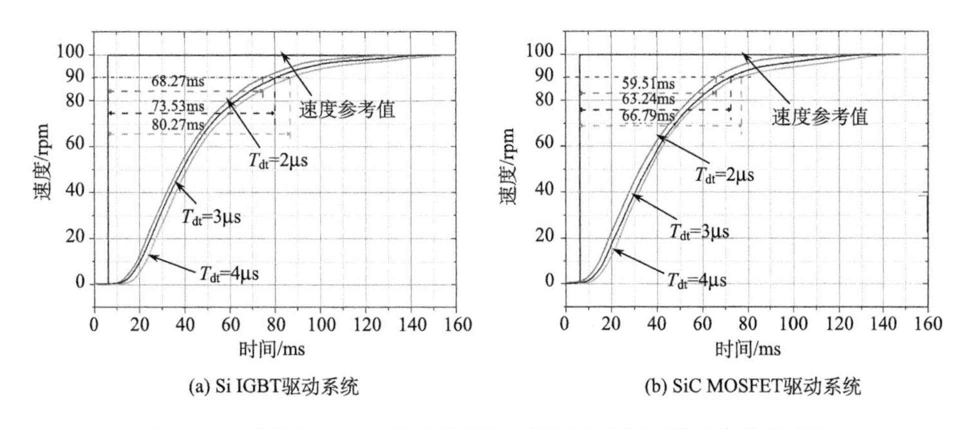

图 5-22　系统在 15kHz 开关频率和不同死区时间下的速度阶跃响应

此外，在不同开关频率和死区时间的条件下，两个系统速度环阶跃响应的实验结果如表 5-3 所示，系统调节时间不仅随着死区时间的增加而增加，而且随着开关频率的减小而增加，从而造成驱动系统的快速性恶化。

表 5-3　不同开关频率和死区时间条件下的速度环阶跃响应结果

变量		调节时间 t_s/ms	
开关频率/kHz	死区时间/μs	SiC 驱动系统	硅驱动系统
10	2	61.31	71.12
	3	64.95	75.61
	4	68.23	82.96
15	2	59.51	68.27
	3	63.24	73.53
	4	66.79	80.27

2. 相对稳定性实验结果

根据驱动系统的传递函数和图 5-21 所示的实验结果，可以计算得到系统的尼克尔斯图，如图 5-23 所示。SiC 驱动系统的幅值裕度和相角裕度分别为 99.82dB 和 62.33°，相应地，Si 驱动系统幅值裕度和相角裕度分别为 80.03dB 和 51.83°。可见，用 SiC MSOFET 替换 Si IGBT 之后，驱动系统将会拥有更好的相对稳定性。

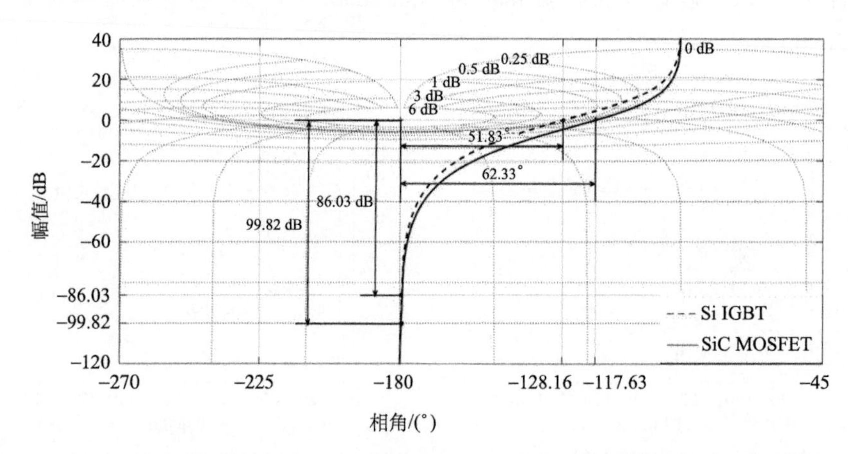

图 5-23　驱动系统在 15kHz 开关频率和 2μs 死区时间条件下的尼克尔斯图

此外，SiC MOSFET 优越的特性使系统的死区时间进一步减小，开关频率进一步增加，进而可以增加系统的幅值裕度和相角裕度的增加。然而，Si 系统的稳定裕度受到开关速度和开关频率的限制而很难进一步提升。

3. 系统鲁棒性分析结果

当电机运行在稳态时，突加额外负载，图 5-24 为速度响应的实验波形图。因为系统的转矩突然从 5N・m 变为 10N・m，所以会出现如图所示的速度波动。实验结果显示，SiC 驱动系统的速度波动值和调整时间都要比 Si 驱动系统的小很多。测试了不同的开关频率和死区时间条件下的实验结果。如图 5-24 所示，当开关频率为 15kHz、死区时间为 2μs 时，SiC 驱动系统转速波动最大值为 7.5rpm，而 Si 驱动系统的转速波动最大值为 10rpm，此外，SiC 驱动系统的调整时间为 143.1ms，小于 Si 系统的调整时间(220ms)。因此，SiC 驱动系统拥有更好的鲁棒性来抑制瞬态过程中的干扰。

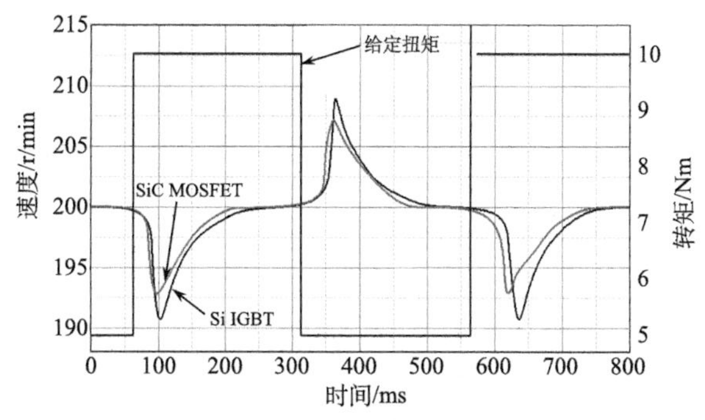

(a) 开关频率为15kHz、死区时间为2μs时速度响应波形图

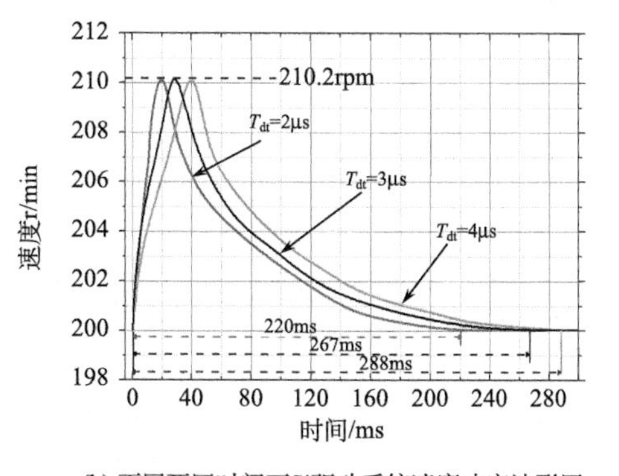

(b) 不同死区时间下Si驱动系统速度响应波形图

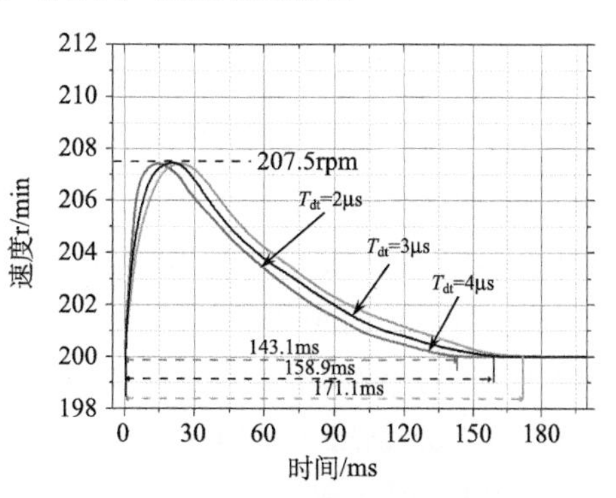

(c) 不同死区时间下SiC驱动系统速度响应波形图

图 5-24　负载突变时系统速度响应曲线

值得注意的是，系统长时间运行的损耗积累会导致温度上升，而这也将导致 Si IGBT 关断时间增加，所以 Si 逆变器的延迟时间常数 τ_r 随之增加，而增益 K_r 随之减小，使 Si 驱动系统的快速性、相对稳定性、鲁棒性等动态性能出现恶化。然而，SiC MOSFET 在不同温度下的开关时间基本保持不变，所以在长时间运行条件下，SiC 驱动系统仍然能够维持更好的动态性能。

5.3　SiC MOSFET 驱动器对电机轴电流的影响

目前，结合先进控制策略(矢量控制、直接转矩控制等)的 PWM 逆变器驱动以其精确控制、降低电机谐波损耗、减小转矩振荡等优点成为控制电机方案的最佳选择。以 SiC 为代表的新一代宽禁带半导体材料所制成的电力电子功率器件具有耐压高、开关速度快和热导率高等一系列优势，成为现在功率半导体器件的主流发展方向。然而，在 PWM 变频器控制电机系统带来巨大效益的同时，其负面影响也越来越突出，轴电流导致的轴承电腐蚀失效是逆变器变频调速时的负面效应之一。据统计，在损坏的逆变器供电电机中，超过 40%是轴承损坏，因此，对于电机轴承电流问题的研究有着重要的意义[10]。

本节主要阐明轴电流的产生机制，介绍新型宽禁带功率器件 SiC MOSET 对电机轴电流的影响。

5.3.1　轴电流产生的原理及分类

在 PWM 调速系统中，逆变器输出的高频共模电压是产生电机轴承电流(简称轴电流)问题的主要原因。由于电机内部定子绕组与机壳之间存在一系列的寄生耦合电容，在高频共模电压的激励之下，就在电机轴承部分产生了轴承电流[11]。

按照轴电流的产生原理，PWM 驱动系统产生的轴电流可以分成三类：容性轴电流、转子接地电流及环型轴电流[12,13]。

(1) 容性轴电流。由于电机内部寄生参数的分压作用，定子绕组对机壳的共模电压 v_{cm} 在轴承的内环轴瓦和外环轴瓦之间产生电压，称为轴承电压 v_b。当轴承的温度较低，且电机的转速大于约 100rpm 时，由于在轴承内部的滚珠和外部的轴瓦之间存在绝缘润滑油膜，于是在轴承的内、外环轴瓦之间就形成了等效的轴承电容 C_b。dv_b/dt 引起了沿着 C_b 的容性轴承电流。当电机转速小于 100rmp 时，轴承之中的润滑油膜还未分布均匀，此时轴承相当于一个电阻。当 v_b 在润滑油膜击穿电压之内时，容性轴承电流的值较小，但是一旦 v_b 超过润滑油膜的击穿电压，在滚珠和轴瓦之间的润滑油膜就会被击穿，形成了润滑油膜的击穿放电现象，即形成了电火花放电(electrical discharge machining，EDM)电流，立刻损坏轴承[14]。

(2)转子接地电流。这种轴承电流只有在转子接地时才有可能会出现，并且轴承电流的大小也会因为不同的接地阻抗而有所不同。因为它的接地阻抗远小于定子叠片的阻抗，所以此时大多的共模电流将流经轴承，通过转子接地的通路流入大地，即转子接地电流。

(3)环型轴电流。电机共模电压的高 dv_b/dt 通过定子绕组与电机机壳之间的耦合电容 C_{wf} 流过了高频共模电流 i_{com}，i_{com} 在电机定子铁芯内激发出了环型共模磁通[15]。该高频变化的磁通在电机的转轴上感应出了轴电压 v_{sh}，v_{sh} 就形成了沿着“定子机壳—一端轴承—转轴—另一端轴承”回路的环型轴承电流 i_b。

由于转子接地型轴电流仅在转轴接地时下才有可能会发生，且转轴接地阻抗不同，轴承电流的值会完全不同，所以不将这种类型的轴电流作为研究对象，仅考虑容性轴电流和环型轴电流的产生原理及其影响。

5.3.2 SiC 功率器件对共模电压影响

1. PWM 驱动系统中的共模电压

三相 PWM 逆变器输出电压中存在正、负序分量(即差模电压)和零序分量(即共模电压)。共模电压为电动机三相绕组星形连接的中性点对地处的零序电压，其大小由式(5-53)给出。

$$v_{cm} = \frac{1}{3} \times (v_A + v_B + v_C) \tag{5-53}$$

式中，v_{cm} 为共模电压；v_A、v_B 和 v_C 分别为电动机各相电压。

由式(5-53)可知，当三相对称的正弦电压为电动机供电时，则 $v_{cm} = 0$，此时系统中不存在共模电压。然而，当三相 PWM 逆变器为电动机供电时，三相相电压不对称，那么会导致共模电压不为 0。

在三相电机的 PWM 驱动系统中，逆变器通常会有 8 种开关组合状态，如图 5-25 所示[16, 17]。

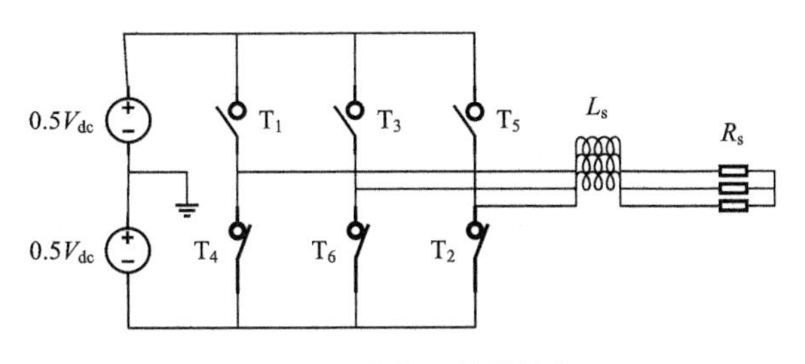

图 5-25　逆变器等效状态

对三相桥式电路的六个开关管的开关状态做如下的定义：当上桥臂开关管导通，其对应的下桥臂开关管关断时，将此种开关状态称作“1”的状态；相反的，将另一种的开关状态称作“0”状态。通过排列组合，一共得到了 8 种可能会在三相逆变电路中会发生的开关状态的组合：000、001、010、011、100、101、110、111。在这 8 种开关状态组合下的共模电压为

$$v_{\mathrm{cm}}=\begin{cases}\dfrac{V_{\mathrm{DC}}}{2}, & (111)\\ \dfrac{V_{\mathrm{DC}}}{6}, & (011,101,110)\\ -\dfrac{V_{\mathrm{DC}}}{2}, & (000)\\ -\dfrac{V_{\mathrm{DC}}}{6}, & (100,010,001)\end{cases} \tag{5-54}$$

式中，V_{DC} 为直流侧的直流母线电压。由式(5-54)可知，电机终端的共模电压始终不为 0。

2. 开关频率对共模电压的影响

首先，忽略开关速度影响，只分析开关频率对共模电压的影响，即认为开关器件的每一次动作上升时间和关断时间为零。以双极性 SPWM 控制方法为例，对共模电压波形进行分析。U 相 SPWM 信号的产生原理如图 5-26 所示，功率器件的开关状态在调制波与载波相交时刻改变。当调制波在载波之上时，该相逆变器输出的电压为 $V_{\mathrm{DC}}/2$，反之，该相逆变器输出的电压为$-V_{\mathrm{DC}}/2$。B 相和 C 相的原理

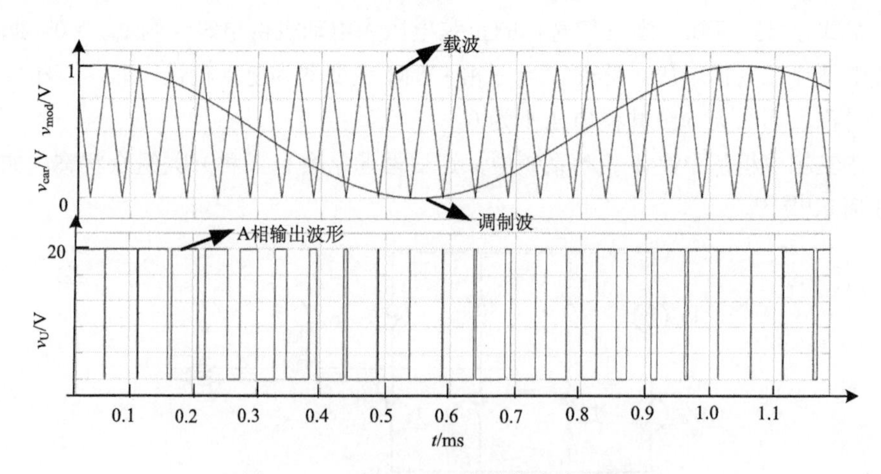

图 5-26　A 相 SPWM 信号的产生原理图

一样，只是调制波的相位相差 120°。各相输出电压和共模电压的波形图如图 5-27 所示，图中从上至下分别为：A 相逆变器输出的电压波形、B 相逆变器输出的电压波形、C 相逆变器输出的电压波形和三相共模电压的输出波形。

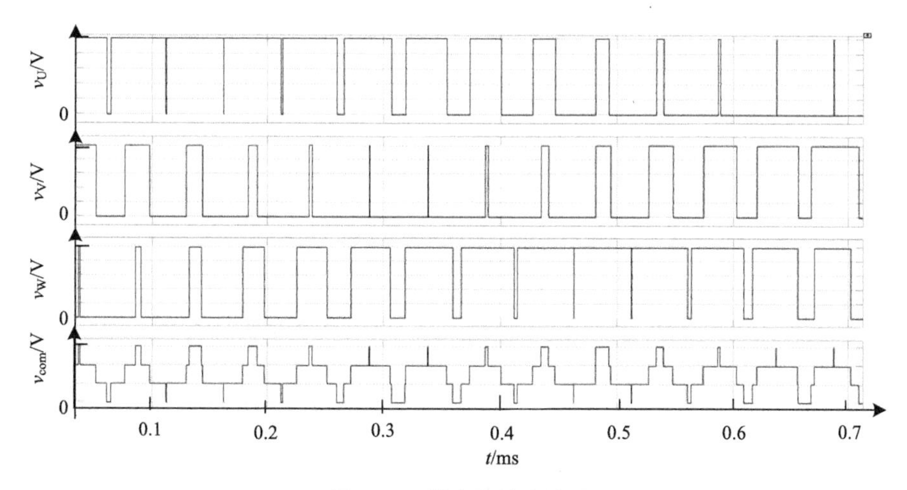

图 5-27　逆变器输出波形

由图 5-27 可以得，因为共模电压的基波频率与逆变器各相输出电压跳变的频率相同，而各相输出电压跳变的频率即为开关管的开关频率，所以共模电压的基波频率与开关器件的开关频率相同。共模电压的大小在式(5-54)的电压之间跳变，开关管每动作一次，电压大小改变 $V_{DC}/3$。共模电压电平跳变的频率为功率开关器件开关频率的 6 倍。

对 SPWM 控制下的共模电压进行傅里叶分析，以此来验证上述分析的正确性。将逆变器的输出电压进行傅里叶展开[18]：

$$v_A = \frac{V_{DC}}{2}\left\{a\sin(\omega_1 t) + \sum_{n=1}^{\infty}\left(\frac{4}{n\pi}\right)\sin\left[\frac{an\pi}{2}\sin(\omega_1 t) + \frac{n\pi}{2}\right]\cos(n\omega_s t)\right\} \tag{5-55}$$

$$v_B = \frac{V_{DC}}{2}\left\{a\sin\left(\omega_1 t + \frac{2\pi}{3}\right) + \sum_{n=1}^{\infty}\left(\frac{4}{n\pi}\right)\sin\left[\frac{an\pi}{2}\sin\left(\omega_1 t + \frac{2\pi}{3}\right) + \frac{n\pi}{2}\right]\cos(n\omega_s t)\right\} \tag{5-56}$$

$$v_C = \frac{V_{DC}}{2}\left\{a\sin\left(\omega_1 t + \frac{4\pi}{3}\right) + \sum_{n=1}^{\infty}\left(\frac{4}{n\pi}\right)\sin\left[\frac{an\pi}{2}\sin\left(\omega_1 t + \frac{4\pi}{3}\right) + \frac{n\pi}{2}\right]\cos(n\omega_s t)\right\} \tag{5-57}$$

式中，v_A、v_B 和 v_C 分别为逆变器输出的相电压，若忽略传输线影响即为电机各相的相电压；V_{DC} 为直流母线电压；ω_1 为调制波的角频率；ω_s 为载波的角频率；a

为调制深度。

共模电压的傅里叶表达式：

$$
\begin{aligned}
v_{\mathrm{cm}} = & \sum_{n=1}^{\infty}(-1)^{\frac{n-1}{2}}\frac{V_{\mathrm{DC}}}{2}\left(\frac{4}{n\pi}\right)\left\{\mathrm{J}_0\left(\frac{an\pi}{2}\right)\cos(\mathrm{n}\omega_{\mathrm{s}}t)\right. \\
& \left.+3\sum_{n=1}^{\infty}\mathrm{J}_k\left(\frac{an\pi}{2}\right)\cdot\left[\cos(n\omega_{\mathrm{s}}+k\omega_1)t+\cos(n\omega_{\mathrm{s}}-k\omega_1)t\right]\right\}
\end{aligned}
\tag{5-58}
$$

式中，n=1, 3, 5, …；k=6l，l=1, 2, 3, …

$$
v_{\mathrm{cm}} = 3\sum_{n=2}^{\infty}(-1)^{\frac{n}{2}}\frac{V_{\mathrm{DC}}}{2}\left(\frac{4}{n\pi}\right)\left\{J_k\left(\frac{an\pi}{2}\right)\cdot\left[\sin(n\omega_{\mathrm{s}}+k\omega_1)t+\sin(n\omega_{\mathrm{s}}-k\omega_1)t\right]\right\} \tag{5-59}
$$

式中，n=2, 4, 6, …；k=6l–3，l=1, 2, 3, …

由式(5-59)可以得出如下结论：当调制波为正弦波时，三相逆变器输出共模电压在载波频率处的谐波幅值最高，载波频率即为开关器件的开关频率，则证明了上文分析中的共模电压的主要频率与开关器件的开关频率相同[19]。

3. 开关速度对共模电压的影响

上文在开关频率对共模电压影响的分析中，把开关器件的开关过程视为了理想过程，即每一次共模电压跳变的 dv/dt 无穷大，这显然是与实际不符，而且会对电机内部的容性耦合系统产生巨大的负面影响。实际中，共模电压每一次跳变的 dv/dt 与驱动器件的开通时间和关断时间相关。也就是说，除了开关频率会影响共模电压，开关速度也会对共模电压产生影响。开关器件每一次的开关状态改变都会引起很高的电压脉冲，即高的 dv/dt。从上文的分析可知，每一次开关器件动作，会引起共模电压大小改变 V_{DC}/3，即 $\Delta v = V_{\mathrm{DC}}/3$。共模电压的跳变时间为开关管的上升时间 t_{r} 或开关管的下降时间 t_{f}，即 $\Delta t=t_{\mathrm{r}}$ 或 $\Delta t=t_{\mathrm{f}}$。假设跳变过程为线性变化过程，即

$$
\frac{\mathrm{d}v}{\mathrm{d}t}=\frac{\Delta v}{\Delta t}=\frac{V_{\mathrm{DC}}}{3\Delta t} \tag{5-60}
$$

直流母线电压取 270V，CREE 公司生产的 SiC MOSFET 器件 CPM2-1200-0025B 的上升时间 t_{r} 为 32ns，下降时间 t_{f} 为 28ns，使用的驱动电阻为 2.5Ω，则每一次的开关管动作将引起共模电压的 dv/dt 高达 3000V/μs。

如此高的共模电压变化率将在电机内部的容性耦合系统中产生很大的电流脉冲。对于容性轴电流来说，轴电压为共模电压的分压，同样拥有高的 dv/dt 的跳变沿，轴电压的跳变沿对应功率器件的每一次开通和关断过程。对于环型轴电流来说，高 dv/dt 将使对地共模电流产生高峰值，而共模电流又是环型轴电流的源头，

将产生高周向磁通，进而产生环型轴电流峰值。

综上所述，开关管的高开关速度将导致电机轴电流的峰值增高。

4. SiC MOSFE 对共模电压影响总结

PWM 逆变器产生的共模电压与功率器件的开关频率、开关速度及直流母线电压有关，而与电机内部的结构无关。因为共模电压的频率与开关器件的开关频率相同，SiC MOSFET 的开关频率可以高达近 100kHz，所以 SiC 功率器件驱动引起的共模电压频率高达近 100kHz。此外，SiC 功率器件的开关速度在 100ns 左右，而传统 Si 功率器件的开关速度在 1μs 数量级，这就意味着在直流母线电压相同的情况下，每一次共模电压的跳变 SiC 功率器件引起的 $\mathrm{d}v/\mathrm{d}t$ 要比传统 Si 功率器件所引起的 $\mathrm{d}v/\mathrm{d}t$ 高出一个数量级，那么轴电流的峰值水平将大大升高。而且，由于共模电压跳变的频率是载波频率的 6 倍，逆变器载波频率即开关管的开关频率越高，在同样的一段时间之内轴承中的电流峰值越多。也就是说，在不考虑击穿问题时，开关速度决定了轴电流的峰值，而开关频率决定产生轴电流峰值的频率。

由开关速度引起的高频共模电压问题可以通过降低载波频率来降低共模电压的基频解决。但是，由开关速度所引起的高轴电流峰值问题是由于 SiC MOSFET 自身特性决定的，因此，SiC MOSFET 功率器件是导致电机轴电流问题更加严重的关键。

5.3.3　共模电压对轴电流的影响

SiC 功率器件直接对共模电压产生了影响，进而导致了电机轴电流问题。根据上文分析，得出 SiC 功率器件对共模电压的影响机理为：SiC 功率器件可以应用于更高的开关频率，所以导致了共模电压的跳变频率增高；SiC 功率器件的开关速度显著加快，所以导致了共模电压的跳变时间减短。其中开关速度带来的共模电压每次跳变引起高 $\mathrm{d}v/\mathrm{d}t$ 是造成轴电流峰值显著增大，进而导致轴承发生显著破坏的原因。

1. 共模电压对容性轴电流影响

为了分析共模电压的跳变时间的影响，这里作简化处理，不考虑轴承击穿的问题，即忽略了轴承击穿电阻。

由图 5-28 可以看出，阶跃函数乘一阶惯性环节的时域响应波形类似开关器件一次开通过程的波形，所以可以将每一次共模电压的跳变模拟为阶跃函数乘一阶惯性环节，即

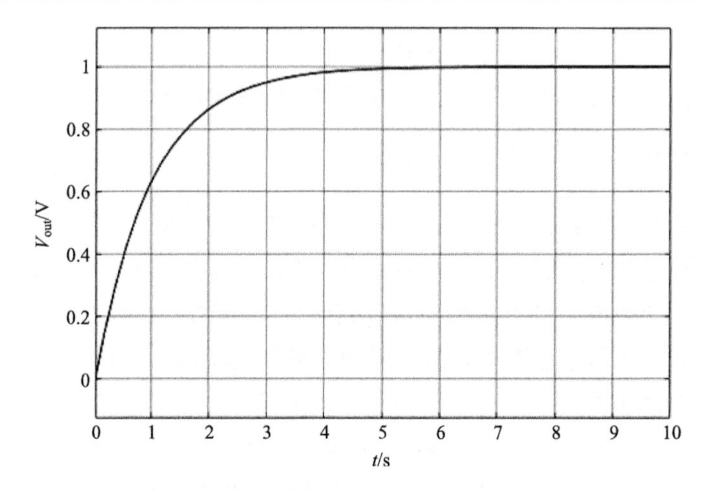

图 5-28　阶跃函数乘一阶惯性环节时域响应

$$V(\mathrm{s})=\frac{V_{\mathrm{dc}}}{3s}\frac{1}{\tau s+1} \tag{5-61}$$

式中，τ 为共模电压的跳变时间的模拟，τ 数值大表示则共模电压的跳变时间长，τ 数值小则共模电压的跳变时间短。

由图 5-29 中的电路结构，可以计算出每一次共模电压跳变引起的轴电流：

$$I_{\mathrm{b}}(s)=\frac{C_{\mathrm{b}}}{C_{\mathrm{rf}}+C_{\mathrm{b}}}\frac{V_{\mathrm{dc}}/3}{(\tau s+1)\left(L_0 s^2+R_0 s+\dfrac{1}{C_{\mathrm{eq}}}\right)} \tag{5-62}$$

式中

$$C_{\mathrm{eq}}=\frac{C_{\mathrm{wr}}(C_{\mathrm{rf}}+C_{\mathrm{b}})}{C_{\mathrm{rf}}+C_{\mathrm{wr}}+C_{\mathrm{b}}} \tag{5-63}$$

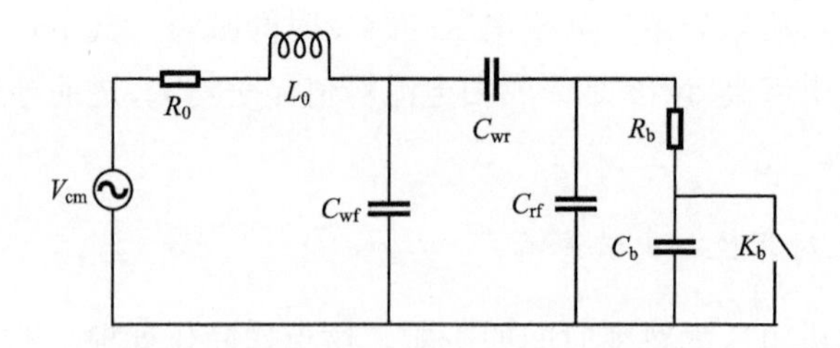

图 5-29　电机内部共模耦合通路模型

将式(5-63)进行 Laplace 反变换得到

$$i(t)=\frac{V_{\mathrm{DC}}}{3}\frac{C_{\mathrm{b}}}{C_{\mathrm{rf}}+C_{\mathrm{b}}}\left\{\frac{\mathrm{e}^{-\frac{R_0}{2L_0}t}\sin\left(\sqrt{\frac{1}{L_0C_{\mathrm{eq}}}-\frac{R_0^{\ 2}}{4L_0^{\ 2}}}t+\varphi\right)}{\sqrt{\left(\frac{1}{L_0C_{\mathrm{eq}}}-\frac{R_0^{\ 2}}{4L_0^{\ 2}}\right)\left(\frac{\tau^2L_0}{C_{\mathrm{eq}}}+L_0^2-L_0R_0\tau\right)}}+\frac{1}{\frac{L_0}{\tau}+\frac{\tau}{C_{\mathrm{eq}}}-R_0}\mathrm{e}^{-\frac{t}{\tau}}\right\} \tag{5-64}$$

式中

$$\varphi=\arccos\left(\frac{L_0-R_0\tau/2}{\sqrt{\frac{\tau^2L_0}{C_{\mathrm{eq}}}+L_0^{\ 2}-L_0R\tau}}\right)=\arcsin\left(\frac{-L_0\tau\sqrt{\frac{1}{L_0C_{\mathrm{eq}}}-\frac{R_0^2}{4L_0^2}}}{\sqrt{\frac{\tau^2L_0}{C_{\mathrm{eq}}}+L_0^{\ 2}-L_0R_0\tau}}\right) \tag{5-65}$$

由式(5-64)可以看出，容性轴电流由两项分量组成，第一项为衰减振荡项，第二项为衰减项，用以维持共模电压开始跳变的瞬间电流值为 0。

第一项电流衰减振荡的幅值为

$$I_{\mathrm{b,c1}}=\frac{V_{\mathrm{DC}}}{3}\frac{C_{\mathrm{b}}}{C_{\mathrm{rf}}+C_{\mathrm{b}}}\frac{1}{\sqrt{\left(\frac{1}{L_0C_{\mathrm{eq}}}-\frac{R_0^{\ 2}}{4L_0^{\ 2}}\right)\left(\frac{\tau^2L_0}{C_{\mathrm{eq}}}+L_0^2-L_0R_0\tau\right)}} \tag{5-66}$$

由式(5-66)可以看出，第一项衰减振荡的幅值随着 τ 的减小而增大，即：共模电压的跳变时间越短，第一项电流衰减振荡的幅值越大。

第一项衰减振荡分量中的振荡角频率：

$$\omega=\sqrt{\frac{1}{L_0C_{\mathrm{eq}}}-\frac{R_0^{\ 2}}{4L_0^{\ 2}}}\approx 3.43\times10^7 \tag{5-67}$$

因为两个电流分量都是衰减环节，所以轴电流幅值在发生共模电压跳变后是逐渐减小的，要分析轴电流峰值只需要考虑刚发生共模电压跳变的时刻。C_{eq} 约为 50pF，L_0 约为 17μH，R_0 约为 1mΩ，τ 取 100ns，$2L_0/R_0$ 约为 0.034，而为 10^{-7} 数量级，可见第一项衰减振荡分量衰减速度远小于第二项衰减速度。由式(5-64)可知，第一项衰减振荡分量中的振荡周期为 1.83×10^{-7}s，振荡周期远远小于衰减时间常数。这说明在分析衰减振荡分量中的前几个振荡周期中可以先忽略其衰减项，且此时容性轴电流为一个振荡分量与一个衰减分量相加。第二项衰减分量衰减时间常数与第一项衰减振荡分量中的振荡周期在同一数量级。当经过 3τ～5τ 之后，第二项衰减分量就可以被忽略不计，第二项衰减分量对轴承只有短暂的影响，而第一项衰减振荡分量衰减很慢，需要长时间振荡才能被忽略不计，所以第一项衰减振荡分量的幅值更为重要。

综上所述，共模电压的跳变时间越短，每一次共模电压的跳变引起的容性轴电流振荡幅值越大，对轴承产生的损害程度也就越大。

2. 共模电压对环型轴电流影响

高频共模电流是产生环型轴电流的原因[20]。高频共模电流为在共模电压的作用下，通过定子绕组与机壳之间的耦合电容 C_{wf} 从定子绕组流入到机壳的电流。与容性轴电流的分析思路相同，共模电压的跳变时间越短，每一次共模电压的跳变引起的高频共模电流的振荡幅值也越大。

高频共模电流激发出高频共模磁通，高频共模磁通感生出了转轴两端的轴电压。相同共模电流激发产生轴电压与频率的关系：

$$\left|\frac{\dot{V}_{sh}}{\dot{I}_{com}}\right| = \frac{N}{\sqrt{2}\pi}\sqrt{\frac{\pi f \mu}{\sigma}}\ln\left(\frac{d_{se}/2}{d_{si}/2+h_z}\right) \tag{5-68}$$

由式(5-68)可得

$$\left|\frac{\dot{V}_{sh}}{\dot{I}_{com}}\right| \propto \sqrt{f} \tag{5-69}$$

因此可以看出，当共模电流相同时，频率越高，产生的轴电压越高，产生环型轴电流也就越大。根据上文分析可知，共模电压的跳变时间越短，高频共模电流的振荡幅值也越大。在环形轴电流流通路径中，因为轴承电容的阻抗远远大于其他分量的阻抗，所以环形轴电流流通路径中阻抗的模值可以视为不随频率改变而改变的轴承电容的阻抗模值。轴电压可以看作是环形轴电流流通路径上的激励源，轴电压模值随频率升高而升高，而阻抗模值几乎不随频率改变而改变，因此，环形轴电流的模值将随频率升高而升高。

综上所述，共模电压的跳变时间越短，环形轴电流的模值越高。

5.4 本章小结

本章分别分析了新型宽禁带功率器件 SiC MOSFET 对电机损耗、电机动态性能以及电机轴电流的影响。首先分析了趋肤效应和邻近效应对永磁同步电机绕组铜耗的影响，并在经典的铁耗分离模型的基础上加入了趋肤效应对涡流损耗的影响，将电流频率纳入了考虑的范围。同时，采取谐波分析法对电机输入电流的谐波成分造成的铁损耗进行分析。采用基于 SiC 的逆变器驱动永磁同步电机时，在电机减小电机损耗和提升电机效率方面具有明显的优越性。其次，建立一种新型的考虑器件特性的电机驱动系统传递函数。在此基础上，分析 SiC MOSFET 的特性对永磁同步电动机的快速性、相对稳定性及鲁棒性的影响。与硅驱动系统相比，SiC 驱动系统因为器件特性更好，从而具有更好的快速性、相对稳定性和鲁棒性。最后，从理论上对 SiC 功率器件对轴电流影响的机理进行分析。SiC 因为开关速度高，导致电机内产生轴承电流峰值大大增加。

参 考 文 献

[1] Zhao T, Wang J, Alex Q Huang, et al. Comparisons of SiC MOSFET and Si IGBT based motor drive systems[C]//Industry Applications Conference. New Orleans, LA, 2007.

[2] Reed J K, Mcfarland J, Tangudu J, et al. Modeling power semiconductor losses in HEV powertrains using Si and SiC devices[C]//Vehicle Power & Propulsion Conference. Lille, 2011.

[3] Stoll R L. The Analysis of Eddy Currents[M]. (First edition). Oxford: Clarendon Press, 1974.

[4] Bertotti G. General properties of power losses in soft ferromagnetic materials[J]. IEEE Transactions on Magnetics, 2002, 24(1): 621-630.

[5] Yamazaki K, Tanida M, Satomi H. Calculation method for iron loss in rotating machines by direct consideration of eddy currents in electrical steel sheets[J]. Electrical Engineering in Japan, 2011, 176(3): 69-80.

[6] Boglietti A, Lazzari M, Pastorelli M. A simplified method for the iron losses prediction in soft magnetic materials with arbitrary voltage supply[C]//Conference Record-IAS Annual Meeting(IEEE Industry Applications Society). Rome, 2000.

[7] Fiorillo F, Novikov A. An improved approach to power losses in magnetic laminations under nonsinusoidal induction waveform[J]. IEEE Transactions on Magnetics, 1990, 26(5): 2904-2910.

[8] 杜敏. 基于 SiC MOSFET 的高性能电驱动研究[D]. 北京: 北京航空航天大学, 2015.

[9] 段崇伟. 基于 SiC 与 Si 逆变器驱动永磁同步电机损耗对比研究[D]. 北京: 北京航空航天大学, 2016.

[10] 张海蛟. PWM 变频供电异步电机高频循环型轴承电流的计算[D]. 北京: 北京交通大学, 2014.

[11] Busse D, Erdman J, Kerkman J, Schlegel D, et al. System electrical parameters and their effects on bearing currents[J]. IEEE Transactions on Industry Applications, 1997, 33(2): 577-584.

[12] Muetze A. On a new type of inverter-induced bearing current in large drives with one journal bearing[J]. IEEE Transactions on Industry Applications, 2010, 46(1): 240-248.

[13] Schuster M, Binder A. Comparison of different inverter-fed AC motor types regarding common-mode bearing currents[C]//IEEE Energy Conversion Congress and Exposition. Montreal, 2015.

[14] 艾波. 永磁同步电机轴电压和轴电流研究[D]. 重庆: 重庆大学, 2014.

[15] 幸善成, 吴正国. 逆变器驱动电机系统环路型电机轴承电流的研究[J]. 海军工程大学学报, 2006, 18(002): 64-68.

[16] 梁言. 碳化硅逆变器调速系统轴承电流研究[D]. 徐州: 中国矿业大学, 2019.

[17] 陈嘉垚. 双馈异步风力发电机轴电流的分析与抑制[D]. 北京: 北京交通大学, 2016.

[18] 姜艳姝, 刘宇, 徐殿国, 等. PWM 变频器输出共模电压及其抑制技术的研究[J]. 中国电机工程学报, 2005(09): 47-53.

[19] Hamman J, van der Merwe F S. Voltage harmonics generated by voltage–fed inverters using PWM natural sampling[J]. IEEE Transactions on Power Electronics, 1988, 3(3): 297-301.

[20] Muetze A and Binder A. Calculation of circulating bearing currents in machines of inverter-based drive systems[J]. IEEE Transactions on Industrial Electronics, 2007, 54(2): 932-938.

第6章　基于宽禁带功率器件的电机驱动新拓扑

为了实现永磁同步电机(permanent magnet synchronous Motor，PMSM)高精度驱动控制，通常采用空间矢量脉宽调制法(space vector pulse width modulation，SVPWM)。SVPWM控制方式具有功率损耗小、效率高和易实现全数字控制等优势，但是PWM驱动下定子绕组电流包含丰富的谐波，特别是当电机处于低速、轻载的工况时[1,2]，电流谐波不仅会引起电机损耗增加，而且会引起电机的转速和转矩脉动[3,4]。尽管可以通过提高开关频率来减少谐波，但是过高的开关频率不仅引起系统的电磁干扰，还会使电机的轴电流峰值频次增多，缩短电机的使用寿命[5]。目前，抑制谐波的方法主要有近似无死区PWM调制法[6]、基于反馈电流的电压补偿法[7,8]和时间补偿法(脉宽补偿法)[9]等，其基本思路大都是控制策略上入手[10,11]，并未从根本上解决问题。

与采用SVPWM控制方式的电机驱动电路相比，采用线性功率放大器的电机驱动电路，从原理上规避了由脉宽调制中开关器件的高频开关动作引起的电磁污染、电流谐波和转矩脉动等一系列不利影响，为实现高精度的永磁同步电机伺服控制系统控制提供了一个可行方案。但是，线性功率放大器在常规的应用方式下发热量大，极大降低了驱动系统的运行效率，严重限制了电机驱动控制系统的功率等级。

本章介绍一种基于线性功率放大器的电机友好型驱动控制系统的新拓扑，利用新型宽禁带功率器件克服驱动控制系统中线性功放的转换效率低的弊端，实现兼顾高效率和高精度的目标。

6.1　线性功率放大器简介

6.1.1　功率放大器的分类

线性功率放大器(power amplifier，PA)属于功率集成电路的一种，一般分为传统类和开关类两大类[12]。根据导通角的范围，传统类功率放大器可以分为A类、B类、AB类和C类(又称为甲类、乙类、甲乙类和丙类)。导通角指的是当功放输出为正弦电压时，在正弦电压的一个周期内，功放内部放大晶体管的导通时间占正弦电压周期的比重，其中，A类功放的导通角为360°，即在整个周期都导通，

A 类功放的优点是输出电压的线性度极好，但效率极低，发热十分严重；B 类功放的导通角为 180°，即有半个周期的时间导通，B 类功放效率较高，但是线性度较 A 类功放差；AB 类功放的导通角大小在 A 类功放与 B 类功放之间，其线性度与效率均折中，且比较容易控制栅端偏压；C 类功放导通角小于 180°，尽管其最高效率在理论上可以达到 100%，但线性度差，同时考虑到 C 类功放的导通角很小，放大晶体管的有效导通时间少，故 C 类功率放大器很少在实际应用。

与传统类的功率放大器相比，开关类的功率放大器最大的特点是效率高。根据实现开关的方式不同，开关类功率放大器可以分为 D 类、E 类及 F 类[13]，不同类型的功率放大器性能对比如表 6-1 所示。目前，通过使用功率放大器已经实现了对步进电机[14]，压电作动器[15,16]和永磁同步电机[17]等装置的驱动控制，但是由于功放电路损耗较大，整个驱动控制系统的效率较低。

表 6-1　不同类型的功率放大器性能对比

类型	A 类	AB 类	B 类	C 类	D 类	E 类	F 类
晶体管工作模式	传统类	传统类	传统类	传统类	开关类	开关类	开关类
晶体管导通角	360°	180°～360°	180°	0°～180°	180°	180°	180°
输出功率	中	中	中	小	大	大	大
理论效率	50%	50%～78.5%	78.5%	78.5%～100%	100%	100%	100%
典型效率	35%	35%～60%	60%	70%	75%	80%	75%
增益	高	中	中	低	低	低	低
线性度	极好	好	好	差	差	差	差
晶体管漏端电压峰值	$2V_{dc}$	$2V_{dc}$	$2V_{dc}$	$2V_{dc}$	$2V_{dc}$	$3.6V_{dc}$	$2V_{dc}$

6.1.2　线性功放的损耗分析

通常，线性功放电路采用图 6-1 所示的直流供电方式，这是导致基于线性功率放大器驱动电路功率等级低的主要原因。

线性放大电路实现能量控制与转换的前提是输出的信号波形不失真。作为放大电路的核心元件，晶体管与场效应管只有工作在放大区或者恒流区，才能保证输出电压波形的线性度。以图 6-2 所示的无输出电容(output capacitorless，OCL)功率放大电路为例，在 OCL 电路中，NPN 型晶体管 T_1 与 PNP 型晶体管 T_2 的特性对称，并采用了$\pm V_{CC}$双电源供电。

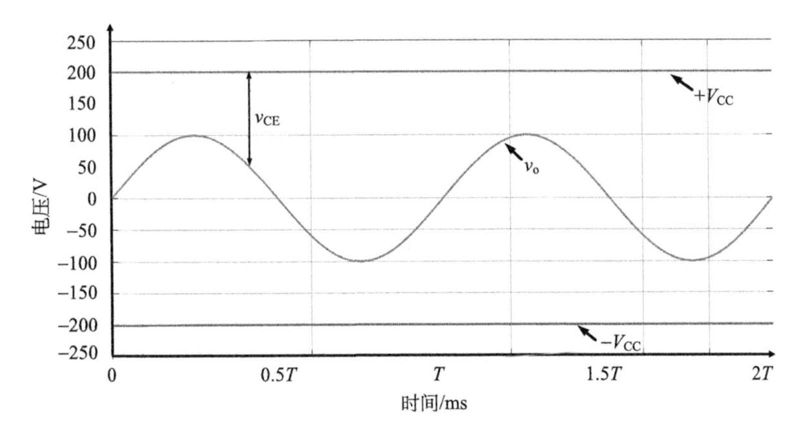

图 6-1　常规直流供电方式下供电电压以及输出电压波形

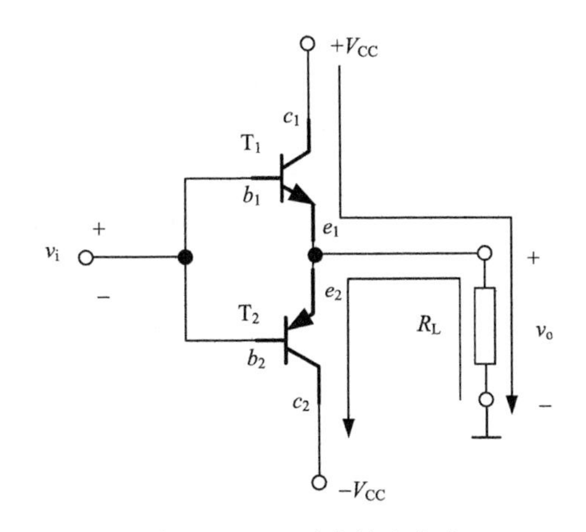

图 6-2　OCL 功率放大电路

T_1 与 T_2 管在输入电压 v_i 作用下的输入特性如图 6-3(a)所示，OCL 功率放大电路波形分析图如图 6-3(b)所示。在图 6-3 中，v_{BE1} 和 v_{BE2} 分别为 T_1 管和 T_2 管的基极和发射极之间的电压，v_{CE1} 和 v_{CE2} 分别为 T_1 管和 T_2 管的集电极和发射极之间的电压，i_{B1} 和 i_{B2} 分别为 T_1 管和 T_2 管的基极电流，i_{C1} 和 i_{C2} 分别为 T_1 管和 T_2 管忽略基极回路电流的情况下电源 $\pm V_{CC}$ 提供的电流，V_{CES} 为集电极与发射极之间的饱和压降。

OCL 功率放大电路的主要工作过程如下：

静态时，即 v_i=0V 时，$v_{b1} = v_{b2}$ =0V，则 T_1 与 T_2 均截止，输出电压 v_o =0V。

当 v_i 为正弦信号，v_i >0V 时，则有 $v_{c1}> v_{b1} >v_{e1}$，T_1 导通，工作在放大区；$v_{b2}> v_{e2}>v_{c2}$，T_2 截止，$+V_{CC}$ 给负载供电。v_i<0V 时，$v_{c1}> v_{e1} >v_{b1}$，T_1 截止；$v_{e2}>v_{b2}>v_{c2}$，T_2 导通，工作在放大区，$-V_{CC}$ 给负载供电。

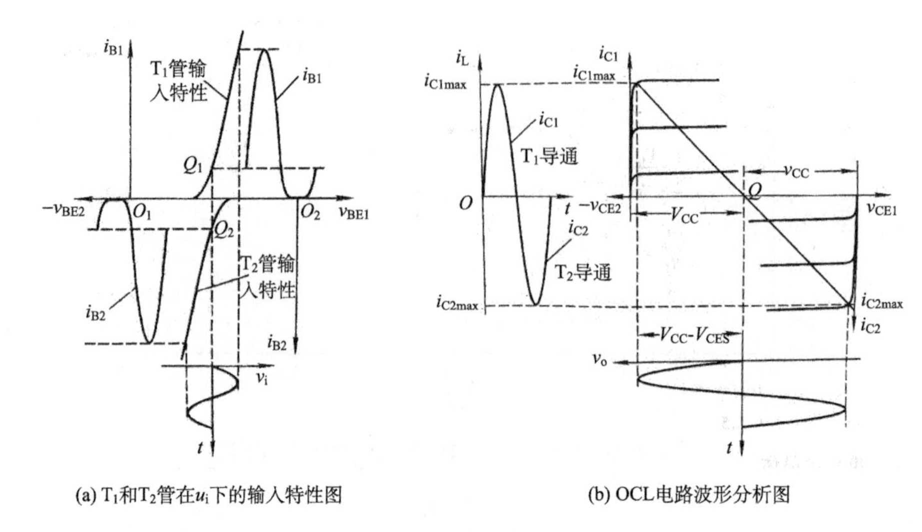

(a) T_1和T_2管在u_i下的输入特性图　　(b) OCL电路波形分析图

图 6-3　OCL 电路的输入输出

OCL 功率放大电路属于共集放大电路，只能放大电流，不能放大电压，与共射放大电路和共基放大电路相比，其输入电阻最大、输出电阻最小，并具有电压跟随的特点，故 $v_o \approx v_i$。

在图 6-3(b)中，晶体管 T_1 和 T_2 处于互补的工作状态，所以不会发生图 6-4(a)的截止失真的情况，为了避免功放输出电压发生图 6-4(b)的饱和失真的情况，只需保证

$$v_{CE} = V_{CC} - v_o = V_{CC} - V_{om}\sin(\omega t) \geqslant v_{CES} \tag{6-1}$$

式中，V_{CC} 为供电电压；V_{om} 为功放最大不失真输出电压；V_{CES} 为晶体管的饱和压降，则有

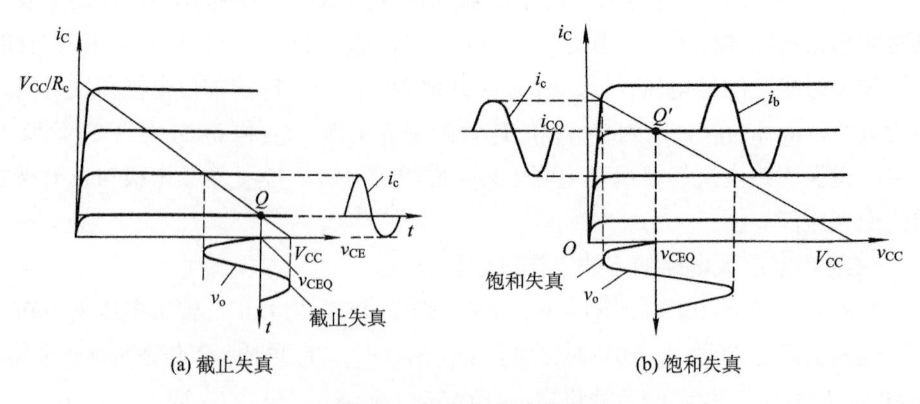

(a) 截止失真　　(b) 饱和失真

图 6-4　信号失真的类型

$$V_{\mathrm{om}} \leqslant V_{\mathrm{CC}} - V_{\mathrm{CES}} \tag{6-2}$$

由式(6-2)可知，对于 OCL 功率放大电路，只要保证功放输出的最大电压不超过供电电压与饱和压降的差值，即可保证功放的输出不会发生饱和失真。

需要指出的是，在实际使用中，为了避免发生交越失真的现象，通常会在互补工作的两个晶体管之间设置二极管，以保证晶体管处于临界导通的状态。但考虑到交越失真源于线性功率放大电路的内部设计，并非由线性功效的供电系统引起，所以本小节不对交越失真进行详细的分析。

在保证输出信号不失真的前提下，可以确定线性功放需要的直流电压，在此基础上得到线性功放的损耗主要是由晶体管导通时集电极与发射极之间承受的压降以及流过晶体管的电流叠加产生，即

$$P_{\mathrm{loss}} = v_{\mathrm{CE}} \cdot i_{\mathrm{C}} \tag{6-3}$$

式中，v_{CE} 为晶体管上承受的压降；i_{C} 为晶体管上流过的电流。对于图 6-1 所示的常规直流供电方式下，T_1 与 T_2 上的电压与电流如图 6-5 所示。

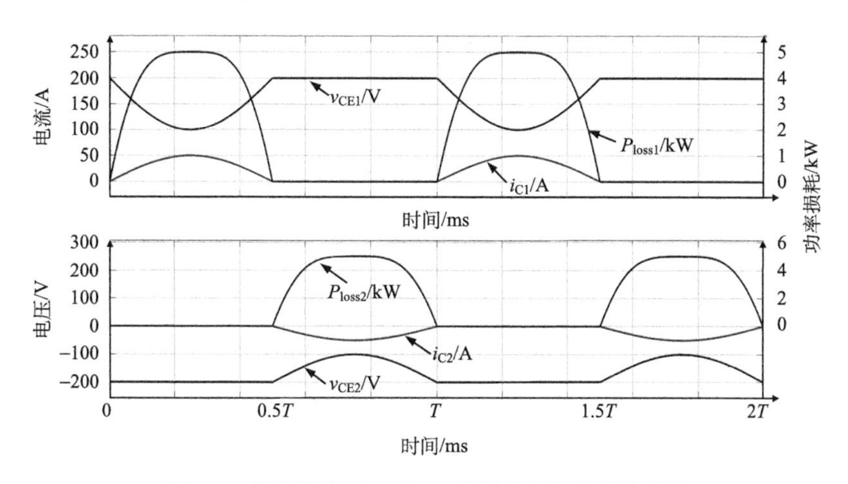

图 6-5　常规供电下 T_1 与 T_2 上的电压与电流波形图

在供电电压不变的条件下，线性功放的输出电压变小，晶体管上承受的导通管压降变大，在流过相同的电流下，在晶体管上的功率损耗变大。当 v_i 为正弦信号时，设输出电压 $v_o = V_{\mathrm{om}}\sin(\omega t)$，对于阻性负载 R_L，根据上图可以得出平均输出功率和输入功率分别为

$$P_{\mathrm{o}} = \frac{1}{\pi}\int_0^{\pi} \frac{\left(V_{\mathrm{om}}\sin(\omega t)\right)^2}{R_{\mathrm{L}}} \mathrm{d}\omega t = \frac{V_{\mathrm{om}}^2}{2R_{\mathrm{L}}} \tag{6-4}$$

$$P_{\text{in}}=\frac{1}{\pi}\int_0^{\pi}\frac{V_{\text{om}}\sin(\omega t)}{R_{\text{L}}}\cdot V_{\text{CC}}\text{d}\omega t=\frac{2V_{\text{om}}V_{\text{CC}}}{\pi R_{\text{L}}} \tag{6-5}$$

从而得到线性功放的转换效率为

$$\eta=\frac{P_{\text{o}}}{P_{\text{in}}}=\frac{\pi V_{\text{om}}}{4V_{\text{CC}}} \tag{6-6}$$

为了防止功放输出电压发生饱和失真，将式(6-2)代入可得保证输出线性度下的转换效率为

$$\eta=\frac{P_{\text{o}}}{P_{\text{in}}}=\frac{\pi V_{\text{om}}}{4V_{\text{CC}}}\leqslant\frac{\pi\left(V_{\text{CC}}-v_{\text{CES}}\right)}{4V_{\text{CC}}} \tag{6-7}$$

理想情况下 v_{CES}=0V，则最大转换效率 $\eta_{\max}=\frac{\pi}{4}\approx 78.5\%$，由此可知，基于常规的正负直流稳压供电方式，在保证功放的输出线性度的前提下，功放的最高理想转换效率仅有 78.5%，并且只在一个特定的工作点上才能实现，而实际使用中平均转换效率甚至只有 50%左右，如表 6-1 所示。因此，使用直流供电方式的驱动电路难以应用在大功率的场合。

6.2 基于宽禁带器件的实时可调的跟随供电系统

6.2.1 供电系统的新拓扑

在 6.1 节中指出，使用传统直流供电的电路拓扑结构，效率最高仅有 78.5%，如果想进一步提升效率，就必须改变供电电路的拓扑。

根据 6.1.2 节中供电对功放损耗及输出线性度的影响机理分析可知，要想减小功放的损耗，必须减小晶体管导通时所承受的管压降，同时为了防止功放的输出发生饱和失真现象，管压降 v_{CE} 应始终略大于 v_{CES}，因此，可以借鉴无线通信领域的包络跟踪技术(envelope tracking，ET)[18]，将传统的直流供电变为如图 6-6 所示的实时跟随供电系统。

改进供电方式之后的晶体管上的管压降波形和电流波形如图 6-7 所示，由此计算出功放的平均输入功率为

$$P_{\text{in}}'=\frac{1}{\pi}\int_0^{\pi}\frac{V_{\text{om}}\sin(\omega t)}{R_{\text{L}}}\cdot[v_{\text{CES}}+V_{\text{om}}\sin(\omega t)]\text{d}\omega t=\frac{2V_{\text{om}}v_{\text{CES}}}{\pi R_{\text{L}}}+\frac{V_{\text{om}}^2}{2R_{\text{L}}} \tag{6-8}$$

在相同的输出功率等级下，功放的平均输出功率为

$$P_{\text{o}}'=P_{\text{o}}=\frac{1}{\pi}\int_0^{\pi}\frac{\left(V_{\text{om}}\sin(\omega t)\right)^2}{R_{\text{L}}}\text{d}\omega t=\frac{V_{\text{om}}^2}{2R_{\text{L}}} \tag{6-9}$$

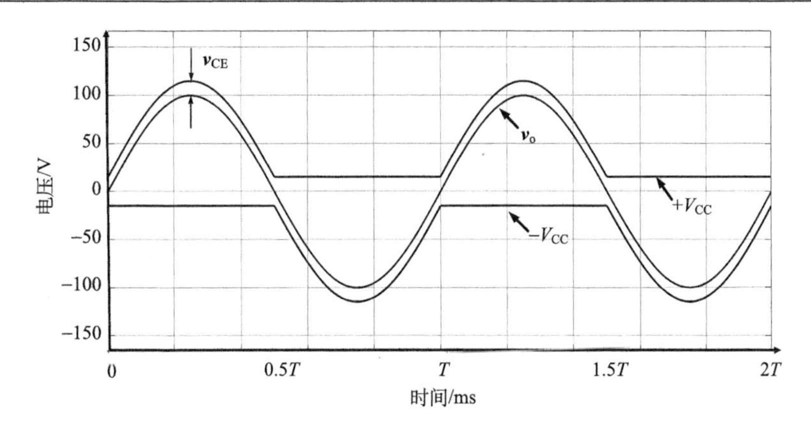

图 6-6　实时跟随供电方式

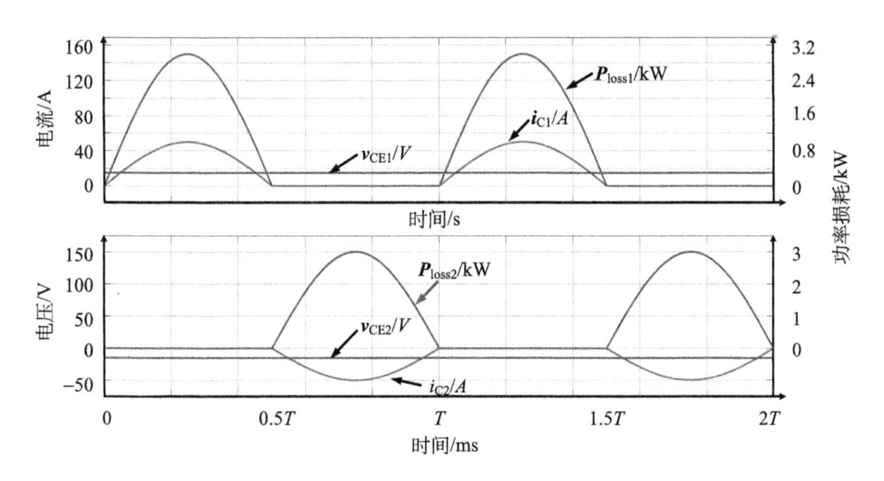

图 6-7　T_1 与 T_2 上的电压与电流波形图

则保证输出电压线性度下功放的转换效率为

$$\eta' = \frac{P_o'}{P_{in}'} = \frac{1}{\frac{4}{\pi} \cdot \frac{v_{CES}}{V_{om}} + 1} \tag{6-10}$$

由式(6-10)可知，理想情况下 v_{CES}=0V，则 η'=100%，此时功放一直处于最大不失真输出的工作状态。

在输出电压和电流相同的情况下，在实时跟随供电方式下，功放的损耗明显小于传统的供电方式，减少的损耗为图 6-8 中的阴影部分。

±Vcc 上存在谐波分量，但是只要 Vcc 能够满足式(6-1)，那么这些谐波就不会影响线性功放的输出 v_o。

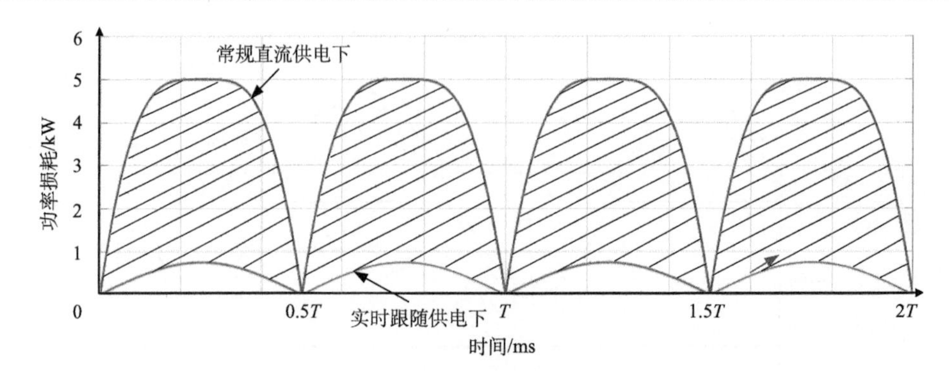

图 6-8　常规供电与跟随供电下功放的损耗的比较

在图 6-9 中，分别向线性功放提供无叠加和有叠加高次谐波的±Vcc，将两种情况下的线性功放输出电压 v_o 进行傅里叶分解，得到对应的总谐波失真(total harmonic distortion，THD)如图 6-10 所示，分别为 0.062%与 0.065%，输出电压 v_o 基本不受影响。

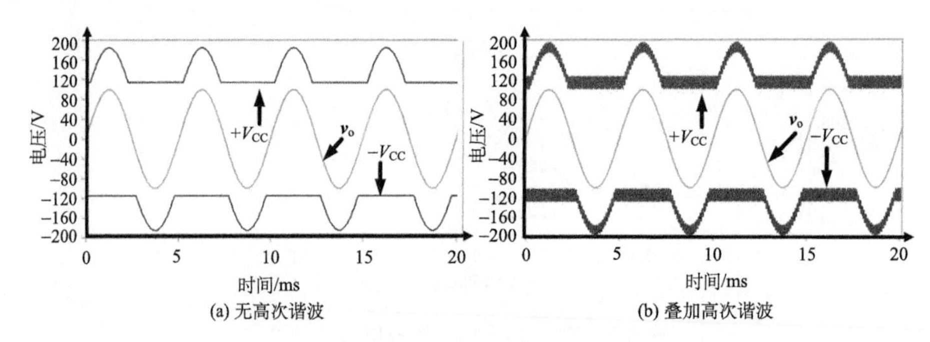

图 6-9　跟随供电电压与输出电压波形

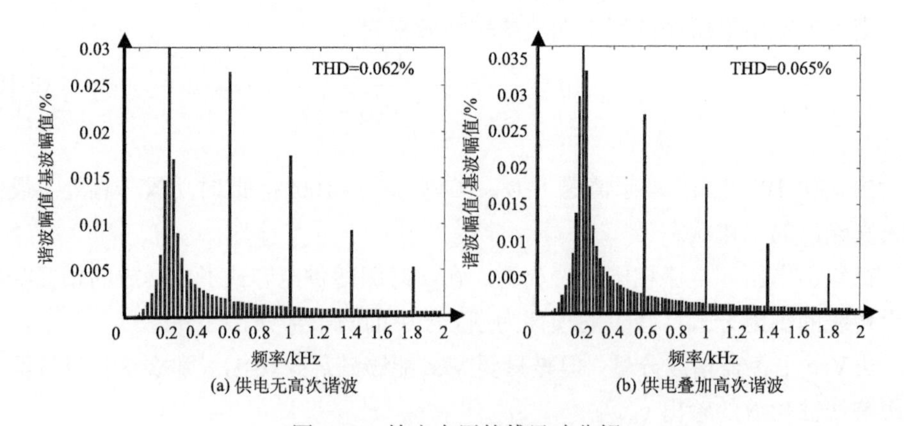

图 6-10　输出电压的傅里叶分解

6.2.2 实时可调的跟随供电系统工作原理

为了实现如图 6-6 的输出波形，现将图 6-1 中的$\pm V_{CC}$更换为双极性 BUCK 电路，设计电压闭环控制，根据期望输出的电压大小，控制 BUCK 电路提供相应的供电电压，电路拓扑和控制结构框图如图 6-11 所示。

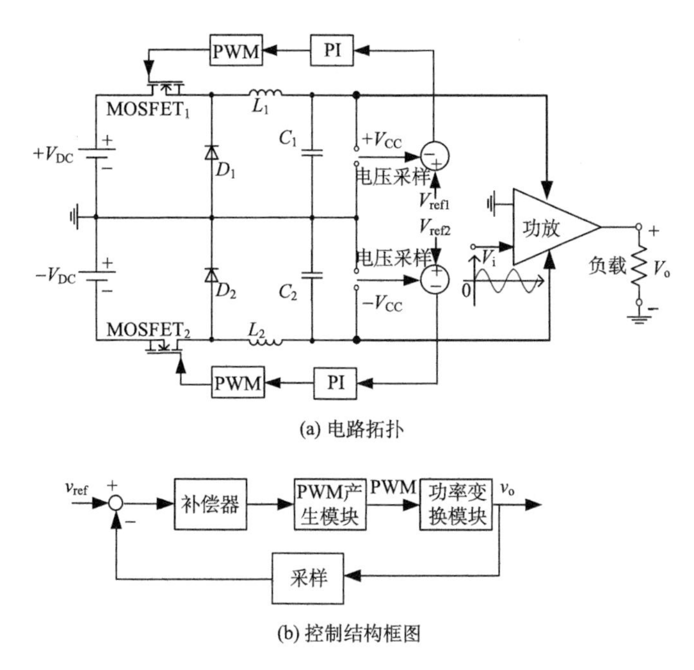

(a) 电路拓扑

(b) 控制结构框图

图 6-11　电压实时跟随的功放供电电路

供电电路的工作原理为：当输入信号 v_i>0V 时，正向 BUCK 电路工作，提供正跟随电压$+V_{CC}$；v_i<0V 时，负向 BUCK 电路工作，提供负跟随电压$-V_{CC}$。其中，功放的输入信号 v_i 与 BUCK 电路电压闭环的电压给定信号 v_{ref} 的关系为

$$\begin{cases} v_{ref1} = A \cdot v_i + v_{CES}, & v_i \geqslant 0 \\ v_{ref2} = A \cdot v_i - v_{CES}, & v_i < 0 \end{cases} \tag{6-11}$$

式中，A 为线性集成功放的电压放大倍数。

由于供电电路具有对称性，所以只需要对单个 BUCK 电路的环路进行分析。如图 6-11(b)，采样电路将输出电压 v_o 和给定电压 v_{ref} 比较得到误差信号 v_e，误差信号通过补偿器后经过 PWM 产生模块生成 PWM 信号，PWM 信号驱动功率变换模块输出电压 v_o。

图 6-11 中的供电电路可以实现跟随供电，但是随着基波频率的不断提高，跟

随供电会产生滞后和波动现象，这将会导致功放输出电压的失真。解决这个问题的关键是提高 MOSFET 的开关频率。

由图 6-12 可知，在基波 200Hz 频率下，当 MOSFET 的开关频率为 15kHz 时，BUCK 电路输出的供电电压谐波很大，一方面很难保证 $v_{CE} \geqslant v_{CES}$，功放输出电压的线性度将受到供电谐波的影响；另一方面，为了减小谐波而需要更大的滤波电感，将增加系统的重量与体积。将开关频率提高到 100kHz 后，不仅谐波明显减小，电感和电容值均减小到原先的 1/5，电感与电容的总重量也减小为原先的 1/3。电路元件的参数如表 6-2 所示。

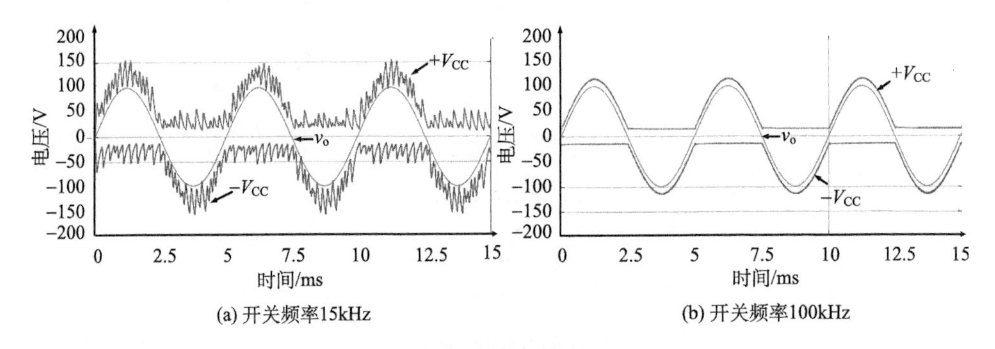

图 6-12　实时电压跟随电路仿真波形图

表 6-2　不同开关频率下无源器件的参数表

开关频率	15 kHz	100 kHz
电感值	500μH	93μH
电容值	27μF	4.7μF
电感重量	59g	20.4g
电容重量	31.4g	10.2g
负载电阻值	2Ω	2Ω

由图 6-13 可知，提高 MOSFET 的开关频率既能减小输出电压波动和滤波电路体积，又能使电压跟随的动态性能得到明显的改善。15kHz 开关频率下，当基波达到 500Hz 时，跟随供电电压滞后功放的输出电压 450μs，并且出现了由于谐波过大引起的饱和失真的情况；而 100kHz 开关频率下，当基波达到 1kHz 时，电压跟随滞后功放的输出电压 80μs，并且未出现了饱和失真的情况。

高开关频率对实时跟随供电系统体积的减小、动态响应性能的提高都有着重要的作用，新型宽禁带功率器件 SiC 与 GaN MOSFET 具有开关速度快，导通电阻小等优势[19-21]，这类功率器件的出现和使用对实现上述高跟随性能的实时供电电路有重要意义。

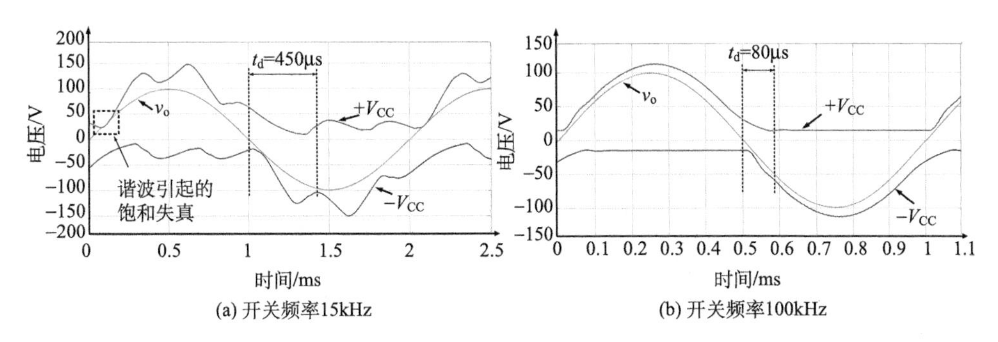

(a) 开关频率15kHz　(b) 开关频率100kHz

图 6-13　实时电压跟随效果对比图

6.2.3 实时可调供电系统的损耗模型

在 6.2.1 节中已对实时跟随供电下线性功放的损耗进行了分析，为了明晰功率电路整体的损耗，需对供电的 BUCK 电路进行损耗分析。考虑到所提出的实时跟随供电电路两路 BUCK 的对称性，仅对正向供电的 BUCK 电路的损耗进行分析，并建立相应的损耗模型[22]。

供电电路的损耗主要由开关器件、续流二极管、电感和电容产生，各器件上的电压、电流正方向规定如图 6-14 所示，理想情况下一次开关过程中各器件的电压和电流波形如图 6-15 所示。

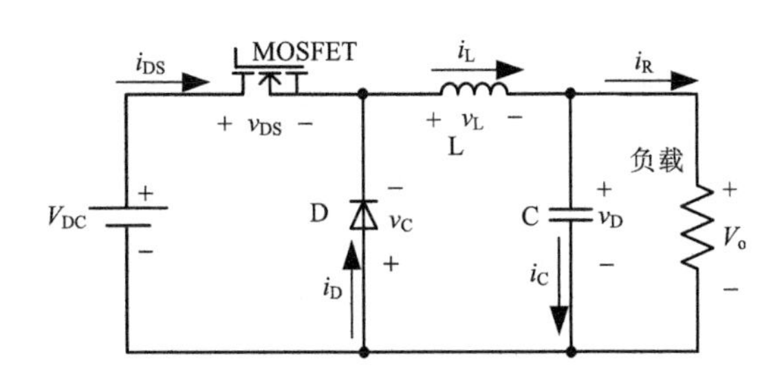

图 6-14　提供正向供电的 BUCK 电路

图 6-15 中，$R_{DS(on)}$为开关管的导通电阻，V_{DC}为母线电压，I_L为电感电流的有效值，t_r为开关管上升时间，t_f为开关管下降时间，V_F为续流二极管的正向导通压降，V_R为续流二极管的反向截止电压，I_{RM}为续流二极管的最大反向恢复电流，t_{rr}为续流二极管的反向恢复时间。

根据图 6-15 中电压和电流波形，各器件的损耗分析如下。

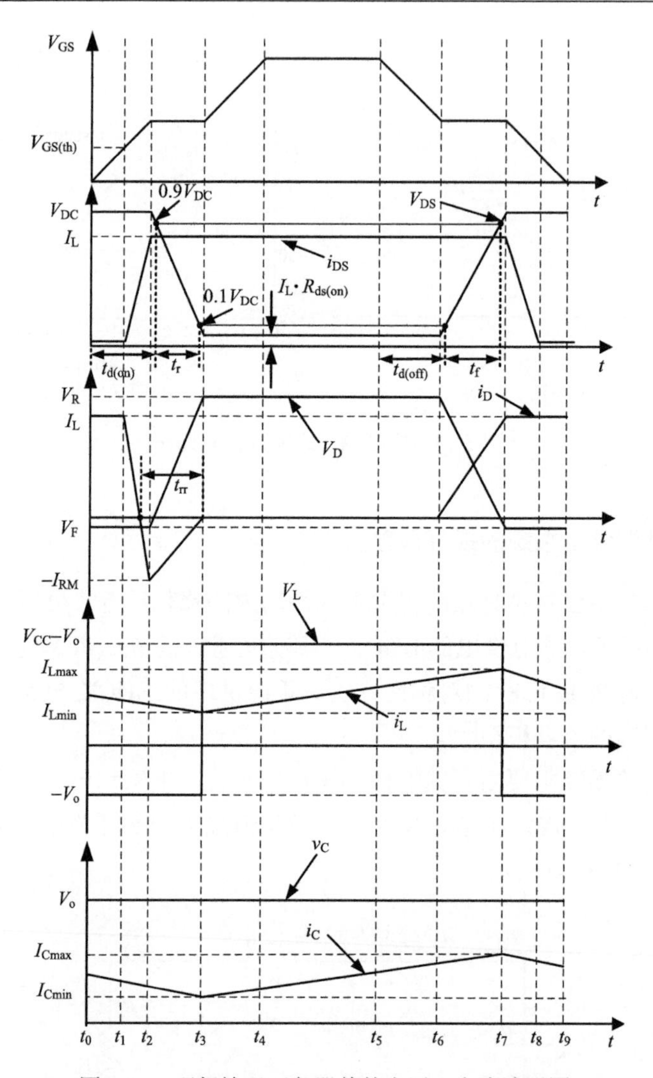

图 6-15　理想情况下各器件的电压、电流波形图

1. 开关器件的损耗

通态损耗、开通损耗和关断损耗分别为

$$P_{S\_con} = i_{DS}^2 \cdot R_{DS(on)} = I_L^2 \cdot R_{DS(on)} \tag{6-12}$$

$$\begin{aligned} P_{S\_on} &= f_{SW} \cdot \left[V_{DC} \cdot \int_{t_1}^{t_2} i_{DS}(\mathrm{t})\mathrm{d}t + I_L \cdot \int_{t_2}^{t_3} v_{DS}(t)\mathrm{d}t \right] \\ &\approx \frac{1}{2} f_{SW} \cdot V_{DC} \cdot I_L \cdot (t_3 - t_2) \approx \frac{1}{2} f_{SW} \cdot V_{DC} \cdot I_L \cdot t_r \end{aligned} \tag{6-13}$$

$$
\begin{aligned}
P_{\mathrm{S\_off}} &= f_{\mathrm{SW}} \cdot \left[I_{\mathrm{L}} \cdot \int_{t_6}^{t_7} v_{\mathrm{DS}}(\mathrm{t})\mathrm{d}t + V_{\mathrm{DC}} \cdot \int_{t_7}^{t_8} i_{\mathrm{DS}}(\mathrm{t})\mathrm{d}t \right] \\
&\approx \frac{1}{2} f_{\mathrm{SW}} \cdot V_{\mathrm{DC}} \cdot I_{\mathrm{L}} \cdot (t_7 - t_6) \approx \frac{1}{2} f_{\mathrm{SW}} \cdot V_{\mathrm{DC}} \cdot I_{\mathrm{L}} \cdot t_{\mathrm{f}}
\end{aligned} \tag{6-14}
$$

式中，f_{SW} 为开关频率。

2. 续流二极管的损耗

通态损耗、开通损耗和关断损耗分别为

$$
P_{\mathrm{D\_con}} = I_{\mathrm{L}} \cdot V_{\mathrm{F}} \tag{6-15}
$$

$$
\begin{aligned}
P_{\mathrm{D\_on}} &= f_{\mathrm{SW}} \cdot \int_{t_6}^{t_7} v_{\mathrm{DS}}(\mathrm{t}) i_{\mathrm{DS}}(\mathrm{t})\mathrm{d}t = \frac{1}{6} f_{\mathrm{SW}} \cdot I_{\mathrm{L}} \cdot (V_{\mathrm{F}} + V_{\mathrm{R}}) \cdot (t_7 - t_6) \\
&= \frac{1}{6} f_{\mathrm{SW}} \cdot I_{\mathrm{L}} \cdot (V_{\mathrm{F}} + V_{\mathrm{DC}} - I_{\mathrm{L}} \cdot R_{\mathrm{DS(ON)}}) \cdot (t_7 - t_6) \\
&\approx \frac{1}{6} f_{\mathrm{SW}} \cdot I_{\mathrm{L}} \cdot (V_{\mathrm{F}} + V_{\mathrm{DC}} - I_{\mathrm{L}} \cdot R_{\mathrm{DS(ON)}}) \cdot t_{\mathrm{f}}
\end{aligned} \tag{6-16}
$$

$$
\begin{aligned}
P_{\mathrm{D\_off}} &= f_{\mathrm{SW}} \cdot \left[V_{\mathrm{F}} \cdot \int_{t_1}^{t_2} i_{\mathrm{D}}(\mathrm{t})\mathrm{d}t + \int_{t_2}^{t_3} i_{\mathrm{D}}(\mathrm{t}) u_{\mathrm{D}}(\mathrm{t})\mathrm{d}t \right] \\
&= \frac{1}{2} f_{\mathrm{SW}} \cdot V_{\mathrm{F}} \cdot (I_{\mathrm{L}} + I_{\mathrm{RM}}) \cdot (t_2 - t_1) + \frac{1}{6} f_{\mathrm{SW}} \cdot V_{\mathrm{R}} \cdot I_{\mathrm{RM}} \cdot (t_3 - t_2) \\
&\approx \frac{1}{2} f_{\mathrm{SW}} \cdot V_{\mathrm{F}} \cdot (I_{\mathrm{L}} + I_{\mathrm{RM}}) \cdot \frac{1}{2} t_{\mathrm{rr}} + \frac{1}{6} f_{\mathrm{SW}} \cdot (V_{\mathrm{DC}} - I_{\mathrm{L}} \cdot R_{\mathrm{DS(ON)}}) \cdot I_{\mathrm{RM}} \cdot t_{\mathrm{r}} \\
&= \frac{1}{4} f_{\mathrm{SW}} \cdot V_{\mathrm{F}} \cdot (I_{\mathrm{L}} + I_{\mathrm{RM}}) \cdot t_{\mathrm{rr}} + \frac{1}{6} f_{\mathrm{SW}} \cdot (V_{\mathrm{DC}} - I_{\mathrm{L}} \cdot R_{\mathrm{DS(ON)}}) \cdot I_{\mathrm{RM}} \cdot t_{\mathrm{r}}
\end{aligned} \tag{6-17}
$$

3. 电感的损耗

1) 铁耗(磁滞损耗)

一次开关过程中，电感磁心 B-H 曲线如图 6-16 所示。当 S 开通，电感电流 i_{L} 上升，B-H 曲线沿图中 HST 段局部磁化曲线上升；当 S 关断，i_{L} 下降，B-H 曲线沿 HTS 段局部磁化曲线下降。

由以上分析可得，磁滞损耗为

$$
P_{\mathrm{L\_Fe}} = f_{\mathrm{SW}} \cdot W_{\mathrm{L\_Fe}} = f_{\mathrm{SW}} \cdot \left[\int_{B_1}^{B_2} H_{\mathrm{ST}}(B)\mathrm{d}B + \int_{B_2}^{B_1} H_{\mathrm{TS}}(B)\mathrm{d}B \right] \tag{6-18}
$$

在式(6-18)中，磁密 B 由电感电压 v_{L} 积分得到，在一个输出周期 T 内的任一 t 时刻的磁密为

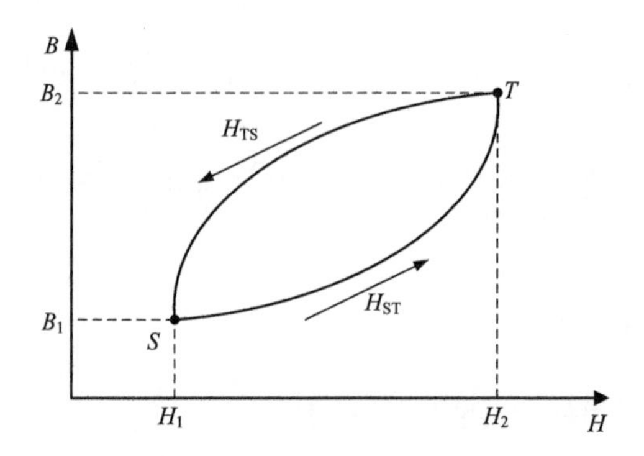

图 6-16　电感磁心 B-H 曲线

$$B(t)=\frac{1}{NA_{\mathrm{e}}}\int_{0}^{t}v_{\mathrm{L}}\mathrm{d}t \tag{6-19}$$

式中，N 为电感绕组的匝数；A_{e} 为电感磁芯截面积。此时的磁场强度为

$$H(t)=\frac{Ni_{\mathrm{L}}(t)}{l_{\mathrm{e}}} \tag{6-20}$$

式中，l_{e} 为电感等效磁路长度。

2）铜耗

$$P_{\mathrm{L\_Cu}}=I_{\mathrm{L}}^{2}\cdot R_{\mathrm{L}} \tag{6-21}$$

式中，R_{L} 为电感等效电阻。

4. 电容的损耗

$$P_{\mathrm{C}}=I_{\mathrm{C}}^{2}\cdot R_{\mathrm{C}} \tag{6-22}$$

式中，R_{C} 为电容等效电阻；I_{C} 为电容电流的有效值。

当母线电压为±200V，开关频率为 100kHz，功放输出正弦电压幅值为 100V，频率 200Hz，负载电阻 2Ω 时，v_{CES} 设为 5V，供电电路的参数选取见表 6-2，各级的输出功率和效率如图 6-17 所示，其中，功放的效率达到 96%。

若采用常规的直流供电方式，在相同情况下，母线输出功率和线性功放输出功率如图 6-18(a)所示，母线输出功率很大一部分被损失掉了，实际功放的效率只有 38%。通过采用实时跟随供电电路，如图 6-18(b)所示，线性功放的效率从常规直流供电方式下的 38%提升到 96%，极大地减少了电路损耗。

虽然以上只分析了一种工况，但是在其他工况下，两种供电方式功放的转换效率对比也有着相同的结论。由表 6-3 可知，实时电压跟随供电电路相比较传统的直流稳压供电方式，能在不同工况下有效提高驱动电路的整体效率。

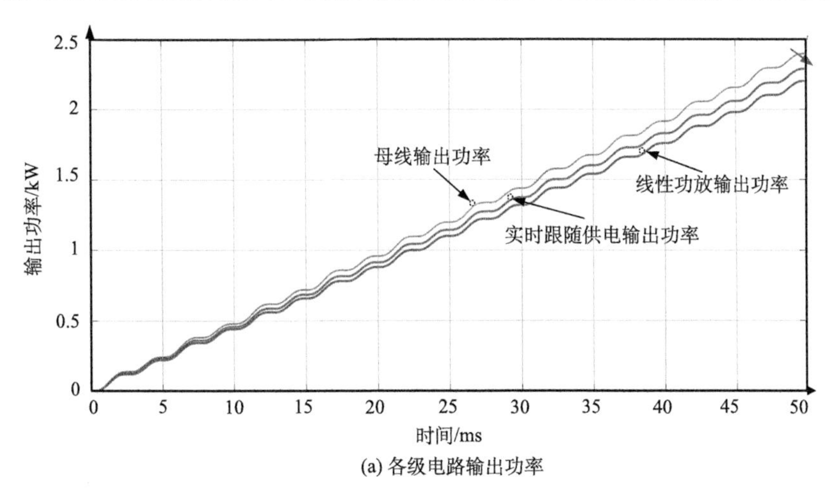

(a) 各级电路输出功率

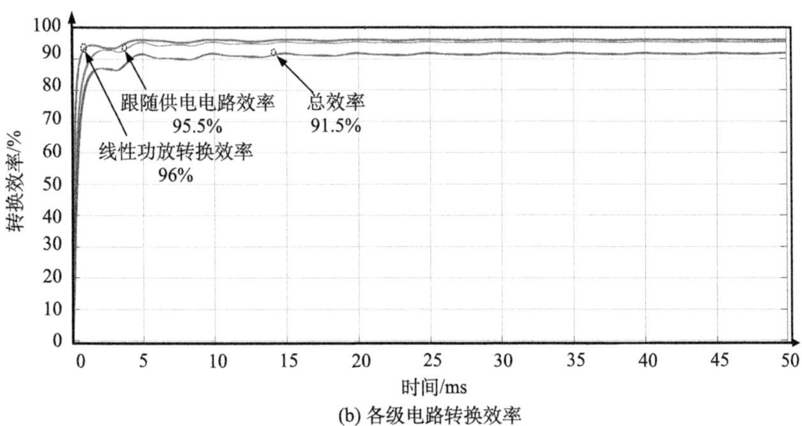

(b) 各级电路转换效率

图 6-17 实时电压跟随下各级电路输出功率及效率

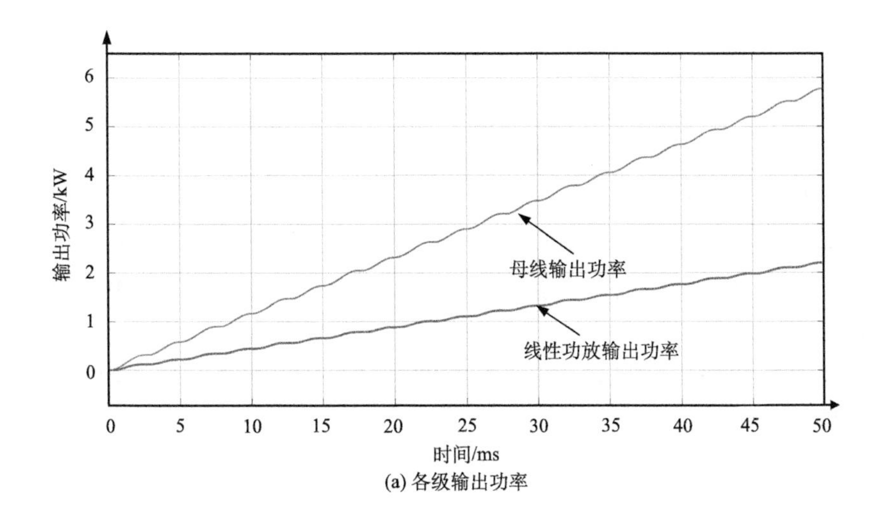

(a) 各级输出功率

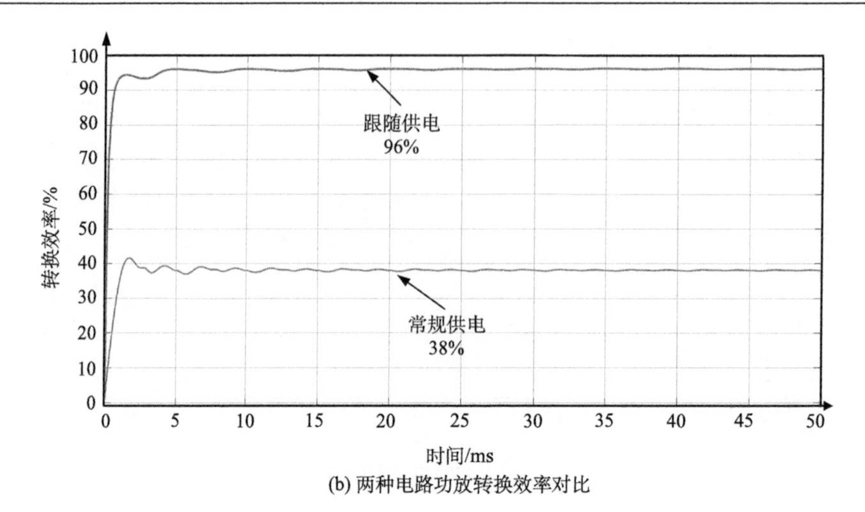

(b) 两种电路功放转换效率对比

图 6-18 常规直流稳压供电的电路输出功率及效率

表 6-3 功放的转换效率对比表

功放输出正弦电压峰值/V	常规供电下功放转换效率/%	功放转换效率/%	实时电压跟随供电下供电电路效率/%	总效率/%
30	10.7	85	80	68
50	19.2	92	89	81.9
100	38	96	95.5	91.5
150	59.2	97.2	96.8	94.3
180	70	97.8	97.2	95

6.2.4 实验结果和结论

为了更好地说明实时跟随供电电路的优越性能，这里还进行了大量的实验。实时跟随供电硬件电路如图 6-19 所示，主要包括双极性 BUCK 主电路、电压采样电路、SiC MOSFET 驱动电路以和 PA93 及其外围电路。

在 BUCK 电路中，MOSFET 选用为美国 CREE 公司生产的 SiC 器件 C2M0040120D；续流二极管选用 DIODES 公司的 SBR30300CTFP；电感选用 FIT106-5 的环形电感；电容选用 VISHAY 公司生产的薄膜电容 MKT37344475（250V/4.7μF）。

MOSFET 的驱动电路选用英飞凌公司生产的 1ED020I12-F2、相应的外围供电电路和保护电路。

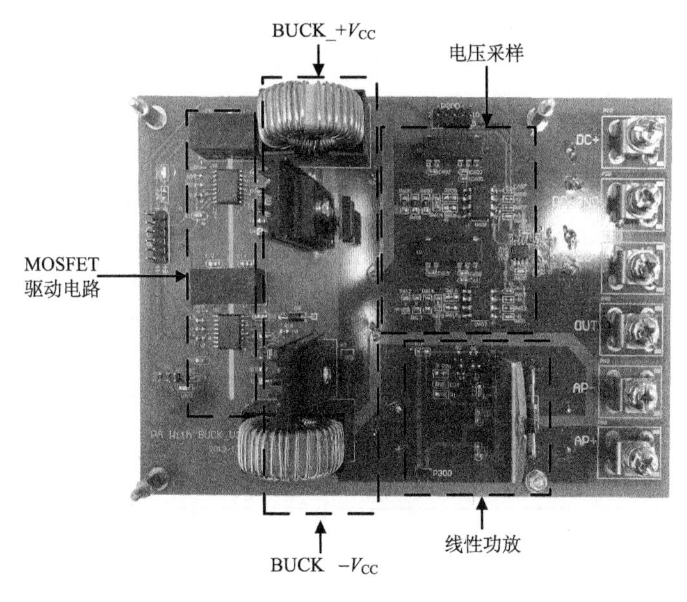

图 6-19　电压实时跟随供电硬件实现

采样电路将 BUCK 电路的输出电压通过电阻分压和隔离放大后传送给控制板以实现电压闭环控制。隔离放大芯片选用 ACPL-782T，同时，软件中将 5 次采样的电压值取平均值以提高精度。

线性功放选用 APEX 公司生产的 PA93，其可实现最大为±200V 的供电，具有 8A 的电流输出能力。

电路的母线电压为 100V，饱和压降 V_{CES} 设为 15V，SiC MOSFET 的开关频率设为 100kHz，负载电阻为 20Ω，不同输出工况下的实验结果如图 6-20 所示。

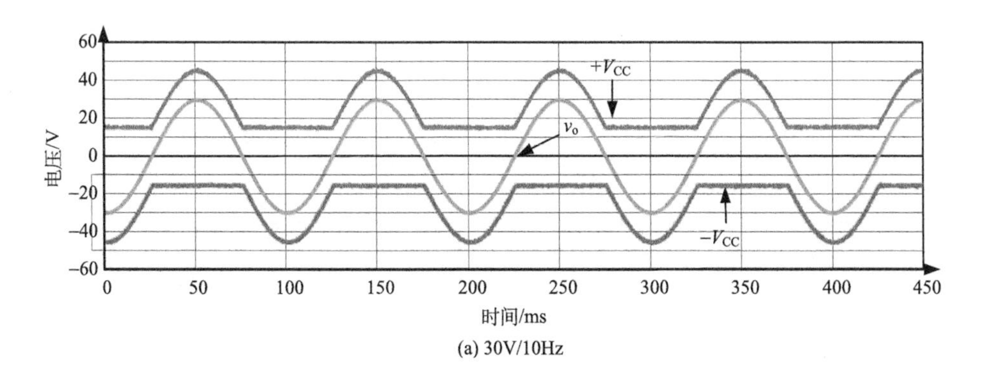

(a) 30V/10Hz

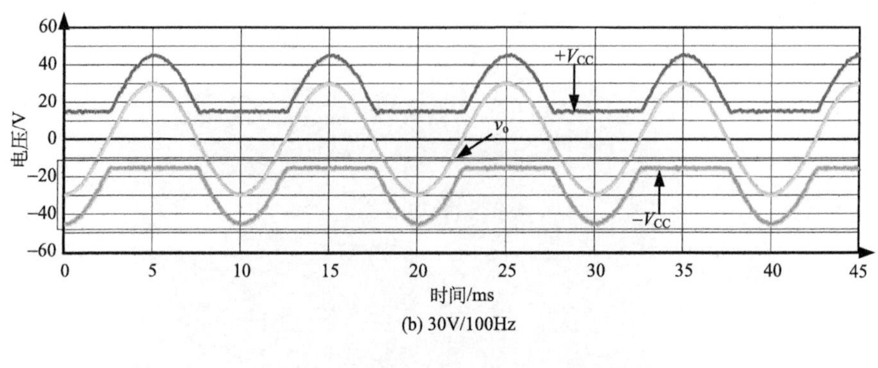

(b) 30V/100Hz

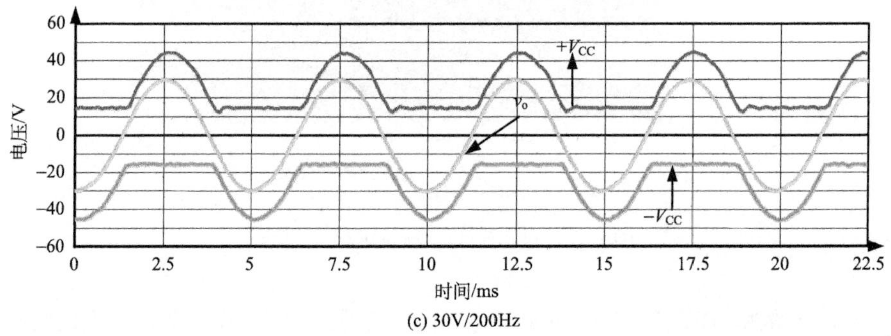

(c) 30V/200Hz

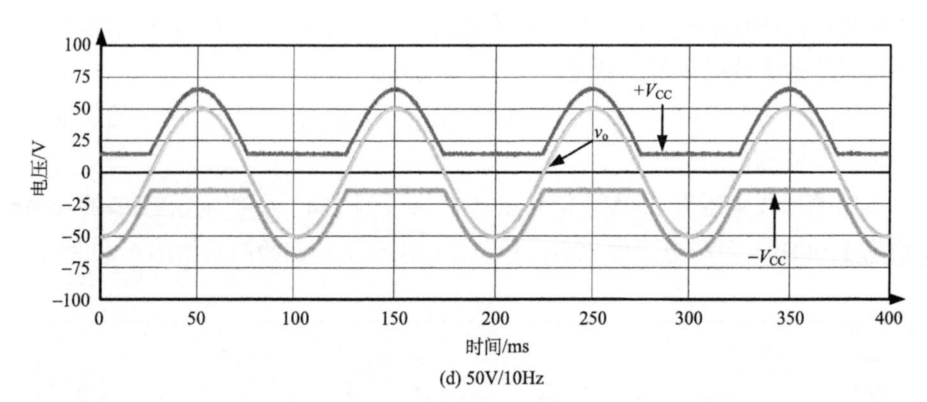

(d) 50V/10Hz

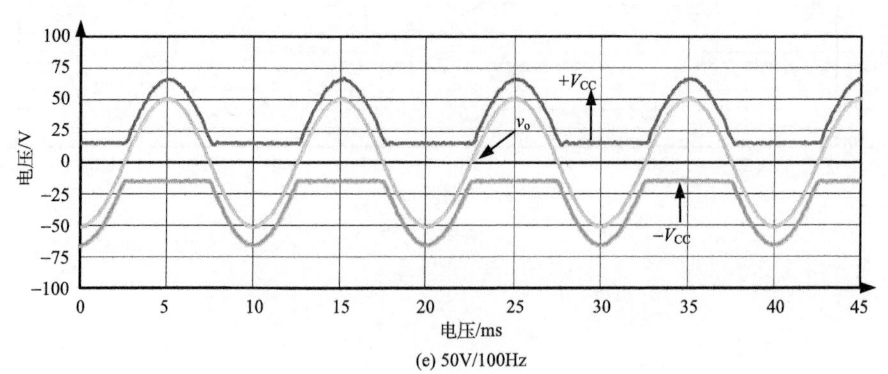

(e) 50V/100Hz

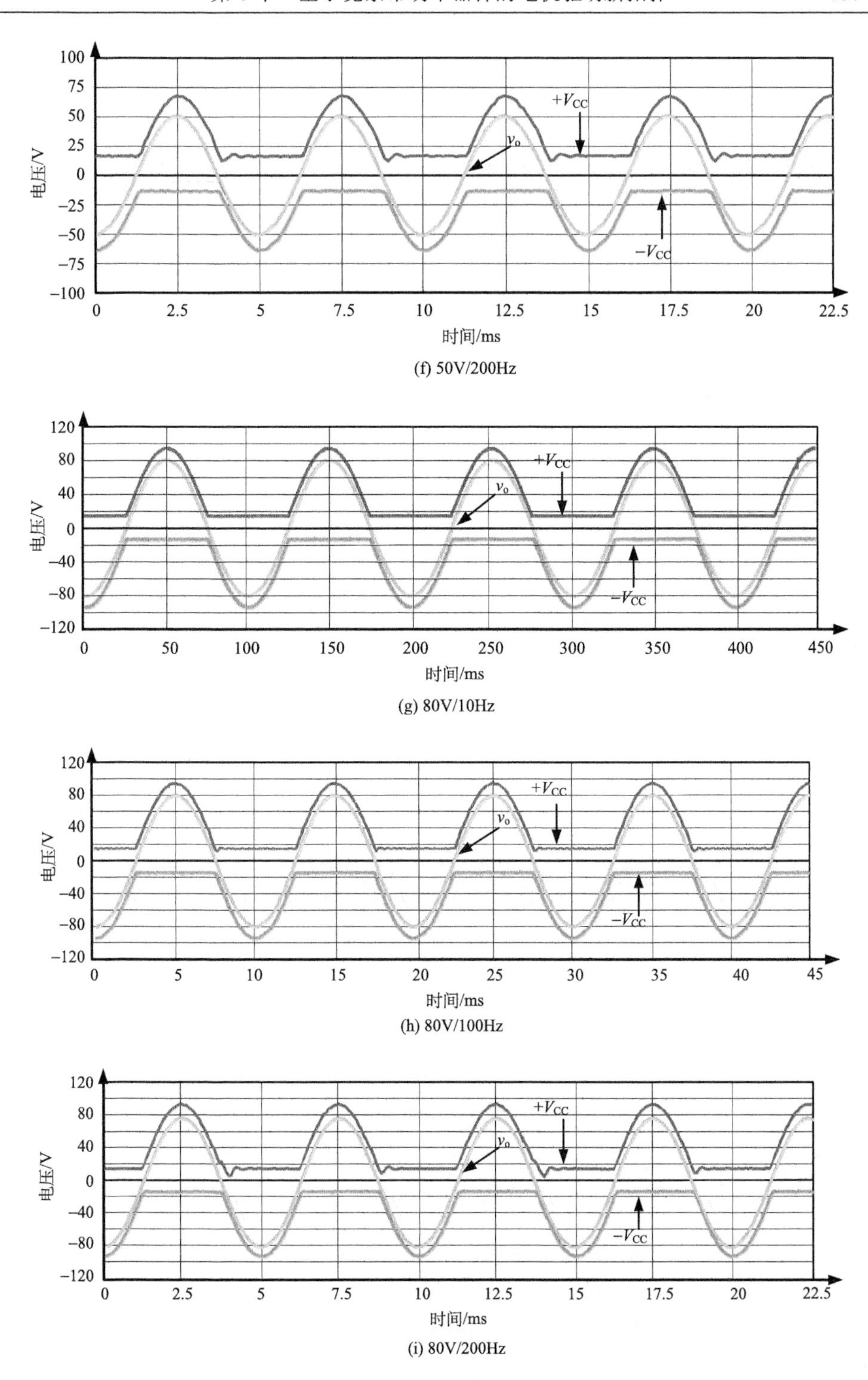

(f) 50V/200Hz

(g) 80V/10Hz

(h) 80V/100Hz

(i) 80V/200Hz

图 6-20　实验结果图

由图 6-20 所示的实验结果可知，在不同的输出电压下，实时跟随供电系统均达到预期的供电效果。需要指出的是，由图 6-20(c)、(f) 和 (i) 可知，当基波频率达到 200Hz 时，供电波形有所滞后，并且在功放正负供电切换处有明显的电压波动，但是因为已经满足了供电与输出之间差值大于 PA93 中晶体管的饱和压降，所以并没有影响功放输出电压的线性度，即功放自身对供电电压进行了“滤波”。

在±100V 的直流母线电压下，常规直流供电电路和实时跟随供电电路的效率对比如图 6-21 所示，实时跟随供电方式在任意输出电压峰值下均可以有效提升功放的转换效率，且输出电压峰值越小，效果越明显。

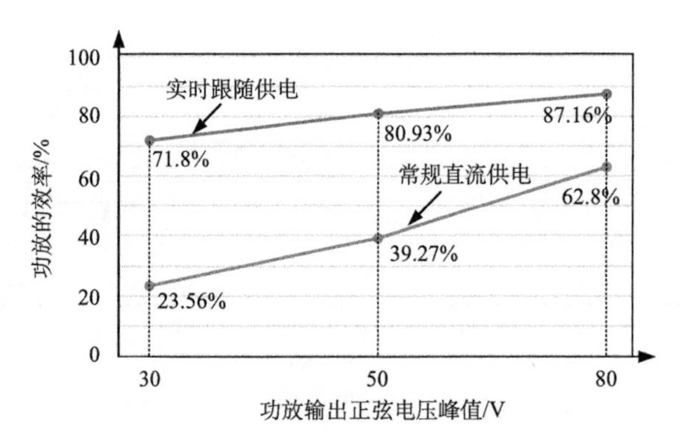

图 6-21 实测两种供电方式下功放转换效率对比图

6.3 基于线性功放的 PMSM 驱动控制器的电路拓扑设计

6.3.1 基于线性功放的 PMSM 驱动控制电路工作原理

结合 6.2 节所述的电压实时跟随供电电路，本节将介绍一种基于线性集成功放的 PMSM 驱动控制新拓扑，在获得高精度的电机控制的同时能够大幅提高功放的效率，驱动控制拓扑结构如图 6-22 所示，控制结构框图如图 6-23 所示。

驱动控制电路的工作原理为：数字控制核心 DSP28335 处理来自旋转变压器 (RS) 的转子位置信号，完成速度环的相关计算，并计算出电机三相绕组电流给定值；DSP 再通过读取来自电流传感器的三相电流当前值，并与三相电流给定值进行比较，计算给出实时绕组三相线电压控制信号，该实时线电压控制信号通过 D/A 转换模块实现数字控制信号到模拟控制信号的转换，从而得到模拟的三相线电压控制信号；隔离模块将该模拟三相线电压控制信号与功率级信号相隔离；功率放大器完成电机绕组三相电流的功率驱动和放大，从而实现对永磁同步电机的

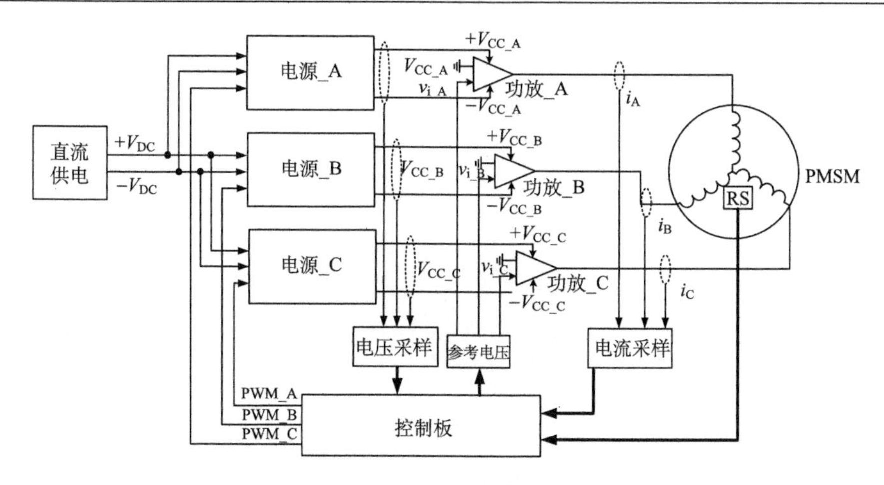

图 6-22　基于线性功放的 PMSM 驱动控制拓扑示意图

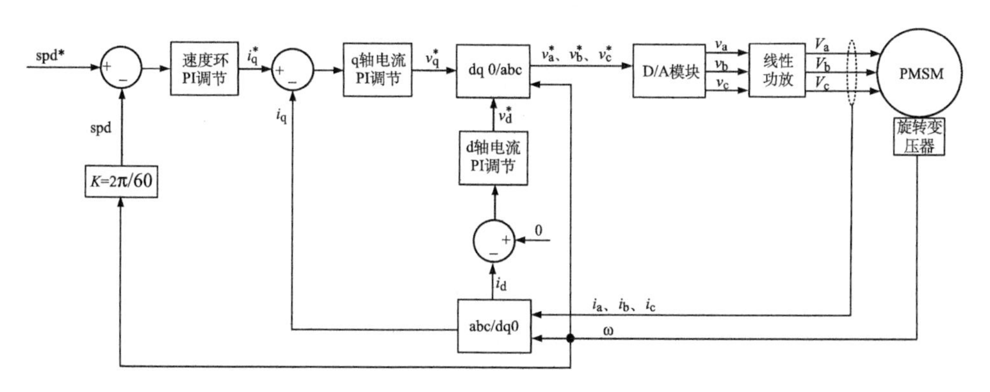

图 6-23　基于线性功放的 PMSM 驱动控制结构框图

高精度控制。功率放大器 PA_A、PA_B 和 PA_C 的供电电路分别是 Power Supply_A、Power Supply_B 和 Power Supply_C，电路拓扑为 6.2 节介绍的实时跟随供电拓扑。

如图 6-23 所示，速度给定信号 spd*与旋转变压器输出的当前实际转速 spd 比较后经过速度环 PI 调节器得到 q 轴电流的给定信号 i_q^*，同时，电流传感器采样得到的三相电流 i_a、i_b、i_c 和旋变输出的角速度信号 ω，先后经过 Clarke 变换和 Park 变换得到 i_q 和 i_d，则 i_q 和 i_q^* 比较后经过 q 轴电流 PI 调节得到 q 轴给定电压 v_q^*，i_d 与 0 比较后经过 d 轴电流 PI 调节得到 d 轴给定电压 v_d^*。v_q^* 和 v_d^* 依次经过 Park 反变换和 Clarke 反变换得到三相电压给定值 v_a^*、v_b^* 和 v_c^*，再经过 DA 模块和隔离放大模块得到功放的输入信号 v_a、v_b 和 v_c，经过功率放大后得到用于驱动 PMSM 的三相电压 V_a、V_b 和 V_c。

基于线性功放的PMSM驱动控制板的硬件电路如图6-24所示，主要包括DSP最小系统、电源转换电路、AD2S1210旋变解码电路、电流采样处理电路、422CAN通信电路、D/A转换电路以及隔离放大电路。

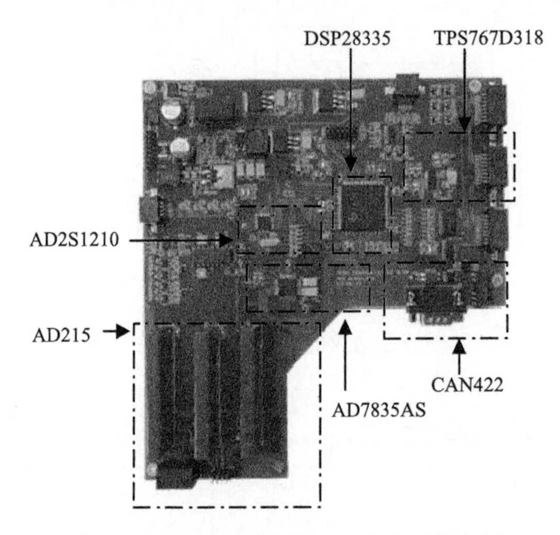

图6-24　基于PA的PMSM的驱动控制板

DSP选用TI公司的高性能32位浮点TMS320F28335；电源变换电路主要包括两部分，一是通过双电压输出的稳压器芯片TPS767D318将5V电压转换为1.8V和3.3V，二是通过各种电源变换芯片转换出旋变激磁电路所需的12V电压和各个芯片所需的5V电压；旋变解码电路核心芯片选用AD2S1210，用于电机位置和速度的检测；D/A转换芯片选用美国ADI公司的AD7835数模转换芯片；隔离运算放大器选用美国ADI公司的AD215。

6.3.2　实验结果和结论

为了更直观地说明新型拓扑的电机驱动器相比于传统电机驱动器的优势，本节进行了相关的对比实验，实验平台如图6-25所示。

1. 转速与相电流的运行结果对比

本节基于图6-25所示的平台，分别使用线性功率放大器和SVPWM控制方法对电机进行驱动控制，两种驱动控制方式下电机的转速脉动和相电流谐波对比结果如图6-26和图6-27所示。

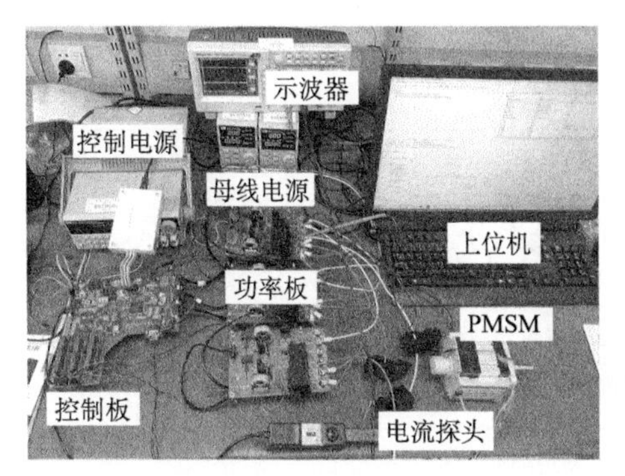

(a) 基于新型拓扑电机驱动器的PMSM实验平台

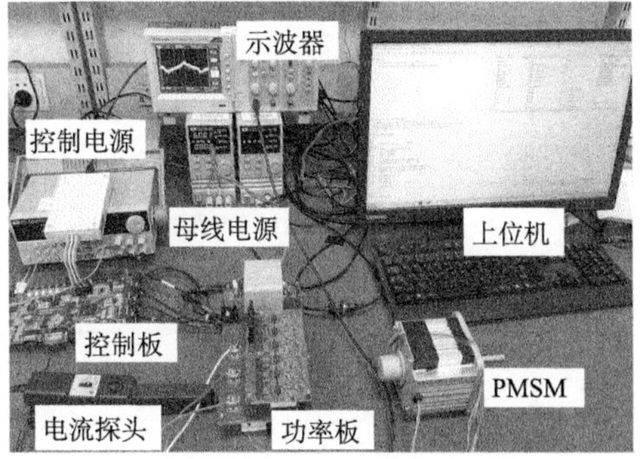

(b) 基于传统SVPWM的PMSM实验平台

图 6-25　实验平台

由图 6-26 可知，在相同转速下，基于线性功放驱动的 PMSM 的转速脉动小于基于传统的 SVPWM 驱动的 PMSM 转速脉动。如图 6-26(a)，当给定转速 2rpm 时，基于线性功放的驱动系统仍能保持电机平稳地运行，而基于 SVPWM 的驱动系统中，电机的转速已经呈现出“爬行”的状态，即电机旋转不连续。具体的转速脉动数值如表 6-4 所示。

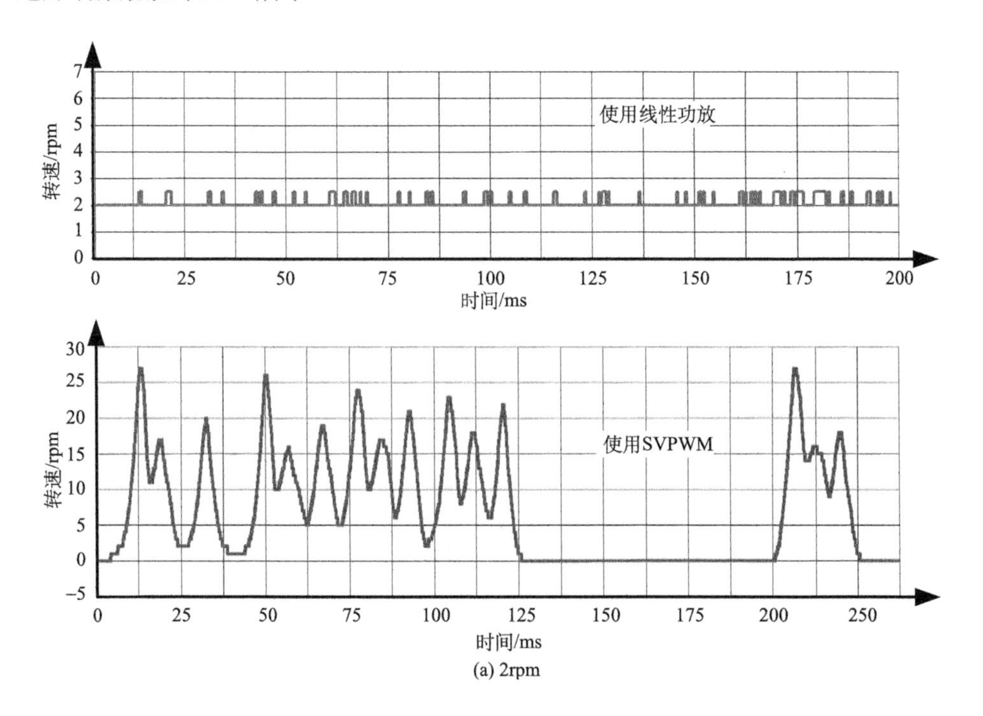

(a) 2rpm

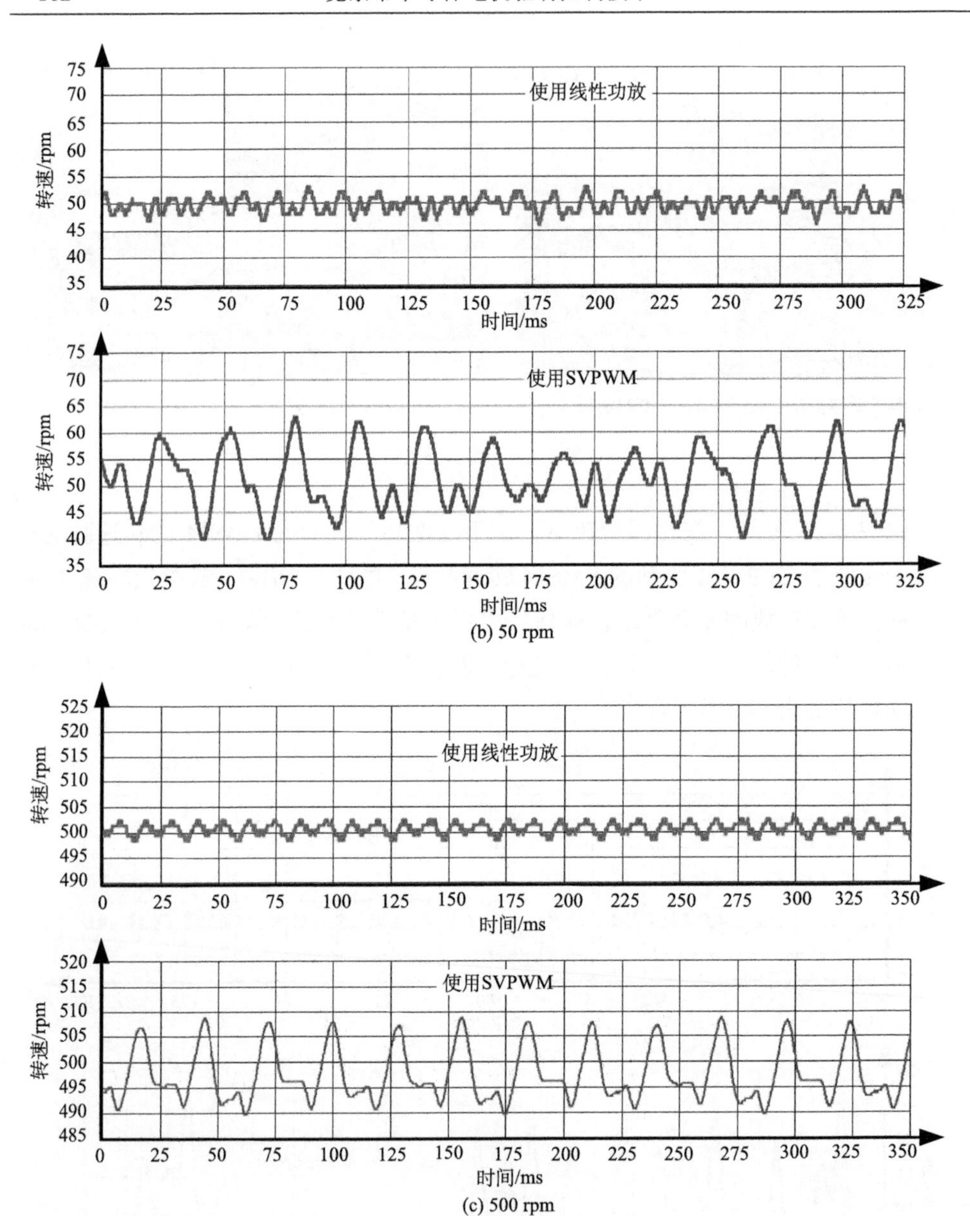

(b) 50 rpm

(c) 500 rpm

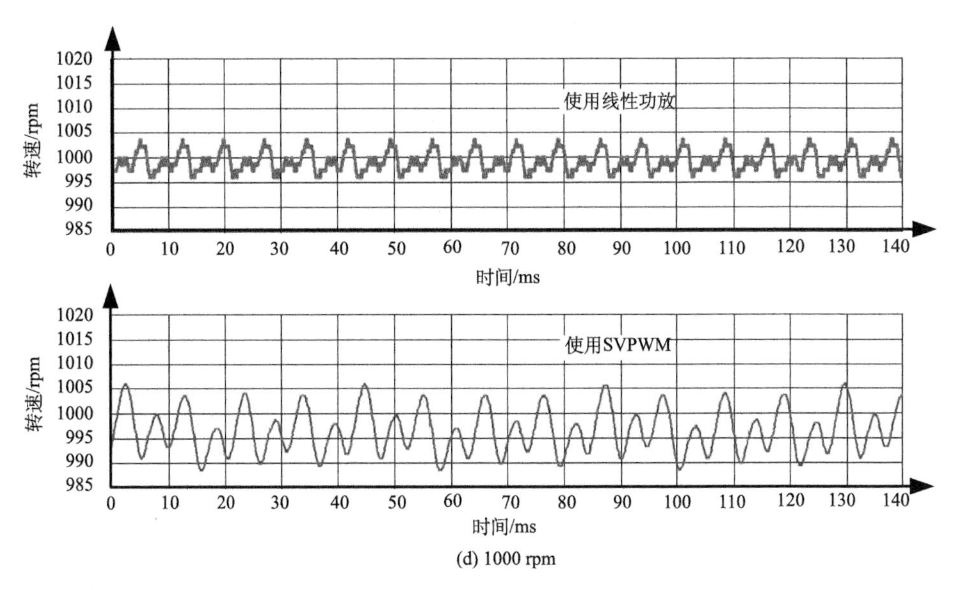

(d) 1000 rpm

图 6-26　转速脉动实验结果对比

表 6-4　电机转速脉动对比表

转速/rpm	基于线性功放		基于 SVPWM	
	最大转速脉动/rpm	百分比/%	最大转速脉动/rpm	百分比/%
2	0.5	25	27	1350
50	4	8	12	24
500	2	0.4	8	1.6
1000	4	0.4	6	0.6

由图 6-27 可知，在基于线性功放的电机驱动系统中，电机相电流的谐波明显小于基于 SVPWM 控制下的电机相电流谐波，特别是在空载、极低速的情况下，优势更为明显。

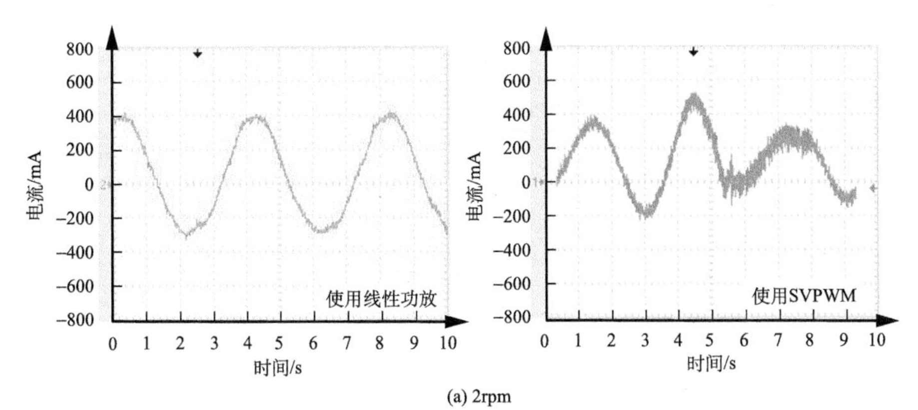

(a) 2rpm

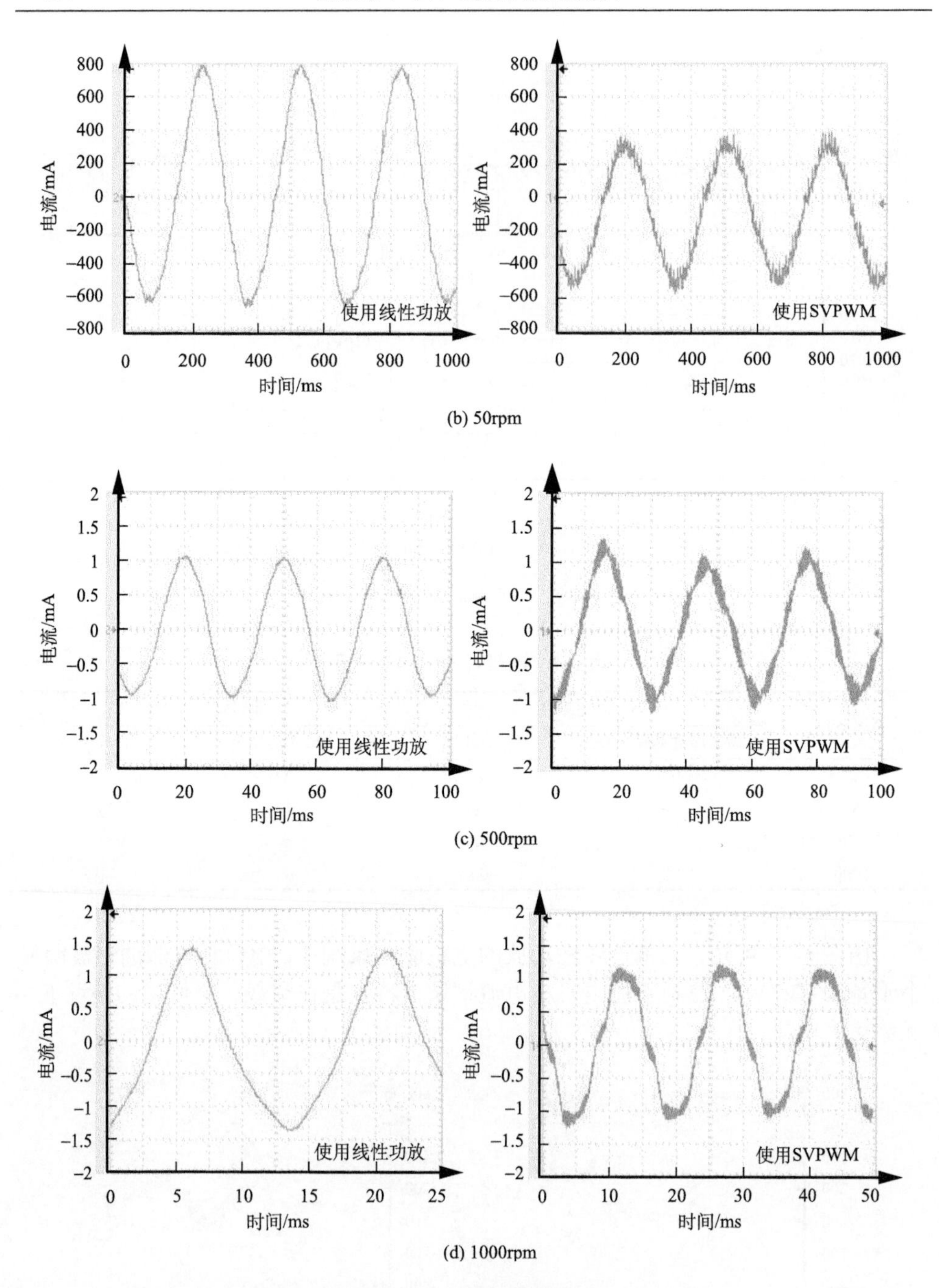

(b) 50rpm

(c) 500rpm

(d) 1000rpm

图 6-27　相电流实验波形对比

以上分析得出，与基于 SVPWM 的驱动系统相比，基于线性功放的电机驱动系统不仅具有更高的转速控制精度，而且可以避免由死区时间引起的电机相电流出现过零畸变现象，从而有效地抑制转矩脉动的发生。

2. 电机驱动系统中功放效率的对比

在图 6-25(a)所示的平台上，A 相功放使用图 6-11 所示的跟随供电电路，B 相和 C 相的功放使用图 6-1 所示的直流稳压供电，并用激光测温器对三相功放的温度进行检测。

在±60VDC 母线电压下，功放的饱和压降设为 15V，电机分别在 400rpm、800rpm 和 1500rpm 下运行(功放输出正弦电压峰值分别约为 10V、24V、44V)，运行一段时间之后，不同转速下各相线性功放的温度和效率分别如表 6-5、表 6-6 和表 6-7 所示。

表 6-5　400rpm 下不同供电方式下功放效率对比表

参数	实时跟随供电	直流稳压供电	
	A 相功放温度及效率	B 相功放温度及效率	C 相功放温度及效率
运行 1min	33.5℃	35.1℃	34.6℃
运行 2min	36.2℃	39.8℃	40.2℃
运行 3min	38.7℃	44.6℃	44.3℃
运行 4min	40.3℃	47.3℃	47.6℃
运行 5min	40.8℃	50.0℃	50.3℃
运行 6min	41.1℃	53.9℃	53.4℃
效率	45.91%	13.08%	13.08%

表 6-6　800rpm 下不同供电方式下功放效率对比表

参数	实时跟随供电	直流稳压供电	
	A 相功放温度及效率	B 相功放温度及效率	C 相功放温度及效率
运行 1min	34.3℃	36.1℃	36.5℃
运行 2min	37.2℃	40.9℃	40.6℃
运行 3min	39.4℃	45.1℃	44.9℃
运行 4min	41.2℃	48.2℃	48.5℃
运行 5min	42.1℃	51.4℃	49.9℃
运行 6min	43.0℃	55.3℃	54.4℃
效率	66.12%	30.09%	30.09%

表 6-7　1500rpm 下不同供电方式下功放效率对比表

参数	实时跟随供电	直流稳压供电	
	A 相功放温度及效率	B 相功放温度及效率	C 相功放温度及效率
运行 1min	35.1℃	36.6℃	37.0℃
运行 2min	36.3℃	41.9℃	42.3℃
运行 3min	38.5℃	46.2℃	46.9℃
运行 4min	42.3℃	49.1℃	50.6℃
运行 5min	42.9℃	53.6℃	55.8℃
运行 6min	44.6℃	59.3℃	60.1℃
效率	79.25%	58.88%	58.88%

使用常规直流供电方式的驱动电路，只有当电机运行在最大转速时，即功放工作在最大不失真输出下，功放的效率才勉强接近 60%，由表 6-6～表 6-8 可知，使用实时跟随供电方式的驱动电路在不同工况下均可以保证高效率运行，提升了全速段的系统效率。

6.4　本 章 小 结

本章介绍了一种基于线性功放与宽禁带器件的永磁同步电机驱动新拓扑。本章在分析传统的基于线性功率放大器的电机驱动电路的损耗的过程中，指出直流供电方式是引起功率损耗地的主要原因，然后借鉴通信行业的包络跟踪技术，介绍了一种实时跟随供电的方式。实验数据表明，在母线电压±200V，功放输出电压峰值 100V 的工况下，采用实时跟随供电的方式可以将功放的转换效率从常规直流供电方式下的 38%提升到 96%，电机驱动电路整体效率可以达到 91%以上。同时，采用基于线性功放的电机驱动电路可以提高输出线性度，这在低速工况下效果尤为明显，从而实现兼顾高效率和高精度的目标。

参 考 文 献

[1] 甄帅. 大功率永磁同步电机运行谐波分析与抑制方法研究[D]. 重庆: 重庆大学, 2011.

[2] Güemes J A, Iraolagoitia A M, Del Hoyo J I, et al. Torque analysis in permanent-magnet synchronous motors: a comparative study[J]. IEEE Transactions on Energy Conversion, 2011, 26(1): 55-63.

[3] Choi J S, Yoo J Y, Lim S W, et al. A novel dead time minimization algorithm of the PWM inverter[C]//IEEE Industry Applications Conference. Phoenix, 1999.

[4] 吴茂刚, 赵荣祥. 矢量控制永磁同步电动机的转矩脉动分析[J]. 电工技术学报, 2007, 22(2):

9-14.

[5] Wang L, Ho C N M, Canales F, et al. High-frequency modeling of the long-cable-fed induction motor drive system using TLM approach for predicting overvoltage transients[J]. IEEE Transactions on Power Electronics, 2010, 25(10): 2653-2664.

[6] Lin Y K, Lai Y S. Dead-Time elimination of PWM-controlled inverter/converter without separate power sources for current polarity detection circuit[J]. IEEE Transactions on Industrial Electronics. 2009, 56(6): 2121-2127.

[7] 吴茂刚, 赵荣祥, 汤新舟. 空间矢量 PWM 逆变器死区效应分析与补偿方法[J]. 浙江大学学报(工学版), 2006, 26(3): 107-111.

[8] Kerkman R J, Leggate D, Schlegel D W, et al. Effects of parasitics on the control of voltage source inverters[J]. IEEE Transactions on Power Electronics, 2003, 18(1): 140-150.

[9] Lee D H, Ahn J W. A simple and direct dead-time effect compensation scheme in PWM-VSI[J]. IEEE Transactions on Industry Applications, 2014, 50(5): 3017-3025.

[10] 黄文新, 胡育文, 李磊. 一种新颖的空间电压矢量调制逆变器的死区补偿方法[J]. 南京航空航天大学学报, 2002, 34(2): 143-147.

[11] 李新君, 伍铁斌. 一种基于 SVPWM 的死区补偿策略[J]. 变频器世界, 2010, 000(005): 77-80.

[12] Wallenhauer C, Kappel A, Gottlieb B, et al. Efficient class-B analog amplifier for a piezoelectric actuator drive[J]. Mechatronics, 2009, 19(1): 56-64.

[13] Hajimiri A. Next-generation CMOS RF power amplifiers[J]. IEEE Microwave Magazine, 2011, 12(1): 38-45.

[14] 周伟, 胡红专, 翟超, 等. 基于功率放大器的步进电机驱动控制[J]. 微电机, 2001, 34(5): 33-35.

[15] Colli-Menchi A I, Sánchez-Sinencio E. A high-efficiency self-oscillating class-D amplifier for piezoelectric speakers[J]. IEEE Transactions on Power Electronics, 2015, 30(9): 5125-5135.

[16] Wallenhauer C, Gottlieb B, Zeichfusl R, et al. Efficiency-improved high-voltage analog power amplifier for driving piezoelectric actuators[J]. IEEE Transactions on Circuits and Systems I Regular Papers, 2010, 57(1): 291-298.

[17] 白磊. 机载稳定平台用永磁同步电机的高精度控制方法研究[D]. 北京: 北京航空航天大学, 2012.

[18] Habler F, Ellinger F, Carls J. Analysis of buck-converters for efficiency enhancements in power amplifiers for wireless communication[C]//International Microwave and Optoelectronics Conference. Brazil, 2007.

[19] Ding X, Du M, Zhou T, et al. Comprehensive comparison between SiC-MOSFETs and Si-IGBTs based electric vehicle traction systems under low speed and light load[J]. Energy Procedia, 2016, 88: 991-997.

[20] Ding X, Du M, Du C, et al. Analytical and experimental evaluation of SiC-inverter nonlinearities for traction drives used in eletric vehicles[J]. IEEE Transactions on Vehicular

Technology, 2017, 67(1): 146-159.

[21] Ding X, Du M, Zhou T, et al. Comprehensive comparison between silicon carbide MOSFETs and silicon IGBTs based traction systems for electric vehicles[J]. Applied Energy, 2016, 194: 626-634.

[22] Ding X, Cheng J. A real-time sinusoidal voltage-adjustment power supply based on wide-band-gap devices for linear power amplifier[C]//IEEE Energy Conversion Congress and Exposition. Baltimore, 2019.

第7章　基于宽禁带功率器件的增强型无传感器控制技术

PMSM 的高性能控制主要为矢量控制(vector control，VC)。电机转速和位置信息的准确获取在 VC 中是构成反馈闭环控制的必要条件，一般通过各类位置传感器来得到电机的转子位置和速度信息，但是在一些特殊场合的应用中位置传感器会受到限制，导致控制系统的性能会大大降低；另外，对于安装位置传感器的电机，传感器的安装不仅会增加电机的体积和制造成本，而且还会使电机在机械结构设计方面变复杂[1-3]。鉴于上述的条件限制，为了消除安装位置传感器造成的弊端，可以通过将 PMSM 的一些电信号转换为数字信号，并经过一系列公式转换处理，从这些数字信号中推导出电机的转速和位置信息[4-6]。利用上述方式得到的信息作为 PMSM 闭环控制系统的输入量，称为无传感器控制技术。

本章首先对常规无传感器控制技术进行了概述。然后，重点介绍了基于宽禁带功率器件的增强型无传感器控制技术，在零速及低速段，宽禁带功率器件高开关频率有利于基波电流的检测和高频负序电流的提取；在高速段，宽禁带功率器件有利于抑制滑模观测器引起的抖振。此外，为了匹配宽禁带功率器件的高开关频率运行和实现无传感器控制的高动态响应，本章最后介绍了通过 FPGA 的并行优化运算实现无传感器高精度控制。

7.1　常规无传感器控制技术

7.1.1　中高速段无传感器控制方法

目前，按照算法的基本原理划分，PMSM 的无传感器控制可以分为两大类：一类是根据电机电流和反电势等信息估算电机的位置和转速信息；另一类是依据电机的凸极效应来估算电机的位置和转速信息。

PMSM 在中高速段采用基于第一类检测方法的无传感器控制方法，其基本思想是根据反电动势基波波形为正弦波，且正弦波上的任意一点对应转子某一位置，因此可以通过检测反电势基波波形得到电机的位置。正弦波的每个周期对应转子的一个电周期，将三相绕组的反电势波形变换为两相静止坐标系中两个分量值，这两个分量相位差 90°，由此可以求出电机转子所对应的电角度。PMSM 的中高速段无传感器算法主要包括：模型参考自适应(model reference adaptive system，MRAS[7]、全阶观测器[8]、扩展卡尔曼滤波(extended Kalman filters，EKF)[9]智能估算方法[10]和滑模观测器(sliding mode observer，SMO)等。采用这些方法进行无传感器控制的原理为：对定子电压和电流进行检测，然后根据电机模型估算出电机的反电动势，进而从反电动势中提取有关电机转子的位置和速度信息。因为 PMSM 在低速运行中反电势小，造成估算出的反电势波形有较大谐波信号，所以在低速运行时无传感器控制效果不好。下面主要介绍常用的 SMO 控制方法。

SMO 是从变结构控制理论发展延伸的一种控制方法，Furuhashi[11]首次将 SMO 算法应用在电机的反电势检测，实现了从理论到应用的转变。SMO 应用到无传感器控制中的基本原理为：首先，根据电机数学模型的状态方程构建带有电流状态方程的观测器；其次，选取合适的滑模面和控制函数，传统的控制函数为符号函数，其具有响应速度快、抗干扰能力强的特点，SMO 的增益系数需要根据稳定性原则进行选取，以保证系统工作的稳定性，在稳定状态下控制函数使输入变量在滑模面附近变化；最后，根据 SMO 算法估计出的反电势波形提取出电机转子的位置与速度[12]。

SMO 控制中滑模面的选取是固定的，输入变量是沿着设计好的滑模面运行的，一般在增益选取合适的情况下，SMO 控制对电机参数不敏感、对运行中各种干扰的抑制能力强，具有很好的控制性能。SMO 原理框图如图 7-1 所示。图中，v_α、v_β为静止坐标系下电压；$\hat{i}_\alpha$、$\hat{i}_\beta$为估计的静止坐标系下电流；z_α、z_β为估计反电势；$\hat{e}_\alpha$、$\hat{e}_\beta$为经过滤波之后的估计反电势；$\hat{\omega}$为估计电角速度；$\hat{\theta}$为估计电角度。

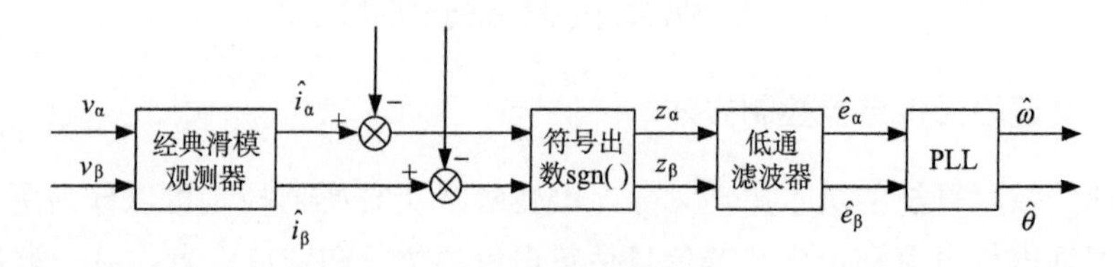

图 7-1　SMO 原理框图

但在 SMO 中，由于开关时间的延迟、空间的滞后及符号函数的不连续等因素，SMO 估计出的状态变量会出现抖振，抖振的存在反过来会影响系统的估计精度[12,13]。虽然 SMO 具有抗干扰能力强、响应快速、对电机参数变化不敏感及计算量小等优点，但是抖振现象的存在会对无传感器控制估计的位置和转速信息产生影响，因此，解决系统的快速性和鲁棒性与减小抖振间的矛盾是关键。

7.1.2　零速和低速段无传感器控制方法

PMSM 在零速和低速段采用基于第二类检测方法的无传感器控制方法，其主要是高频信号注入法(high frequency signal injection，HFI)，HFI 在反电势检测失效的零速和低速段可以获得电机的位置信息。HFI 根据输入信号类型的不同可分为高频电流注入法和高频电压注入法两大类，其基本原理是利用电机的凸极效应，通过向电机注入高频信号得到高频响应信号，再通过一系列计算处理提取出与电机转子位置相关的分量，进而得到估计的电机转子位置和速度信号[14-16]。HFI 的本质是利用电机的凸极效应获取电机转子的位置信息[17-19]，根据信号注入方式的不同，可以分为旋转高频注入法(rotating high frequency injection，RHFI)[20]和脉振高频注入法[21]两类。其中，旋转高频注入法又包括旋转高频电压和电流注入法。

1. 旋转高频电压信号注入法

旋转高频电压注入法适用于具有凸极效应的PMSM，其基本原理框图如图 7-2 所示。其基本原理为：向电机三相绕组注入三相高频旋转电压信号，三相电压互差 120°电角度，在电机绕组中会产生高频响应电流，高频响应电流中包含正、负序电流分量，其中，负序响应电流分量中包含转子的位置信息，需要对负电流分量进行提取、解算得到与电机转子位置有关的电流波形，然后通过锁相环(phase-locked loop，PLL)进行解调处理后，得到电机转子位置和转速估计值。

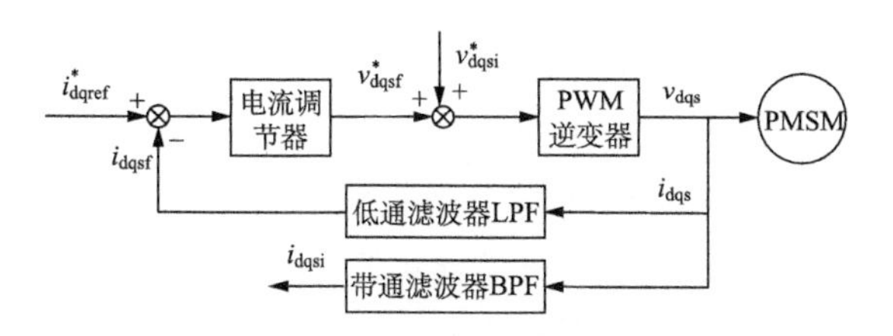

图 7-2　旋转高频注入法原理框图

根据旋转高频电压注入法的原理，可分析出该方法利用了电机的凸极效应，对电机参数变化的鲁棒性较强，能够很好地解决零速和低速段的位置和转速估计问题。但是该方法的缺点是在提取含有转子位置信息的高频电流信号的过程中需要较多的滤波器，不仅需要经过一系列的解调计算，增加了信号的处理难度，而且滤波器的使用会造成相位延迟及幅值减小，进而影响无传感器检测的精度。

2. 旋转高频电流信号注入法

旋转高频电流注入法与旋转高频电压注入法的区别是注入信号不同，其原理是在电机绕组中注入三相对称的高频电流信号，然后会产生三相高频电压响应信号，对三相高频响应电压信号，通过滤波器提取和信号解调计算以获取电机转子的位置和速度信息，其原理框图如图 7-3 所示。与旋转高频电压注入法相比，其最大特点是通过注入较小幅值的高频电流就可以得到大幅值的高频电压响应信号，提高了电机转子位置信息提取过程中的解调计算精度，并且电机绕组中获得的电压幅值随着注入频率的增大而增大。

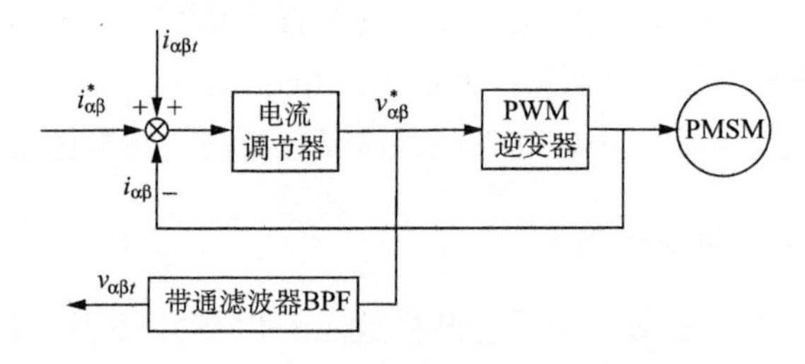

图 7-3　旋转高频电流注入法原理框图

3. 脉振高频电压信号注入法

由于前两种方法只能用于带有凸极性效应的电机，为了解决凸性效应小或者隐极性电机的无传感器控制问题，提出了脉振高频电压信号注入法，原理框图如图 7-4 所示。其基本原理是在电机的旋转坐标系的 d 轴注入高频电压信号，从而在电机绕组中产生高频脉振响应电流信号，将该高频电流信号通过坐标变换变换至旋转坐标系，可以得到响应的 q 轴高频电流信号，然后通过 PLL 调节输出电机转子的位置和速度信号，当经过解调计算的 q 轴高频电流信号为零时，认为无传感器控制输出的电机转子的位置和速度均为实际值。

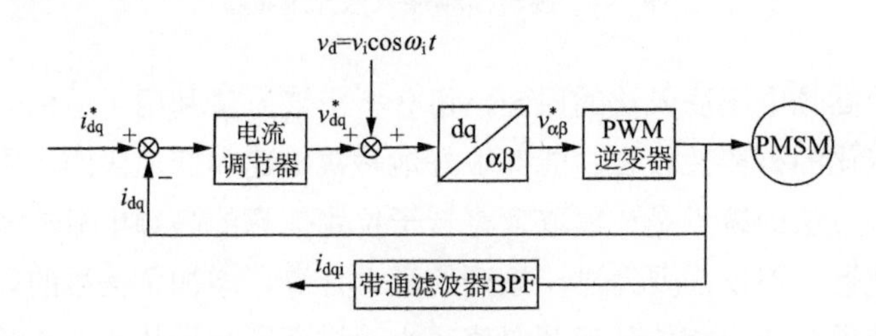

图 7-4　脉振高频电压信号注入原理框图

7.1.3　复合控制方法

要实现全速段的无传感器控制，需要选取适当的低速段和中高速段无传感器算法，并通过复合控制方法相结合。由前文可知，在中高速时，由于电机反电势较大，需要采用基于反电势检测算法的无传感器控制，可以选取 SMO 方法，SMO 方法具有快速性好和鲁棒性强等优点。但是当电机转速在零速和低速时，由于电机反电势较小甚至为零，很难采用算法估计电机反电势，因此通常在低速段采用 HFI 方法来检测电机的位置，HFI 方法在零速和低速段均可以有效地进行电机无传感器控制。因此，这两种无传感器控制方法在适用的转速范围内具有互补特性，可以采用复合控制方法，即将两种无传感器控制方法有机结合起来，实现 PMSM 在宽转速范围内的无传感器控制。

复合控制方法的核心是根据两种控制算法的适用转速范围，选取合适的速度切换段，实现两种算法的平滑过渡。其中，切换区的下限应该高于基于反电势检测算法可工作范围的最低转速，而切换区的上限应该低于基于 HFI 检测算法可工作范围的最高转速。

为了实现两种算法的平滑切换，在设定切换区内，可以采用加权算法，即位置和转速估算是由两种算法分别估算出来的位置和转速加权而得，其原理图如图 7-5 所示。其中，由 HFI 方法获得的位置和转速估计值的权重随着电机转速的增加由 1 减小到 0，而由基于反电势检测获得的位置和转速估计值的权重随着电机转速的增加由 0 增大到 1。

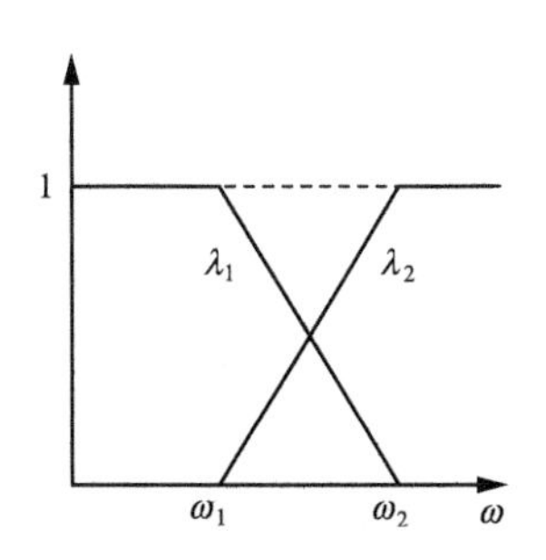

图 7-5　加权系数的算法

在切换区内电机转子的位置和速度估计值的计算可用以下公式表示：

$$\begin{cases}\hat{\omega}=\lambda_1\hat{\omega}_1+\lambda_2\hat{\omega}_2\\\hat{\theta}=\lambda_1\hat{\theta}_1+\lambda_2\hat{\theta}_2\end{cases}\tag{7-1}$$

式中，$\hat{\omega}_1$、$\hat{\theta}_1$、$\hat{\omega}_2$、$\hat{\theta}_2$ 分别为 HFI 方法和基于反电动势检测估算的电机转子的位置和转速；λ_1、λ_2 为加权系数，其中，加权系数随转速变化而变化，且满足

$\lambda_1 + \lambda_2 = 1$。

采用复合控制方法实现宽转速范围的 PMSM 无传感器控制系统框图如图 7-6 所示。图 7-6 中包含低速段、高速段无传感器控制算法模块和复合控制模块，其中，复合控制模块负责在切换区内将不同算法输出的估计值做加权运算。

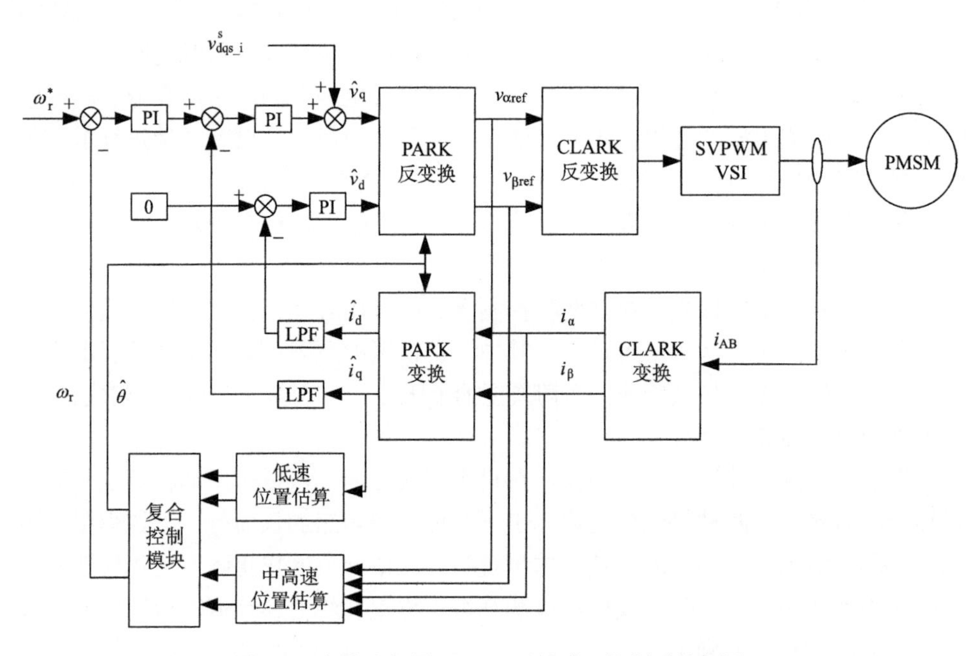

图 7-6　宽转速范围 PMSM 无传感器控制系统框图

下面将分析宽禁带功率器件的使用对一种低速段采用 RHFI 方法、中高速段采用 SMO 方法的无位置传感器的 PMSM 的控制方案的影响，以提高位置传感器控制电机在频繁启停工况下快速跟踪响应的位置检测能力，解决电机运行工况变化过程中产生的无传感器控制性能下降问题。

7.2　基于宽禁带功率器件的 PMSM 零速及低速段无传感器控制

7.2.1　旋转高频注入法

RHFI 方法是通过在输入电压中叠加高频旋转电压信号，然后通过逆变器输出到电机绕组中，从而在电机定子绕组中产生高频响应电流信号。假设向 PMSM 的三相定子绕组中注入幅值大小为 V_h、频率大小为 ω_h 的旋转高频电压：

$$\begin{bmatrix} v_{\alpha h} \\ v_{\beta h} \end{bmatrix} = V_h \begin{bmatrix} \cos(\omega_h t) \\ \sin(\omega_h t) \end{bmatrix} \tag{7-2}$$

得到的电机定子高频响应电流表达式为

$$\begin{aligned} \begin{bmatrix} i_{\alpha h} \\ i_{\beta h} \end{bmatrix} &= \frac{V_h}{\omega_h (L_0^2 - L_1^2)} \begin{bmatrix} L_0 \sin(\omega_h t) + L_1 \sin(2\theta_e - \omega_h t) \\ -L_0 \cos(\omega_h t) - L_1 \cos(2\theta_e - \omega_h t) \end{bmatrix} \\ &= \begin{bmatrix} I_p \cos\left(\omega_h t - \dfrac{\pi}{2}\right) + I_n \cos\left(2\theta_e - \omega_h t - \dfrac{\pi}{2}\right) \\ I_p \sin\left(\omega_h t - \dfrac{\pi}{2}\right) + I_n \sin\left(2\theta_e - \omega_h t - \dfrac{\pi}{2}\right) \end{bmatrix} \end{aligned} \tag{7-3}$$

式中，$I_p = \dfrac{V_h L_0}{\omega_h (L_0^2 - L_1^2)}$；$I_n = \dfrac{V_h L_1}{\omega_h (L_0^2 - L_1^2)}$；$L_0$ 为均值电感，$L_0 = \dfrac{(L_d + L_q)}{2}$；$L_1$ 为差值电感，$L_1 = \dfrac{(L_d - L_q)}{2}$，$L_d$、$L_q$ 分别为d、q轴定子电感；θ_e 为电机转子磁极电角度。

由式(7-3)可知，定子高频响应电流包含两个部分：一部分是高频电流正序分量；另一部分是高频电流负序分量，该负序分量和高频注入电压的旋转方向相反，而且它的相位中包含有转子的位置信息，可以从中提取电机转子的位置和速度信息，从而实现对 PMSM 的无传感器控制。

7.2.2　电流的提取

一般的检测方法中，在采样得到的电流信号中加入低通滤波器(low pass filter, LPF)得到基波电流分量进行闭环控制，高频响应信号通过带通滤波器(band pass filter, BPF)过滤掉基波分量以获得高频响应电流分量，基频电流和高频负序电流提取环节示意图如图 7-7 所示。

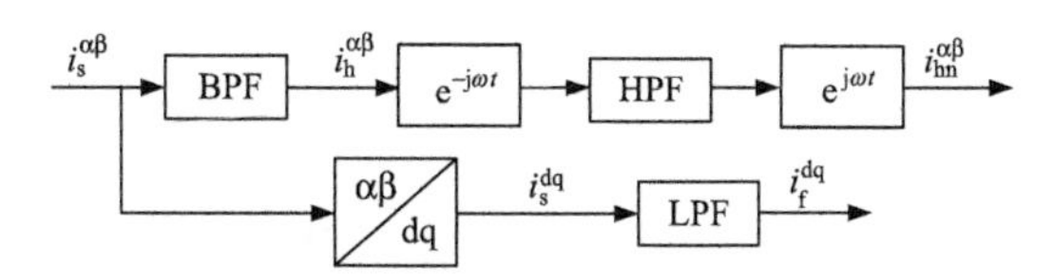

图 7-7　基频电流和高频负序电流提取环节示意图

在电机转速变化和负载突变的过程中，会产生阶跃尖峰电压，当注入频率较低时，只通过 BPF 的作用很难消除谐波分量的影响。同时，采用 LPF 会造成基波电流分量相位滞后，并降低闭环带宽，进而使得系统的快速响应性能下降；当 LPF 的截止频率选择较低时，还会造成系统振荡，使其不能正常工作。

1. 基波电流的检测

通过 LPF 得到检测电流中的基波电流分量，但是 LPF 的引入会使电流相位滞后，会造成控制系统反应变慢。LPF 截止频率的选取与基波电流的延迟如下式：

$$\Delta\theta = \arctan\left(\frac{\omega_e}{\omega_c}\right) \tag{7-4}$$

式中，$\Delta\theta$ 为检测的基波电流与实际基波电流的相位电角度差值；ω_e 为基波电流的电角速度；ω_c 为截止频率的角速度。

则相位延迟导致滞后的时间为

$$\Delta t = \frac{\Delta\theta}{\omega_e} \tag{7-5}$$

式中，Δt 为相位延迟造成的检测滞后时间。

由式(7-4)和式(7-5)可知，滞后时间与截止频率成反比，而截止频率受功率器件开关频率的影响。

RHFI 的注入频率通常设定在比电机的最大基频高十倍并且比功率逆变器的开关频率低十倍的范围内。当采用宽禁带功率器件后，其开关时间短，可以使用较高的开关频率，如此可以提高注入频率。图 7-8 为高频信号注入频率对比示意图，从图 7-8 中可以看出，当注入信号频率为 1kHz 时，其与基波频率间的频带最大仅有 1kHz，从采样电流中提取基波电流和高频负序电流比较困难；而当注入信号频率为 4kHz 时，从图 7-8 中可以明显看出，其与基波频率间的频带显著，从而降低了基波电流和高频负序电流的分离及滤波器设计的难度。因此，相对于传统的功率器件，应用于宽禁带功率器件系统的滤波器的截止频率可选取得更高，则滞后时间更短。

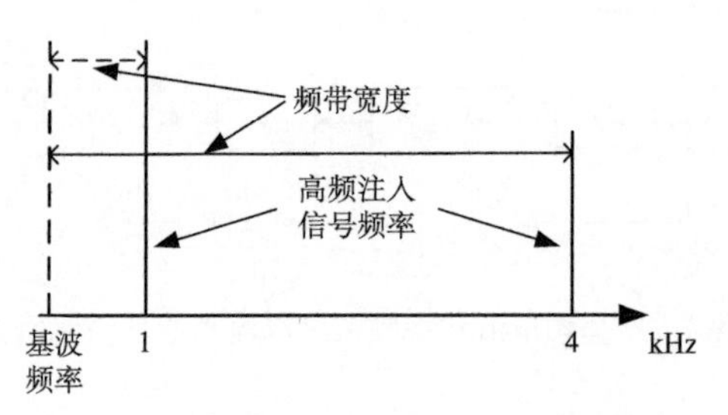

图 7-8　高频信号注入频率对比示意图

在突加减负载和转速阶跃变化过程中，会产生阶跃尖峰电压，采用宽禁带功率器件，当开关频率提高后，同样在暂态谐波频率与高频注入频率间有相对较大的空间，易于设计滤波器对暂态谐波进行滤除，从而提高系统的抗干扰能力。

由于采用宽禁带功率器件，高频响应电流与基波电流之间有很宽的频带区域，本节着重介绍另一种基波电流检测方法，即用带阻滤波器(band-stop filter，BSF)代替 LPF，BSF 的阻带频率设置为选择的高频注入频率附近，这样 BSF 对于基波附近的电流没有影响。提取基波电流，可以消除采用 LPF 带来的相位滞后影响，并且能更好地滤除高频响应电流。同时，由于宽禁带功率器件的使用，开关频率有较大的提升，在高频响应电流的频率和电机工作时的暂态谐波之间同样有较大的频带区域，采用 BSF 滤除基波电流中高频响应电流成分的效果优于 LPF。

接下来介绍 LPF 和 BSF 的设计实例。设置开关频率和高频注入频率为 40kHz 和 4kHz。在转速给定阶跃变化过程中，转速 200～400rpm 分别采用传统 LPF 方法和提出的 BSF 方法检测的基波电流频谱，对比图如图 7-9 所示，左图为实际电流，右图为检测的电流，其中 LPF 的截止频率设置为 1kHz，BSF 的截止频率设置分别为 3kHz 和 5kHz。图(a)为 200～400rpm 变化，使用 LPF 检测基波电流，图(b)为当转速 200～400rpm 变化，使用 BSF 检测基波电流。

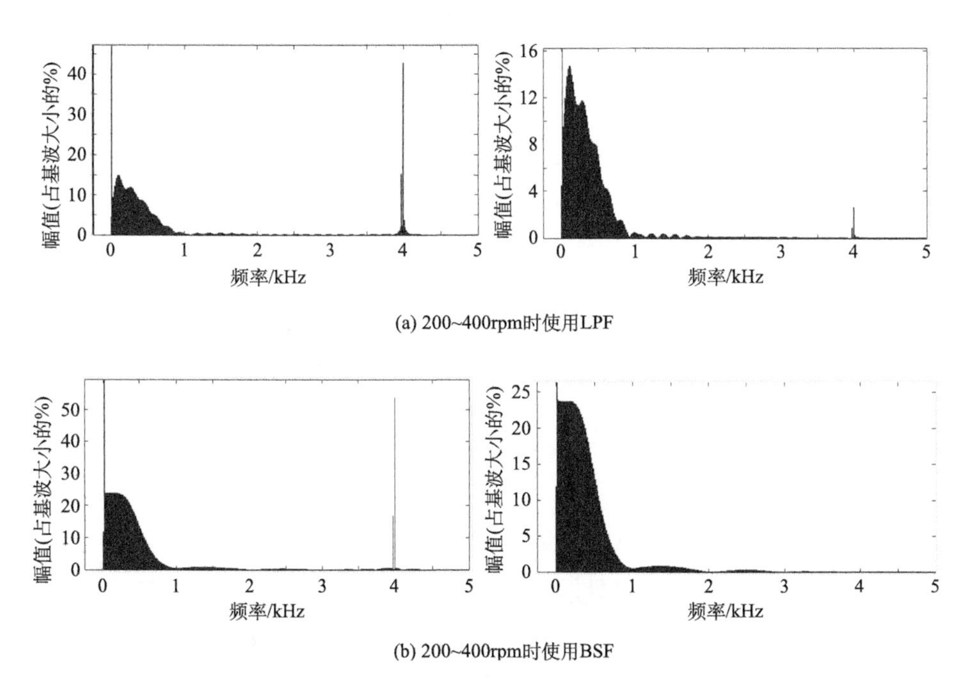

图 7-9　转速阶跃变化时使用 LPF 和 BSF 检测基波电流频谱对比图

从图 7-9 中可以看出，当转速发生阶跃变化时，基波电流的谐波频率可达到 2kHz 左右，对于传统的 10kHz 开关频率和 1kHz 的高频注入频率，很难对电流进行提取，要想提高系统的快速响应性能， LPF 的截止频率就要提高，但是对高频注入电流分量的滤除作用就会减弱，较低的 LPF 的截止频率会造成正常工作电流提取滞后且衰减。而采用宽禁带器件之后，开关频率得以大大提高，滤波器的截止频率相应的可以大幅提高，系统带宽增大，正常的工作电流滞后减小，系统快速性提升。因此，上述证明了采用宽禁带功率器件提高开关频率和注入频率所带来的优点。从图 7-9 可以看出，当采用 LPF 时，不仅很难对高频响应电流进行过滤，而且会造成电流相位滞后，同样也会对正常工作的谐波电流产生衰减，进而造成控制系统不能及时响应。当用 BSF 代替 LPF 时，高频响应电流得到了很好的抑制，而且暂态过程中得到的基波和谐波工作电流均没有明显的相位滞后，系统的实时响应性能较好。

2. 高频负序电流的提取

无传感器控制估计位置的过程需要对高频响应电流经过一系列算法解调，才能得到包含转子位置信息的高频负序电流分量，继而得到估计的转子位置。如图 7-7 所示，在传统的高频负序电流的检测过程中，首先通过 BPF 对采样的电流中的高频电流分量进行提取得到下式：

$$\begin{aligned}\begin{bmatrix} i_{\alpha h} \\ i_{\beta h} \end{bmatrix} &= \frac{U_h}{\omega_h (L_0^2 - L_1^2)} \begin{bmatrix} L_0 \sin(\omega_h t) + L_1 \sin(2\theta_e - \omega_h t) \\ -L_0 \cos(\omega_h t) - L_1 \cos(2\theta_e - \omega_h t) \end{bmatrix} \\ &= \begin{bmatrix} I_p \cos\left(\omega_h t - \dfrac{\pi}{2}\right) + I_n \cos\left(2\theta_e - \omega_h t - \dfrac{\pi}{2}\right) \\ I_p \sin\left(\omega_h t - \dfrac{\pi}{2}\right) + I_n \sin\left(2\theta_e - \omega_h t - \dfrac{\pi}{2}\right) \end{bmatrix}\end{aligned} \tag{7-6}$$

然后将式(7-6)转换到高频注入信号同步旋转坐标系，即左乘 $\begin{bmatrix} \cos(\omega_h t) & \sin(\omega_h t) \\ -\sin(\omega_h t) & \cos(\omega_h t) \end{bmatrix}$ 得到下式：

$$\begin{bmatrix} \cos(\omega_h t) & \sin(\omega_h t) \\ -\sin(\omega_h t) & \cos(\omega_h t) \end{bmatrix} \begin{bmatrix} i_{\alpha h} \\ i_{\beta h} \end{bmatrix} = \begin{bmatrix} 0 + I_n \cos\left(2\theta_e - 2\omega_h t - \dfrac{\pi}{2}\right) \\ -I_p + I_n \sin\left(2\theta_e - 2\omega_h t - \dfrac{\pi}{2}\right) \end{bmatrix} \tag{7-7}$$

由式(7-7)可得，因为含有 I_p 分量的项变成了直流量，所以直接通过高通滤波器(high-pass filter，HPF)就可以滤除含有 I_p 项的分量。含有位置信息的负序分量的旋转频率变为高频注入频率的 2 倍，对式(7-7)采用同步旋转坐标反变换，即左乘$\begin{bmatrix} \cos(\omega_h t) & -\sin(\omega_h t) \\ \sin(\omega_h t) & \cos(\omega_h t) \end{bmatrix}$得到$\begin{bmatrix} i_{\alpha h} \\ i_{\beta h} \end{bmatrix}$中的高频负序响应电流，结果如下式：

$$\begin{bmatrix} i_{\alpha hn} \\ i_{\beta hn} \end{bmatrix} = \begin{bmatrix} I_n \cos\left(2\theta_e - \omega_h t - \dfrac{\pi}{2}\right) \\ I_n \sin\left(2\theta_e - \omega_h t - \dfrac{\pi}{2}\right) \end{bmatrix} \tag{7-8}$$

式中，$i_{\alpha hn}$和$i_{\beta hn}$分别为高频响应电流中在 α 和 β 轴系的负序分量。

在一般的高频响应电流提取过程中，由于 BPF 的性能限制，对于低频基波电流分量的衰减不彻底，特别是在负载情况下，基波电流分量在经过 BPF 后，会有一部分的残余分量和提取的高频响应电流分量混合在一起，经过同步旋转坐标变换后，基波分量变成了高频谐波分量，通过 HPF 时很难将其滤掉，影响了位置检测精度。

当电机处于负载突变和转速变化过程中，会产生暂态电流，这些分量虽然经过滤波器后有很大的衰减，但是不能忽略其分量，这些分量经过同步旋转坐标变换，变成高频的干扰分量，无法通过 HPF 时过滤，从而会使在暂态变化过程中无传感器检测会突然出现较大幅度的误差。

低频基波电流分量在通过同步旋转坐标变换后，变成了频率为$\omega_h \pm \omega_e$的高频分量，但是相对于同样经过同步旋转坐标变换后的负序高频响应电流分量的频率$2\omega_h \pm 2\omega_e$相比，差了近 1 倍的ω_h。因此，ω_h为经过坐标变换之后的基波电流与高频负序电流之间的频率带宽度。因为采用了宽禁带功率器件，高频注入信号频率得以提高，所以混入的基波频率与高频响应信号之间的频带宽度进一步加大，可以通过 BPF 的作用，使频率为$2\omega_h \pm 2\omega_e$的负序电流分量通过，并且过滤掉正序响应电流分量、基波电流及高频谐波电流等干扰分量，提高负序高频响应电流的提取精度。

从上述分析可知，因为采用宽禁带功率器件，利用 BPF 代替低截止频率的 HPF，消除基波电流和暂态变化过程中高幅值的谐波产生的干扰分量得以实现。同时，采用 BPF 代替 HPF 相位滞后更小，由于对干扰分量的过滤效果更好，可以用较低的高频电流幅值，获得更好的位置检测效果，提高无传感器检测的精度，同时又不降低位置检测的快速响应性。

图 7-10 为采用 HPF 与采用 BPF 提取高频负序电流对比图，电机带 10 N·m 负载，转速为 200rpm，图 7-10(a)为当采用注入频率为 2kHz，注入幅值为 20V 时高频负序电流分量的提取，在负载情况下，基波电流对负序电流提取的影响较大，波形抖动明显；图 7-10(b)为采用注入频率为 4kHz，注入幅值为 40V 时高频负序

电流分量的提取，在同样负载的情况下，基波电流分量对负序电流提取的影响大大减小；图 7-10(c)为采用注入频率为 4kHz，注入幅值为 40V 时，用 BPF 代替 HPF 时，在同样条件下，检测到的负序电流分量基本不受影响，很好地抑制了低频干扰分量。从图 7-10 中对比看出，提高注入频率和使用 BPF 可以抑制这种干扰，所以本节提出的方法可以很好地消除这种干扰对无传感器检测精度的影响。

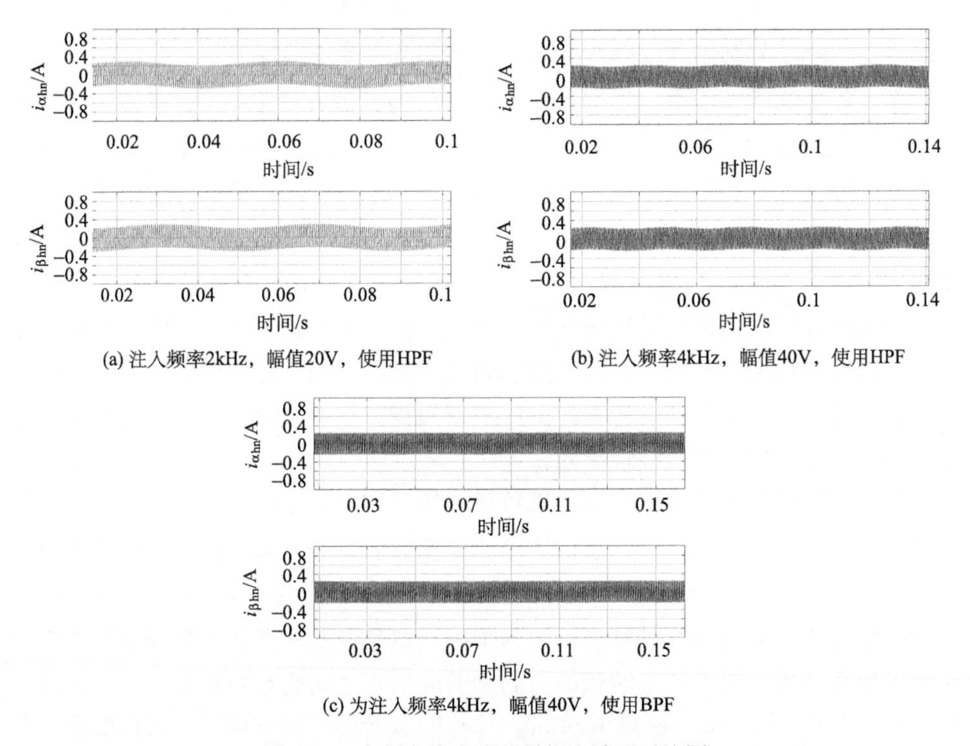

(a) 注入频率2kHz，幅值20V，使用HPF　　(b) 注入频率4kHz，幅值40V，使用HPF

(c) 为注入频率4kHz，幅值40V，使用BPF

图 7-10　高频负序电流分量提取波形对比图

为了更好地对比两者的差异，可以对提取得到的负序电流分量再进行一次同步旋转坐标反变换，即式(7-8)左乘$\begin{bmatrix}\cos(\omega_{\rm h}t) & -\sin(\omega_{\rm h}t)\\ \sin(\omega_{\rm h}t) & \cos(\omega_{\rm h}t)\end{bmatrix}$，得到频率为$2\omega_{\rm e}$的负序电流响应分量$\begin{bmatrix}I_{\rm n}\cos\left(2\theta_{\rm e}-\dfrac{\pi}{2}\right)\\ I_{\rm n}\sin\left(2\theta_{\rm e}-\dfrac{\pi}{2}\right)\end{bmatrix}$。

从上述分析可知，在转速阶跃变化过程中，会产生瞬时大幅值和高频率的谐波电流，对负序电流的提取过程提出了更高的要求，在转速突变条件下对比 HPF 和 BPF 方法的效果。转速分别从 200～400rpm，然后 400～200rpm 阶跃变化，负载为 1N·m，注入频率为 4kHz，幅值为 40V，得到频率为 $2\omega_e$ 的负序电流响应分量波形对比图如图 7-11 所示。从图 7-11 中可以看出，在转速阶跃变化过程中，采用 BPF 比 HPF 更好地抑制转速阶跃变化过程中基波电流和谐波电流对负序响应电流提取的影响，提高无传感器的检测精度。

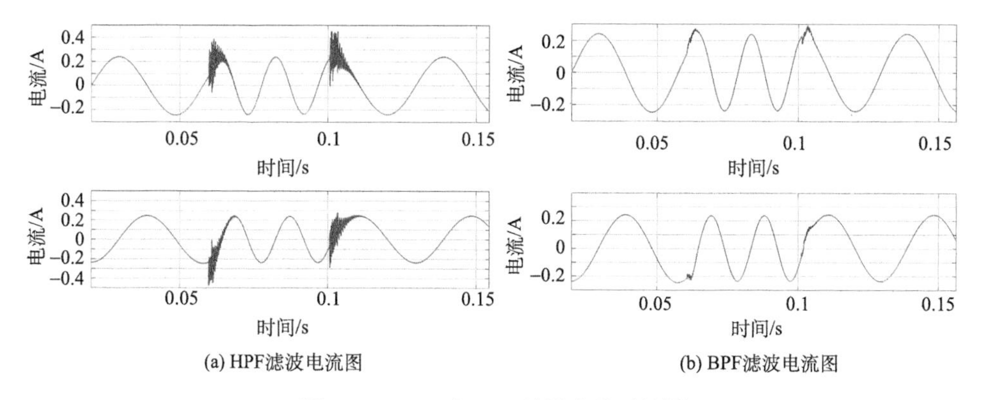

图 7-11　HPF 和 BPF 滤波电流对比图

7.2.3　无传感器控制系统结构框图及仿真结果

通过对上述因素的分析，利用宽禁带功率器件具有导通电阻较小和开关速度较快的特点，通过提高开关频率的方法，可以提高注入频率，从而减小基波和高频注入波之间的相互影响。同时，为了消除 LPF 对系统的不利影响，采用 BSF 代替 LPF，可以很方便地获得基波电流；通过采样电流和基波电流的减法运算能够获得高频响应电流分量，简化了算法的运算量；同时在高频负序电流提取时采用 BPF 代替 HPF，以消除基波和谐波分量对负序响应电流检测精度的影响。低速段无传感器控制系统结构如图 7-12 所示。

本节所提出的高频负序电流提取方法，直接用减法得到了高频响应电流，消除了相位滞后，简化了算法的时间和难度，采用 BPF 代替 HPF，用相对较大的带宽抑制干扰分量，基本消除了检测过程滤波器造成的相位滞后问题。

图 7-13 为负载为 1N·m、转速在 200～400～200rpm 变化时，采用不同方法的位置检测跟随和误差仿真对比图。图 7-13(a)为在高频负序响应电流采样中采用一般方法时位置检测跟随和误差，图 7-13(b)为采用差值法和 BPF 代替 HPF 综合时位置检测跟随和误差。从图 7-13 中可以看出，采用传统方法在阶跃变化时最大误差达 17°，响应时间最大约 11ms，且位置检测存在静差；采用本节提出的方法，最大误差约 7°，响应时间最大约 7ms，位置检测基本不存在静差，证明本节

提出的检测方法的有效性和实用性。

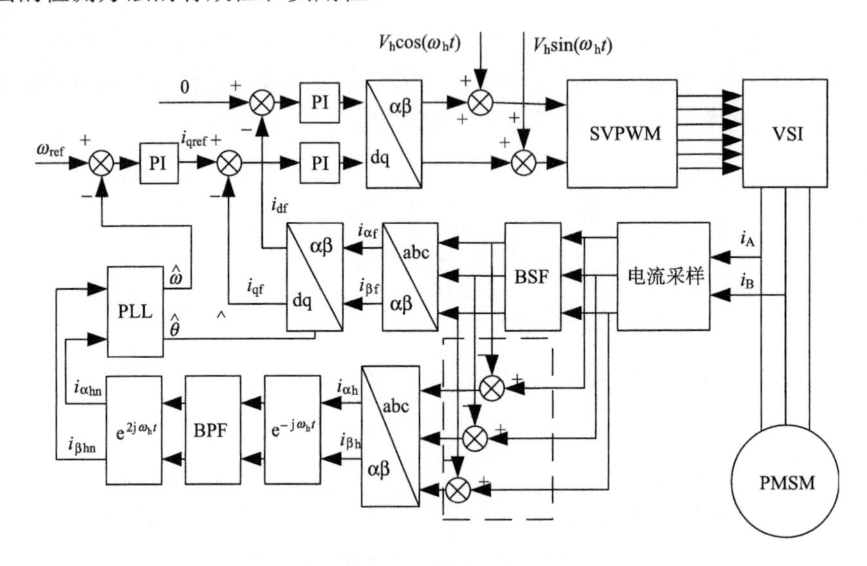

图 7-12　系统结构示意图

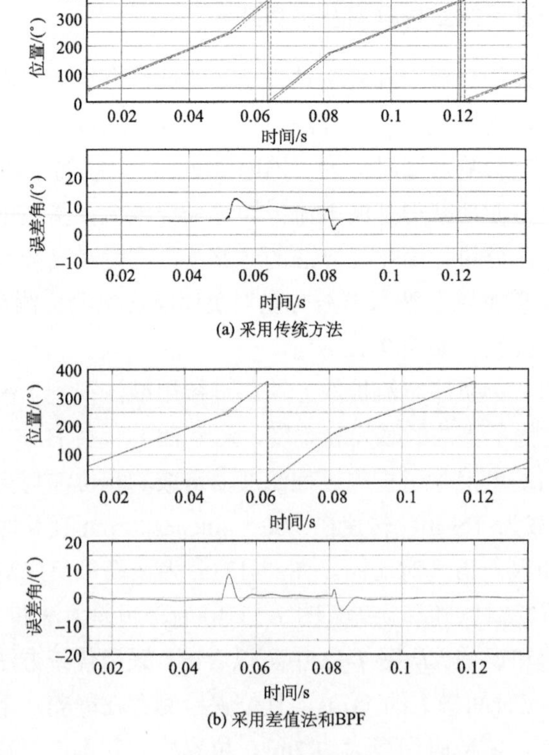

图 7-13　低速段位置检测跟随和误差对比图

7.3　基于宽禁带功率器件的 PMSM 中高速段无传感器控制

7.3.1　宽禁带功率器件对 SMO 抖振问题的改善

由下 1.1 可知，SMO 由于具有抗干扰、响应快等优势而被广泛应用，但是进一步减小抖振问题对位置估计精度的影响有待研究。抖振问题产生的主要原因包括开关时间滞后、开关空间滞后、系统时间滞后和空间“死区”的影响等[22]。

因为程序执行有时间延迟，在切换面附近，首先进行模拟量采样，本周期中的电流就以采样后的数值不变，经过电流换算成实际电流值，再经过坐标变换等程序，然后通过 SMO 计算，所得结果通过符号函数输出控制量得到估计反电势值，所以存在一定的时间差。这种开关时间的滞后，导致 SMO 的控制对于状态量的控制不是实时的，而是存在一定时间延迟的。

在控制系统中，所有量都是以数字量计算，当模拟量转换为数字量时，选取 n 位转换精度的传感器，采样的精度为 $i_{\max}/2^n$，即系统能检测到模拟量变化的最小值，当滑模面函数变化小于检测量的最小变化值时输出不变，这会造成系统存在空间滞后。

由于功率器件的开关频率有限制，使一个开关周期只能进行一次电机控制，等效于做一次控制函数开关切换，这种滞后时间往往比较大，从而会造成较大的抖振。符号函数为开关型函数，且相邻状态之间有较大的时间间隔，会产生响应的空间状态“死区”，在滑模面上表现为等幅的振荡。

在一个控制周期中，采样得到的模拟量值是不变的。通常认为控制周期的中点连线为经过采样得到的模拟量的实际曲线，当开关频率提升 1 倍后，采样得到的模拟量曲线滞后于实际曲线的时间减小，滞后时间的减小可以减小 SMO 抖振，进而提升 SMO 的精度和响应速度。从上述分析可得，缩短程序的执行时间和功率器件的开关周期，能够有效地减小 SMO 的抖振幅值，并提高 SMO 的响应速度。

7.3.2　改进的 SMO 仿真结果

图 7-14 为滑模观测器估测的电流值 $\hat{i}$ 和实际电流值 i 的对比示意图，其中图 7-14(a) 中的开关周期为 T_S，图 7-14(b) 中的开关周期为 $T_S/2$。因为控制系统中的所有参数均为数字量，所以图中电流的估计值在一个开关周期内保持不变。从图 7-14 可以看出，图 7-14(a) 中的振荡显然比较大，且估计的电流波形畸变较严重；7-14(b) 中，随着开关频率提高，控制周期减小，前一个控制周期中的电流估计值

在下一个控制周期中使用时，由于采样时间缩短一半，采样间隔的实际电流变化减小，采用较小的开关函数增益 k 就可以实现很好的跟随效果，电流估计值的振荡较小，电流的估计值和实际值的吻合度较好。

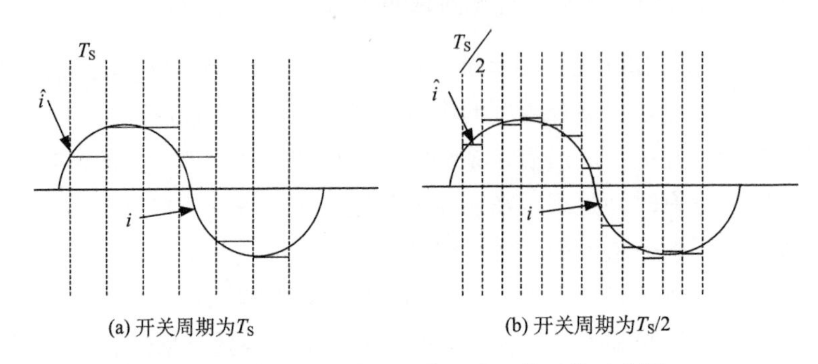

(a) 开关周期为T_S　　(b) 开关周期为$T_S/2$

图 7-14　SMO 电流估计值和实际值对比示意图

采用宽禁带功率器件既能提高开关频率，又能降低符号函数的增益值，更好地抑制抖振现象，显著提升估计值与实际值的波形吻合度，提高无传感器控制估计的精度及响应速度。

仿真结果如图 7-15 所示，设定转速为 800rpm，无负载情况下，在 SMO 检测稳定情况下经过 LPF 输出的 $\hat{e}_\alpha$ 波形，LPF 的截止频率均为 1.2kHz，开关函数增益为 50，图 7-15(a)中所使用的开关频率为 10kHz，图 7-15(b)中所使用的开关频率为 40kHz。从图 7-15 可得，首先，在相同的条件下，图 7-15(b)中的 $\hat{e}_\alpha$ 波形与实际波形的吻合度比 7-15(a)中的更好，振荡更小，说明宽禁带功率器件的使用能够很好地抑制 SMO 的抖振。其次，开关频率低时，要想使波形与实际波形更好吻合，LPF 需要更低的截止频率，但 LPF 的使用会带来幅值衰减和相位延

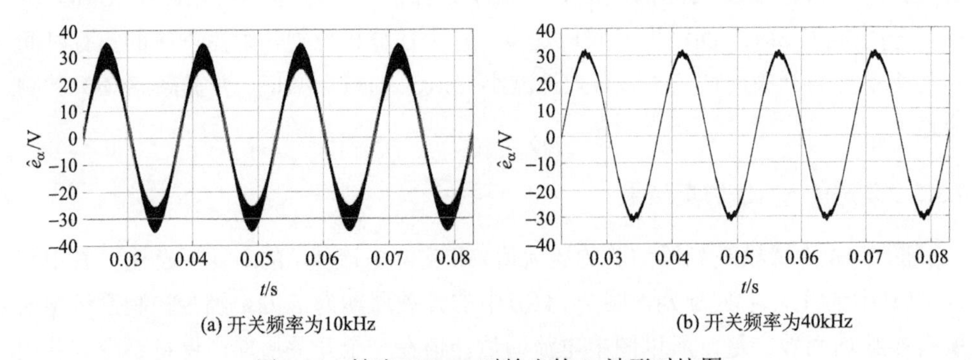

(a) 开关频率为10kHz　　(b) 开关频率为40kHz

图 7-15　转速 800rpm 时输出的 $\hat{e}_\alpha$ 波形对比图

迟，且截止频率越小，估计波形与实际波形的相位差越大，虽然控制中可以进行估计位置稳态补偿，但是在动态变化过程中，会造成估计位置与实际位置差值较大，甚至可能造成系统不能正常工作。

7.4　FPGA 在无传感器控制系统中的作用

由于采用了宽禁带器件 SiC，开关频率得以大幅提升，需要配合运算速度更快的控制硬件才能充分的发挥 SiC 在无传感器控制中减小位置检测误差的作用，而可编程逻辑门阵列 FPGA 是一个绝佳的选择。本节先从无传感器控制系统存在位置估计误差出发，引出 FPGA 减小位置估计误差的原理，然后从五个方面介绍 FPGA 速度优化方法，接着介绍 FPGA 总体设计的并行实现，最后介绍 FPGA 对各部分子程序的优化，并与 DSP 运行程序进行对比。

7.4.1　FPGA 减小估计位置误差原理

FPGA 具有并行运算、处理时间快等优点，与宽禁带功率器件共同使用对于减小 SMO 抖振和提高 RHFI 位置估计有很好的效果。

在实际应用中，系统运行的时序如图 7-16 所示，电流采样在 PWM 波形的中点开始，即图中 i_0 的检测时刻为 t_1，考虑电流检测和读取延迟时间为 Δt_1，程序运行到 t_2 时刻开始执行位置估计和 PWM 占空比更新，程序运行时间为 Δt_2，然而此时位置估计采用的是在 t_1 时刻采样的电流值，所以估测的位置 θ_0 为 t_1 时刻的位置，在进行 PWM 占空比更新时，位置 θ_0 值与电流 i_0 采样值相对应，可以认为在进行 Clark 和 Park 变换中进行的是实时变换。在实际应用中，在 $t_2+\Delta t_2$ 时间更新 PWM 占空比后，应用到功率器件到 t_3 时刻，相当于电流和位置的更新到应用于功率器件延迟了 Δt 时间，从图 7-16 中看出延迟了一个开关周期。

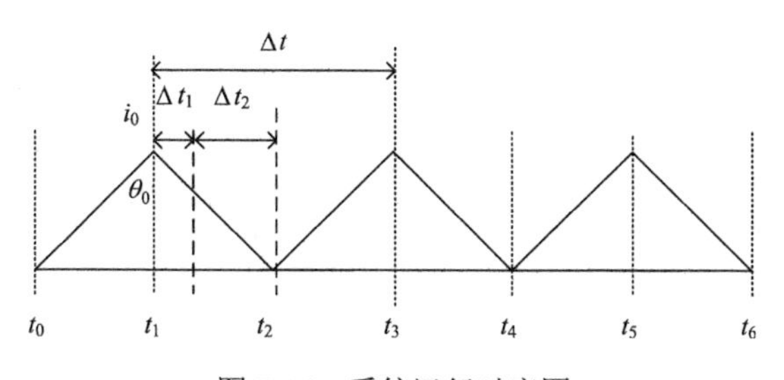

图 7-16　系统运行时序图

在 t_1 时刻位置与 t_3 时刻的位置差值随着转速的提升而不断变大，如下式所示：

$$\Delta\theta = \omega_e \Delta t = 2\pi f_e \Delta t = 2\pi f_e T_s \tag{7-9}$$

式中，$\Delta\theta$ 为位置差；ω_e 为转子电角速度；f_e 为电流的基波频率；T_s 为开关周期。

由式(7-9)可得，位置差 $\Delta\theta$ 与 f_e 和 T_s 成正比关系，而 f_e 为电机基波频率，所以 T_s 越小对控制系统的控制实时性越好，能在较短的时间对负载突变和转速变化输出响应，提高控制系统的带宽。利用宽禁带功率器件的特性，提高功率器件的开关频率，缩短开关周期，提高控制系统的快速响应性，同时也减小估测位置的滞后 $\Delta\theta$，使系统的稳定性更好。

随着功率器件的开关频率提高，如果程序执行芯片的处理速度不够快，若 Δt_1 时间大于半个开关周期或 Δt_2 大于一个开关周期，会造成位置差变大，控制系统的稳定性和快速响应性能变差。因此，在利用宽禁带功率器件提高开关频率的同时，也需要使用运算速度更快和性能更优的控制芯片，保证电流采样和读取时间小于半个开关周期，以确保无位置检测算法和 PWM 占空比算法执行总时间不大于一个开关周期。

传统方案中，常采用 DSP 芯片作为主控芯片。由于 DSP 采用串行运算，且指令都有一定的执行周期，从现有的系统可以测量出整个程序的执行时间在数十μs 级，但是从上述分析可得，提高开关频率可以有效地提升无传感器控制的估计精度和系统的响应速度。本节拟采用 40kHz，开关周期为 25μs，整个 DSP 无传感器程序的执行时间将大于一个开关周期，造成控制系统的算法运算不能满足开关频率的需求，估计位置与实际位置误差较大，在电机运行工况变化时不能快速响应位置的变化。而 FPGA 采用并行运算，理论上没有程序执行周期，很大程度上缩短了相同功能程序的运行时间，能够满足宽禁带功率器件应用时的高运算速度的需求。

7.4.2 FPGA 速度优化方法

1. 并行结构

为了达到 FPGA 程序减小运算时间的目的，采用并行结构思想将分开的时序操作改变成并行操作。重新组织关键路径是时序优化的重要方法，如通过一列串联的逻辑估值的一个函数可以分解和并行地进行估值。

2. 资源复制

当某一个信号的扇出比较大时，会导致该信号到各个目的逻辑节点的路径变得过长，而布线路径过长会导致传输延时过大。为了减小传输延迟，提高计算速度，可以通过复制寄存器减小信号的扇出数量，进而实现分担信号扇出过多、缩短关键路径的布线长度的目的，但是此方法会极大地增加系统面积。

3. 流水线

现代的逻辑设计大部分是同步设计，所以很多时候设计节点都是参考时钟沿，如果寄存器和寄存器之间的逻辑路径过长，就会成为拖累设计的关键。可以考虑在成组的逻辑之间加寄存器，通过缩短寄存器和寄存器之间的传输路径来提高电路速度，但此时的输入/输出延时增大，不可避免地带来部分面积增加。插入寄存器的方法也被称为插入流水线方法，该设计中额外插入寄存器增加的时钟周期延时并不会违反整个设计的规范要求，不会影响设计的总体功能性实现，即额外插入的寄存器在保持吞吐量不变的情况下改善了设计的时序性能。

4. 组合逻辑

在FPGA逻辑设计中，时序路径上的组合逻辑均会给路径增加延时，而程序中的关键路径则会很大程度上影响设计。因此，通过减少关键路径上的组合逻辑单元数来减少该路径上的延迟，进而实现时序优化。

5. 路径延迟优化

系统性能主要取决于路径延迟，路径延迟是指FPGA器件内信号在同步元件之间、同步元件与器件引脚之间的传播途径，所有路径均由组合逻辑和布线构成。采用Libero后仿真功能，可以对器件的布线延迟、通信延迟和输入输出延迟等进行测量与优化。

7.4.3 FPGA总体设计的并行实现

为了减小延迟，将ARM中控制程序移植到FPGA中实现，并且采用并行处理方法对FPGA程序进行时序优化，相比于ARM和DSP的串行运行模式，FPGA能显著减小电流采样延迟和程序运算延迟。FPGA程序总体运行框图如图7-17所示。电流采样模块在采样时钟控制下独立运行，与FPGA其他程序并行运算，互不干扰。而电流环部分包括自适应滑模算法、Clark变换、Park变换、电流环PI调节、iPark逆变换、SVPWM及PWM。由于逻辑关系，电流环部分必须采用串行运算。通过滑模观测器得到的反电势计算转子速度，速度环的PI调节部分可以与电流环坐标变换及其PI调节部分进行并行运算，减少运算时间。同时，为了进一步减少路径延迟，提高运算速度，将 Clark 程序与 Park 程序集成到同一个模块之中，d 轴和 q 轴电流环集成到同一模块中进行并行运算，将 Park 逆变换程序与 SVPWM 程序集成到同一模块之中。

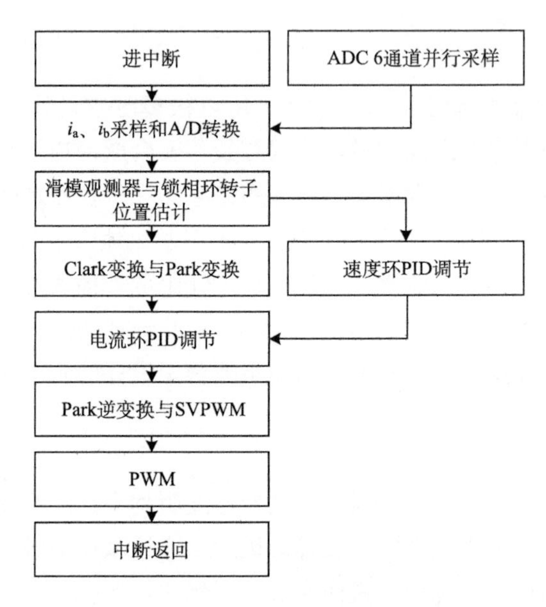

图 7-17　FPGA 程序总体运行框图

图 7-18 为基于 FPGA 的无传感器控制系统的内部结构构架，控制系统包括：坐标变换模块，滑模观测器、转子速度和位置估计模块，转速环 PI 调节器模块，

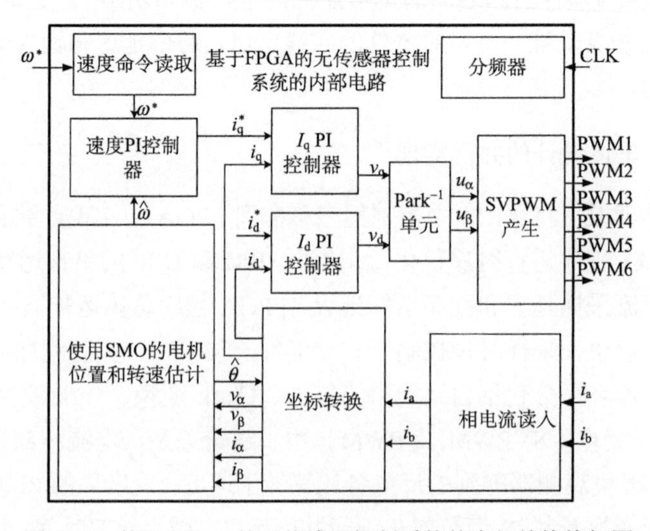

图 7-18　基于 FPGA 的无传感器控制系统的内部结构构架图

电流环 PI 调节器模块，SVPWM 模块，DC/AC 转换器和其他辅助模块。所有模块都通过 Verilog HDL 语言进行编写，并在 Actel SmartFusion2 控制板中实现。

7.4.4　FPGA 各部分子程序优化

1. Clark 变换与 Park 变换优化

在程序中添加 4 个 16×16 乘法器，计算流程如图 7-19 所示，计算过程共需 5 步。

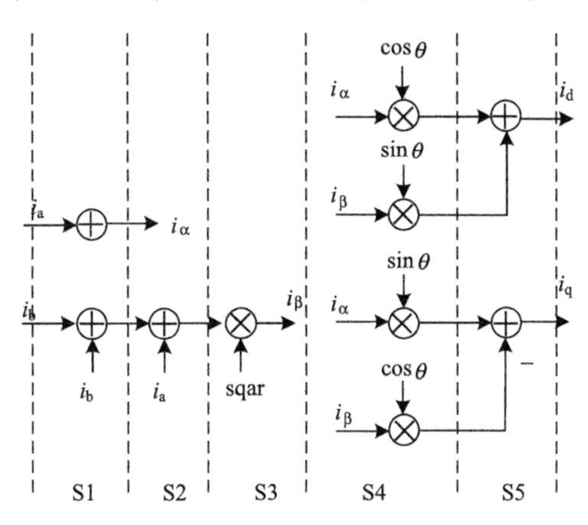

图 7-19　坐标变换并行计算流程

选择一个 FPGA 芯片未使用的 IO 口对程序运行时间进行指示作用，当程序开始时，IO 口输出高电平，当程序结束时，IO 口输出低电平，通过观测输出高电平时间可以得到程序运行时间。将 FPGA 各个子程序与 DSP 各个子程序运行时间进行对比。图 7-20(a)为 DSP 程序中 Clark 变换和 Park 变换运行时间，图 7-20(b)为 FPGA 中 Clark 变换和 Park 变换运行时间。从图 7-20 可得，DSP 运行时间约为 1.8μs，FPGA 运行时间约为 140ns。

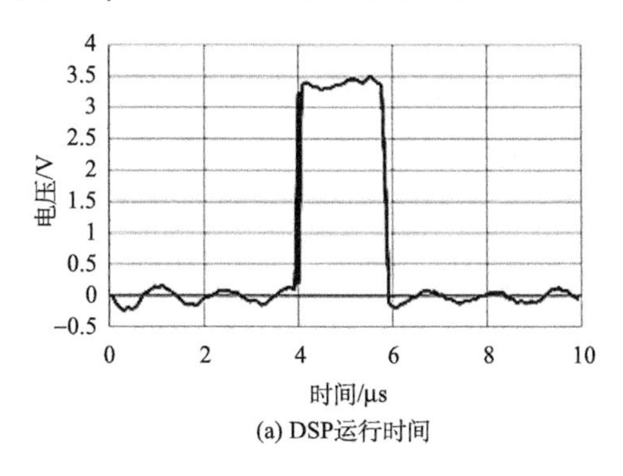

(a) DSP运行时间

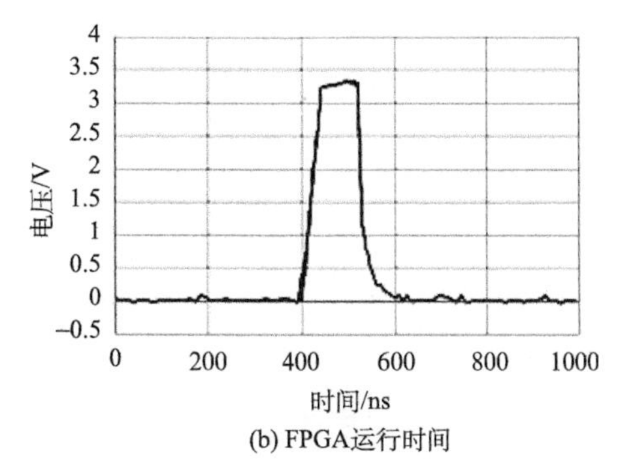

(b) FPGA运行时间

图 7-20　坐标变换

2. PID 调节程序优化

在 DSP 程序中，d 轴 PI 调节程序和 q 轴 PI 调节程序是串行顺序进行的。本程序利用 FPGA 并行运算的优势，采用 d 轴 PI 调节程序和 q 轴 PI 调节程序同时运算的方法，显著减小了电流环 PI 调节的运算时间，计算流程如图 7-22 所示。图 7-21 中 S1～S2 步为比例环节，dq 轴的比例环节控制同时并行进行；S3～S4 为积分环节，dq 轴的积分环节控制同时并行进行；S5 通过将积分环节与比例环节相加得到调节后的 dq 轴的电流值。因为 FPGA 芯片的运行频率为 50MHz，每一步的运算时间为 20ns，PI 调节器部分共 5 步，所以 PI 调节器部分的理论计算时间为 100ns。

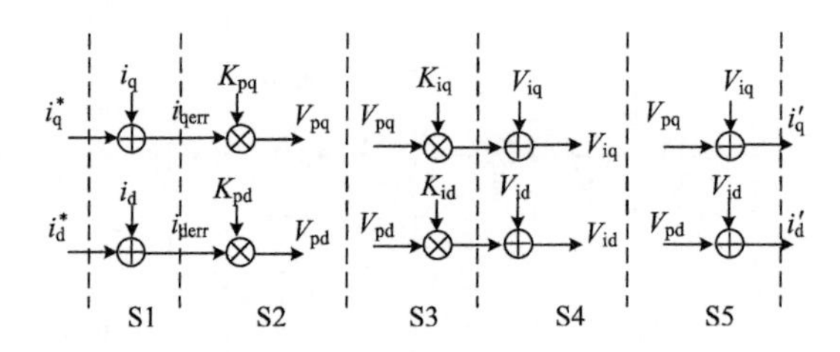

图 7-21　PI 调节器并行运算流程

图 7-22(a)为 DSP 的 PI 调节程序的运行时间，图 7-22(b)为 FPGA 的 PI 调节程序的运行时间。从图 7-22 可得，DSP 的运行时间约为 2.1μs，FPGA 运行时间约为 220ns。

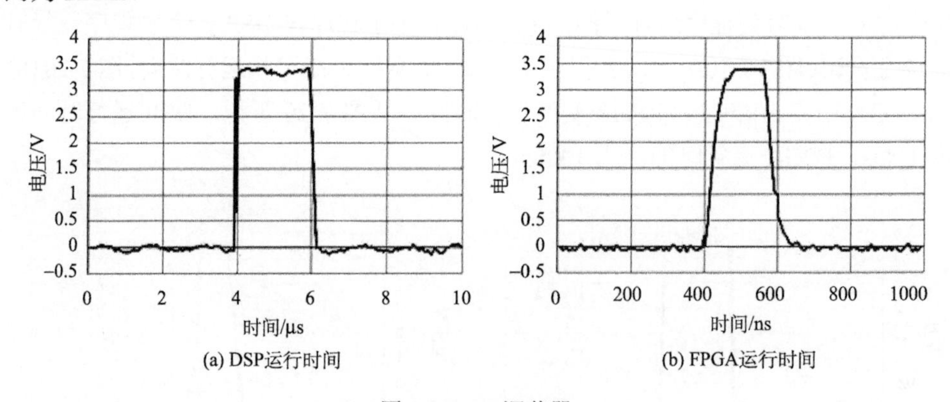

图 7-22　PI 调节器

3. 滑模观测器程序优化

在程序中添加 4 个 16×16 乘法运算器和 2 个 16×16×16 乘法运算器进行并

行运算，计算流程如图 7-23 所示。滑模观测器模块共有 24 个机械步数，其中，S1～S7 步为滑模观测器数学模型和电流值估计部分；S8～S13 步为切换增益自适应律部分；S14～S16 为滑模观测器的控制函数即饱和函数部分；S17～S18 步为反电动势估计部分；S21～S23 步为转子位置计算部分。

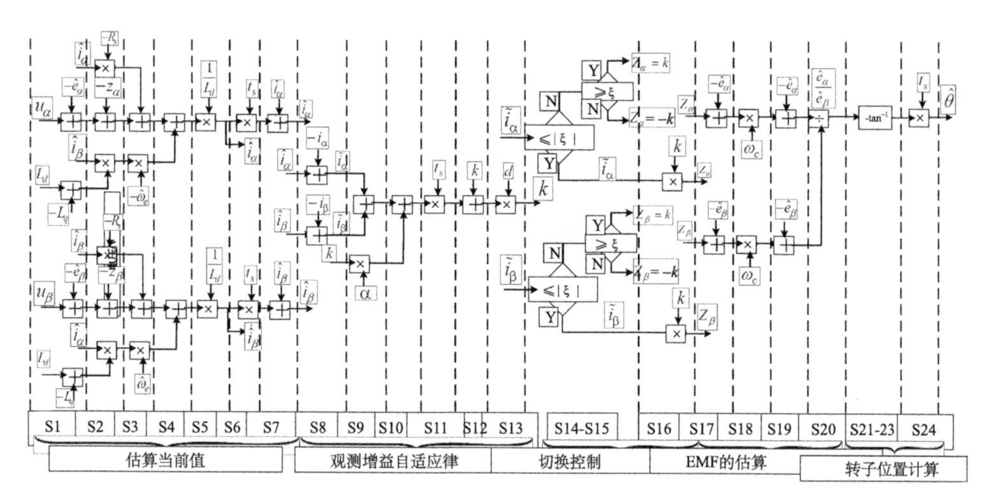

图 7-23　滑模算法并行运算流程

图 7-24 为滑模观测器运行时间对比图。图 7-24(a)为 DSP 滑模观测器程序运行时间，图 7-24(b)为 FPGA 滑模观测器程序运行时间。从图 7-24 中可得，DSP 的运行时间约为 9.5μs，FPGA 运行时间约为 520ns。

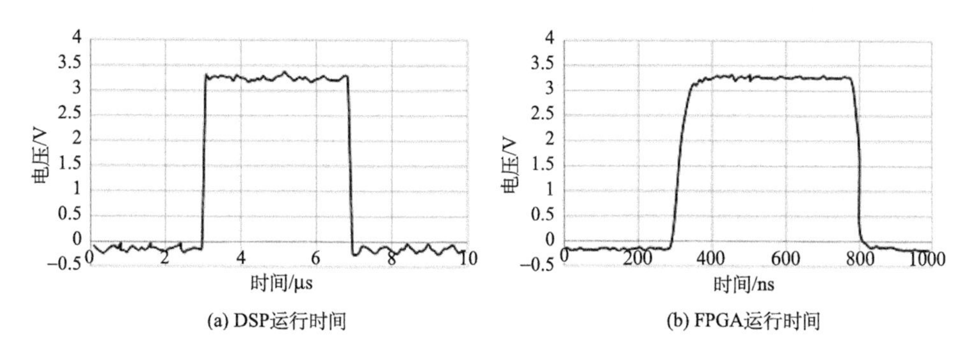

(a) DSP运行时间　(b) FPGA运行时间

图 7-24　滑模观测器

4. SVPWM 程序优化

在 DSP 程序中，Park 反变换程序和 SVPWM 程序是顺序运行的，为了减小路径延迟，将 Park 反变换程序与 SVPWM 程序集成在同一个模块中。图 7-25(a)为 DSP 的 SVPWM 程序的运行时间，图 7-25(b)为 FPGA 的 SVPWM 程序运行时间。从图 7-25 中 DSP 的运行时间约为 2.3μs，FPGA 运行时间约为 260ns。

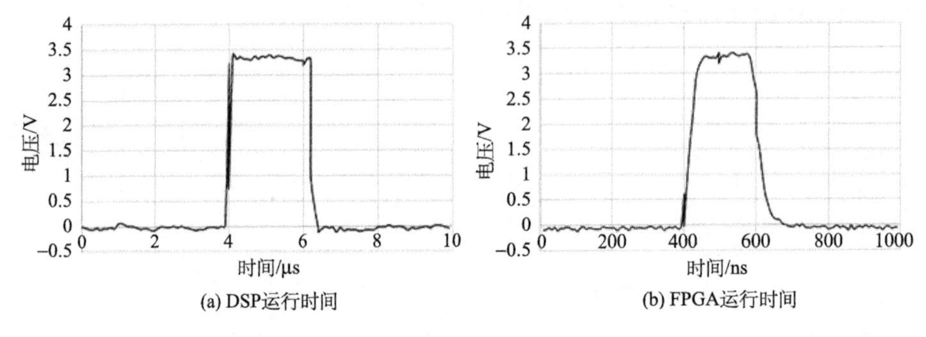

图 7-25　SVPWM

5. 中断运算时间对比

采用软件计算和硬件测量两种方法对 DSP 和 FPGA 中断程序的运算时间进行测量和对比。在 DSP 系统中，采用 CCS 软件计算运行步数，测得整个中断程序共有 4191 步，其软件时钟频率为 150MHz，所以程序运行时间为 27.94μs。采用硬件测量的方法，选取一个空闲 IO 口，在中断开始时输出高电平，中断结束时输出低电平，测得器硬件运算时间约为 39μs 如图 7-26 所示。

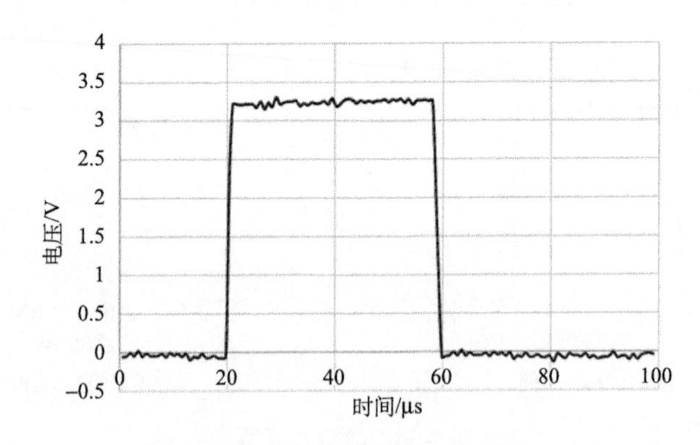

图 7-26　DSP 中断硬件运行时间

在 FPGA 系统中，添加 Timer 计数器程序，在中断开始时开始计数，每隔 1ns 计数器加 1，在中断结束时停止计数，最终测得 FPGA 中断程序共运行 1415ns。ARM 部分的程序采用 Keil 软件中时序仿真功能测得，ARM 主程序运行时间为

0.55μs。因此，FPGA 中断程序的总的运行时间约为 2μs，与 DSP 的运行时间相比减小了将近 15 倍，在功率管开关速度满足要求的情况下，FPGA 系统可以满足高频率电机控制要求。采用 IO 口硬件测试的方法测得程序运行时间约为 4μs，如图 7-27 所示。

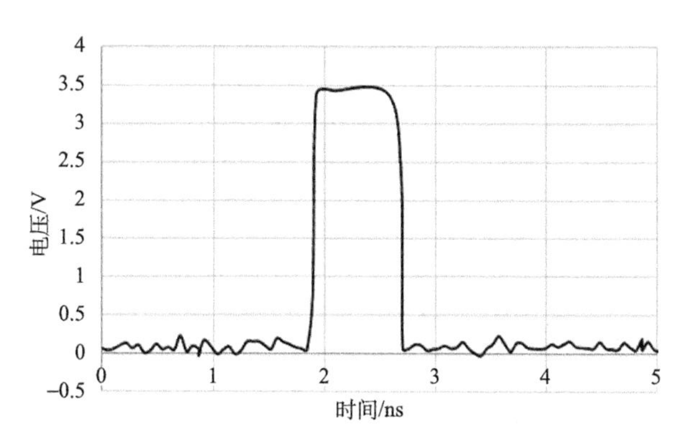

图 7-27　FPGA 中断硬件运行时间

7.5　无传感器控制设计实例

7.5.1　低速段无传感器控制实验

为了验证低速段无传感器算法的效果，分别进行了转速为 100rpm、200rpm 和 0～300rpm 的低速段无传感器算法估计位置和实际电机位置的对比实验，采用的控制板分别为 DSP 和 FPGA+ARM。

图 7-28 为基于 DSP 控制板，采用本章提出的低速段无传感器控制系统算法，得到的电机检测位置和实际位置实验对比图，其中，开关频率为 10kHz，注入频率为 1kHz，BSF 的截止频率分别设为 850Hz 和 1150Hz，BPF 的截止频率分别设为 1800Hz 和 2200Hz。图 7-28 是基于 FPGA+ARM 控制板，采用本节提出的低速段无传感器算法得到的电机检测位置和实际位置实验对比图，其中，开关频率为 40kHz，注入频率为 2.5kHz，BSF 的截止频率分别设为 2.3kHz 和 2.8kHz，BPF 的截止频率分别设为 4.7kHz 和 5.3kHz。

对比分析图 7-28 和图 7-29 可得：基于 DSP 控制板的实验图中，转速为 100rpm 时的位置最大估计误差为 20°；转速为 200rpm 时的位置估计最大误差约为 18°；转速 0～300rpm 过程中的最大误差为 22°。基于 FPGA+ARM 控制板实验图中，转速为 100rpm 时的位置最大估计误差约为 5°；转速为 200rpm 时的位置

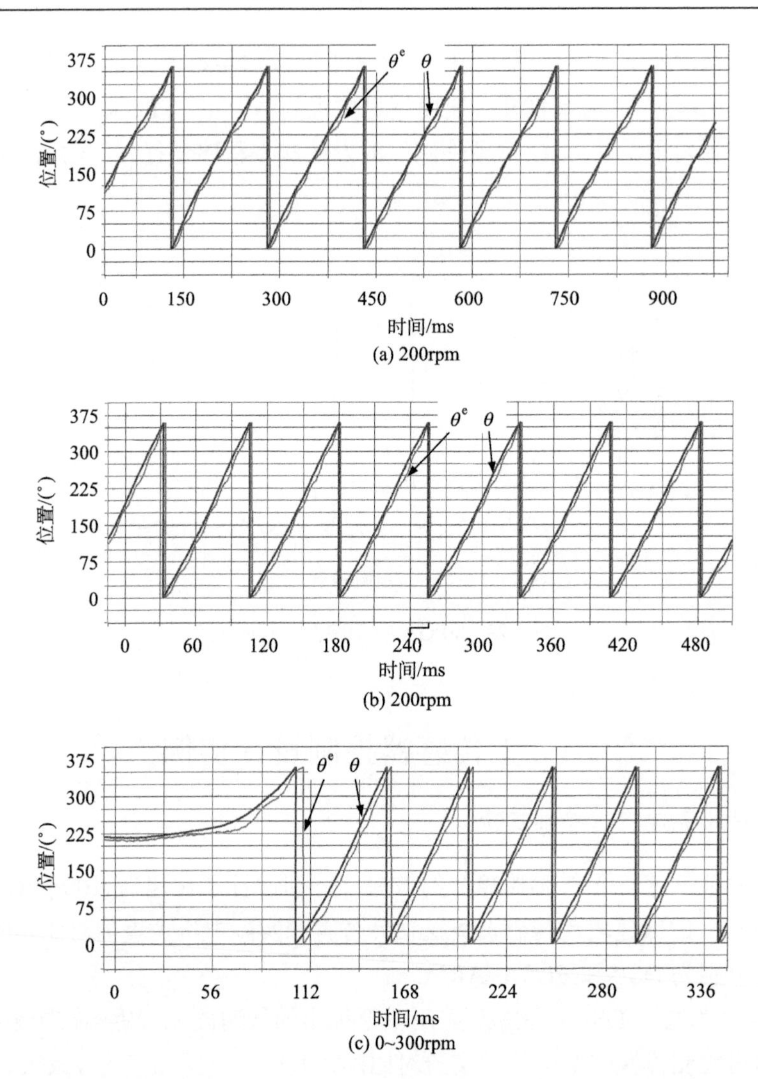

图 7-28　基于 DSP 低速段无传感器控制算法实验位置估计对比图

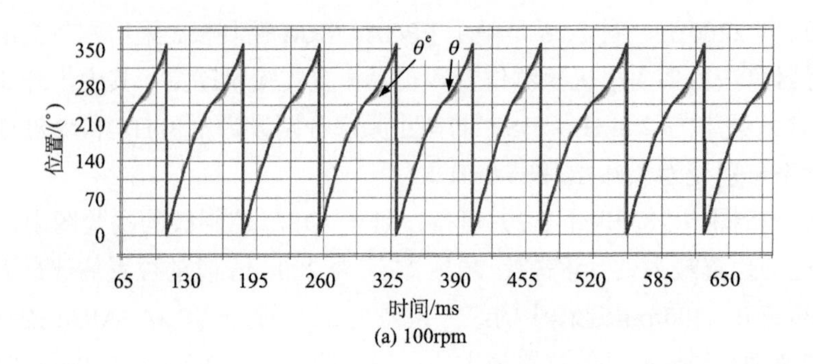

(a) 100rpm

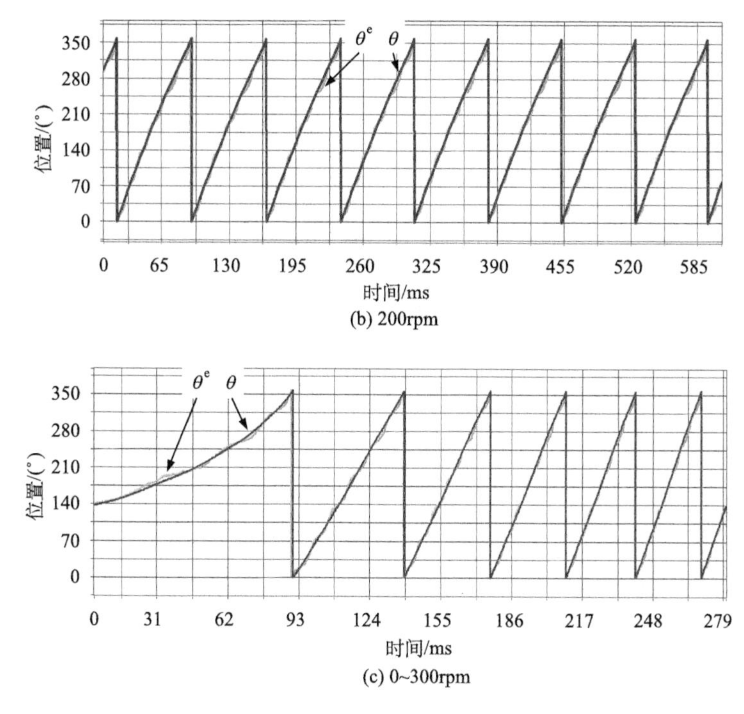

(b) 200rpm

(c) 0~300rpm

图 7-29　基于 FPGA 的低速段无传感器控制算法实验位置估计对比图

估计最大误差约为 5°；转速 0～300rpm 过程中的最大误差约为 7°。基于 DSP 控制板和基于 FPGA+ARM 控制板位置估计误差对比如表 7-1 所示。

表 7-1　低速段无传感器控制最大估计误差对比表

转速	基于 DSP 控制板	基于 FPGA+ARM 控制板
100rpm	20°	5°
200rpm	18°	5°
0～300rpm	22°	7°

通过上述分析可以看出，随着开关频率和注入频率提升，分离基波电流和高频响应电流较为容易，且采用本节提出的低速段无传感器控制系统可以提高负序电流提取过程中对基波电流和电机暂态过程产生的高频谐波电流的抑制能力，从而提升低速段无传感器控制电机位置和速度的检测精度和响应速度，实验结果与仿真结果一致。

7.5.2　中高速段无传感器控制实验

中高速段无传感器控制采用 SMO 控制方法，并且采用带补偿项方法提升电机在转速等变化过程中的检测精度。实验中分别采用了基于 DSP 和 FPGA+ARM 的控制板。

为了更好地说明 7.3 节中对抑制抖振的分析和仿真结果，设置 LPF 的截止频率为 1kHz，基于 DSP 控制板的开关频率设为 10kHz，而基于 FPGA+ARM 控制板的开关频率设为 40kHz，实验转速为 800rpm 时估计反电势的波形对比图如图 7-30 所示。可以看出 7-30(a)中基于 DSP 的反电势检测波形毛刺较大，整体检测反电势与实际反电势波形相一致。而从图 7-30(b)中可得，基于 FPGA+ARM 的反电势检测波形基本没有毛刺，并且能很好地实时跟随实际反电势波形。

从图 7-30 可得，宽禁带功率器件的采用可以提高功率器件的开关频率，结合 FPGA 快速计算的功能，可以有效地降低 SMO 抖振，进而可以使用较大截止频率的 LPF 滤波器得到估计反电势波形，结论与 7.3 节分析以及仿真验证结果一致。基于 DSP 和 FPGA+ARM 控制板的控制系统在电机运行工况变化时，LPF 的截止

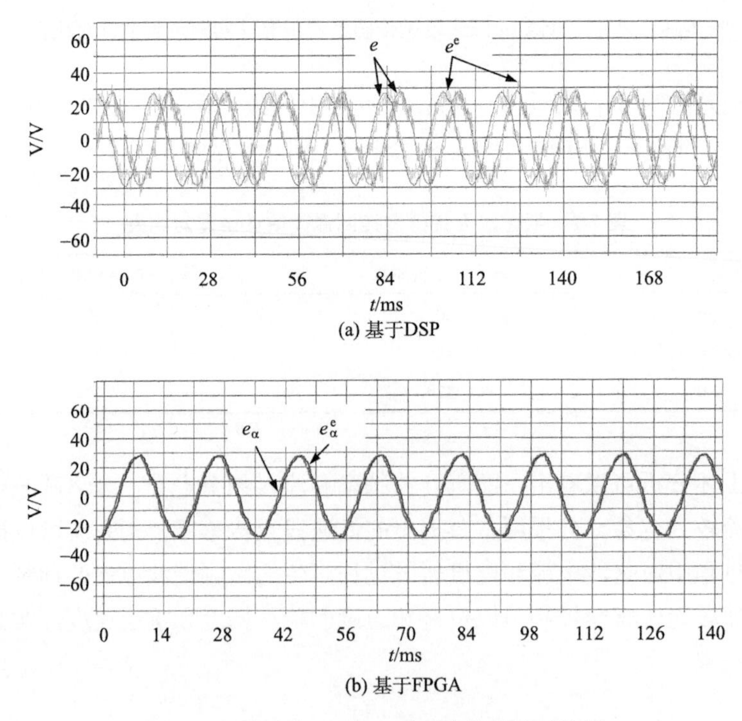

图 7-30　转速为 800rpm 时反电势估计对比图

频率较低不仅造成控制系统响应慢，而且造成电机位置检测与实际电机位置相差较大，不能很好地进行电机控制，而基于 FPGA 和宽禁带功率器件的系统可以有效地抑制此现象。

基于 DSP 和 FPGA+ARM 控制板分别进行中高速段无传感器控制实验，包括电机转速稳定运行和转速变化运行两种情况。图 7-31 是基于 DSP 算法实现的位置检测图，图 7-31(a)为转速在 800rpm 时的电机转子位置估计值与实际值对比波形，图 7-31(b)为转速在 800～1200rpm 范围内电机转子位置估计值与实际值对比波形。图中 θ 代表实际转子位置，θ^e 代表估计转子位置，可以看出，算法估计的转子位置比较平稳，由于 LPF 截止频率设置的较低，所以滞后相对较明显，最大的估计误差约为 12°；从图 7-31(b)中可得，当转速在 800～1200rpm 范围内，估计转子位置波形存在抖动，其最大估计误差约为 20°。

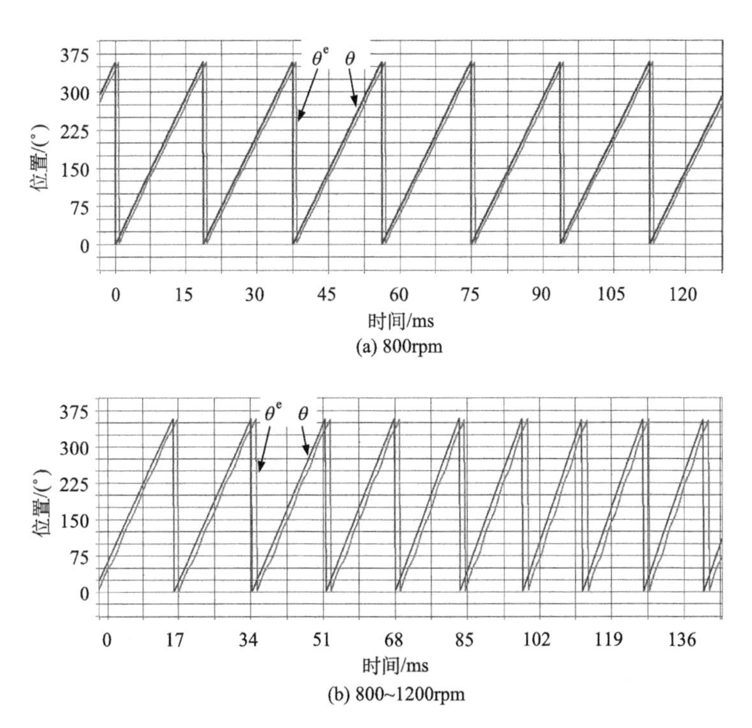

图 7-31　基于 DSP 的中高速段无传感器实验位置估计对比图

图 7-32 是基于 FPGA+ARM 算法实现的位置检测图，图 7-32(a)为转速在 800rpm 时的电机转子位置估计值与实际值对比波形，图 7-32(b)为转速在 800～1200rpm 范围内电机转子位置估计值与实际值对比波形。图中 θ 代表实际转子位置，θ^e 代表估计转子位置。从图 7-32(a)中可得，基于 FPGA 算法估计的转子位

置比基于 DSP 的平稳，并且随着开关频率的提升，LPF 截止频率可以设置的较大，所以滞后明显变小，最大的估计误差约为 1° 。从图 7-32(b)中可得，转速在 800～1200rpm 范围内，动态过程中无传感器控制检测精度提升且基本不存在抖动，最大估计误差约为 2°。

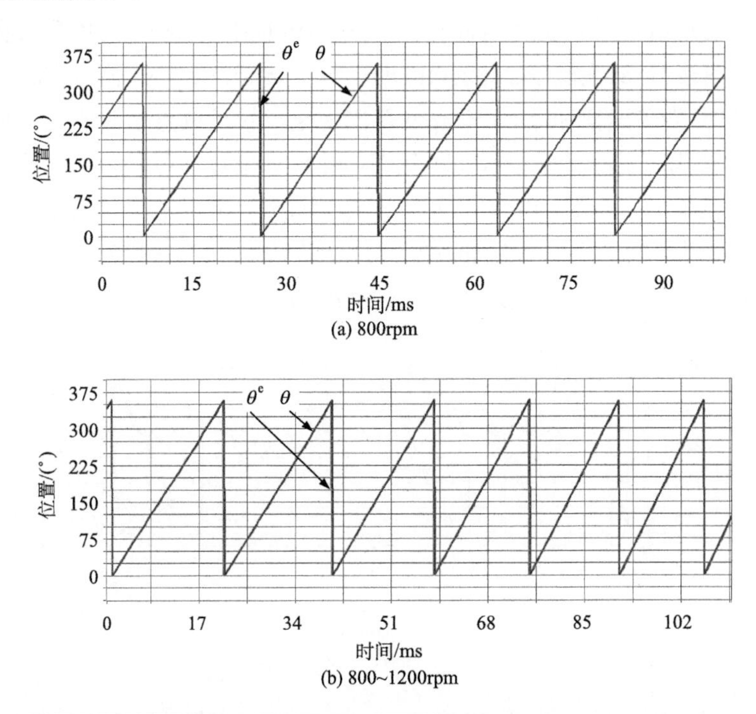

图 7-32　基于 FPGA+ARM 中高速段无传感器实验位置估计对比图

基于 DSP 和 FPGA+ARM 控制板的两个系统在中高速段的无传感器控制实验结果表明，采用 FPGA 和宽禁带功率器件的无传感器控制系统通过提高功率器件的开关频率，缩短了控制函数的开关滞后、功率器件造成的空间滞后，可以减小 SMO 符号函数带来的抖振，增大 LPF 截止频率，在电机运行工况变化时更好地跟随电机转子的位置和速度，提高了中高速段无传感器控制的检测精度和响应速度。

7.6　本 章 小 结

本章提出了一种基于 FPGA 和宽禁带功率器件的增强型无传感器控制方法，实现了高检测精度和快响应速度的无传感器控制。低速段提出了一种提高响应速度、增抗干扰能力的无传感器控制技术。中高速段针对 SMO 存在的问题，提出了改进措施，能够减小 SMO 的抖振，提高了电机动态变化过程中的位置检测精度和响应速度。最后，对 FPGA 加快各部分子程序的运算速度进而减小位置估计误差的原理进行了详细的介绍。

参 考 文 献

[1] 刘计龙, 肖飞, 沈洋, 等. 永磁同步电机无位置传感器控制技术研究综述[J]. 电工技术学报, 2017, 32(16): 76-88.

[2] Yang H, Zhang Y, Zhang N. Two high performance position estimation schemes based on sliding-mode observer for sensorless SPMSM drives[C]//2016 IEEE 8th International Power Electronics and Motion Control Conference (IPEMC 2016-ECCE Asia). Hefei, China, 2016.

[3] 孟淑平, 郭宏, 徐金全. 基于基波电流观测器和旋转高频电压注入法的 IPMSM 无传感器控制[J]. 航空学报, 2016, 37(4): 1336-1351.

[4] 陈坤, 王辉, 吴轩, 等. 一种新型的内置式永磁同步电机无位置传感器低速控制策略[J]. 中国电机工程学报, 2017, 37(20): 6083-6091.

[5] Im J H, Kim R Y. Improved saliency-based position sensorless control of interior permanent-magnet synchronous machines with single DC-link current sensor using current prediction method[J]. IEEE Transactions on Industrial Electronics, 2017, 65(99): 5335-5343.

[6] 林巨广, 鲍子威, 陈桐. 永磁同步电机全速度段无位置传感器控制策略研究[J]. 微电机, 2018, 051(001): 34-38.

[7] Zhao J, Zhang X, Lin C, et al. Simulation research of sensorless control of PMSM based on MRAS considering parameters variation and dead-time[C]//International Conference on Electrical Machines and Systems. Chiba, 2016.

[8] Gao Y, Liu W. A new method research of fuzzy DTC based on full-order state observer for stator flux linkage[C]//IEEE International Conference on Computer Science and Automation Engineering. Shanghai, 2011.

[9] Wang X. Sensorless Direct torque control of induction motors with fault tolerant extended kalman filtering[C]//Proc of the IEEE Energy Conversion Congress & Exposition. Cincinnati, OH, 2017.

[10] Lu H C, Ti J, Sun L L, et al. A new sliding mode observer for the sensorless control of a PMSM[J]. Applied Mechanics & Materials, 2014, 494-495: 1401-1404.

[11] Furuhashi T, Sangwongwanich S. A position and velocity sensorless control for brushless DC motors using an adaptive sliding mode observer[J]. IEEE Transaction on Industrial Electronic, 1992, 39(2): 89-95.

[12] Du B, Wu S, Han S, et al. Application of linear active disturbance rejection controller for sensorless control of internal permanent-magnet synchronous motor[J]. IEEE Transactions on Industrial Electronics, 2016: 3019-3027.

[13] Lin T C, Zhu Z Q. Sensorless operation capability of surface-mounted permanent-magnet machine based on high-frequency signal injection methods[J]. IEEE Transactions on Industry Applications, 2015, 51(3): 2161-2171.

[14] Zhou M, Zhang R, Du Y, et al. Research on speed sensorless method for permanent magnet linear synchronous motor based on high frequency pulsating voltage signal injection[C]// International Conference on Electrical Machines & Systems. Sydney, NSW, 2017.

[15] Xu P L, Zhu Z Q. Comparison of carrier signal injection methods for sensorless control of PMSM drives[C]//Energy Conversion Congress & Exposition, Montreal. QC, Canada, 2015.

[16] Yu C Y, Tamura J, Reigosa D D, et al. Position self-sensing evaluation of a FI-IPMSM based on high-frequency signal injection methods[J]. IEEE Transactions on Industry Applications, 2013, 49(2): 880-888.

[17] Alberti L, Bianchi N, Morandin M, et al. Finite-element analysis of electrical machines for sensorless drives with high-frequency signal injection[J]. Industry Applications IEEE Transactions on, 2014, 50(3): 1871-1879.

[18] Reigosa D D, Briz F, Blanco Charro C, et al. Sensorless control of doubly fed induction generators based on rotor high-frequency signal injection[J]. IEEE Transactions on Industry Applications, 2013, 49(6): 2593-2601.

[19] 朱军, 田淼, 付融冰, 等. 基于载波频率成分的永磁同步电机转子定位研究[J]. 电力系统保护与控制, 2015, 43(14): 48-54.

[20] Garcia P, Briz F, Degner M W, et al. Accuracy, bandwidth, and stability limits of carrier-signal-injection-based sensorless control methods[J]. IEEE Transactions on Industry Applications, 2007, 43(4): 990-1000.

[21] Raca D, Garcia P, Reigosa D, et al. A comparative analysis of pulsating vs. rotating vector carrier signal injection-based sensorless control[C]//Twenty-Third Annual IEEE Applied Power Electronics Conference and Exposition. Austin, 2008.

[22] 邹伟全, 姚锡凡. 滑模变结构控制的抖振问题研究[J]. 组合机床与自动化加工技术, 2006, (1): 53-55.